U0387074

数学名著译丛

能量分析攻击

〔奥〕Stefan Mangard   Elisabeth Oswald   Thomas Popp   著

冯登国   周永彬   刘继业 等   译

科学出版社

北京

图字: 01-2008-5507 号

内 容 简 介

能量分析攻击旨在通过分析密码设备的能量消耗这一物理特性来恢复设备内部的秘密信息. 这种基于实现特性的密码分析对广泛应用的各类密码模块的实际安全性造成了严重威胁. 本书是关于能量分析攻击的综合性专著, 系统阐述了能量分析攻击的基本原理、技术方法以及防御对策的设计与分析.

本书可以作为密码学、电子工程、信息安全等专业的教材, 也可以供相关专业人员参考.

Translation from the English language edition:
Power Analysis Attacks edited by Stefan Mangard, Elisabeth Oswald, and Thomas Popp
Copyright © 2007 Springer Science+Business Media, LLC
All Rights Reserved

图书在版编目(CIP)数据

能量分析攻击 /〔奥〕Stefan Mangard 等著; 冯登国等译. —北京: 科学出版社, 2010
(数学名著译丛)
ISBN 978-7-03-028135-7

I. 能… II. ① 曼… ② 冯… III. ① 信息系统–安全技术 ② 密码–理论 IV. TN918.1

中国版本图书馆 CIP 数据核字(2010) 第 121301 号

责任编辑: 赵彦超 张 扬 / 责任校对: 宣 慧
责任印制: 吴兆东 / 封面设计: 陈 敬

科 学 出 版 社 出版
北京东黄城根北街 16 号
邮政编码: 100717
http://www.sciencep.com
北京天宇星印刷厂印刷
科学出版社发行 各地新华书店经销
*
2010 年 8 月第 一 版 开本: B5(720 × 1000)
2024 年 8 月第七次印刷 印张: 18 3/4
字数: 250 000
定价: **88.00** 元
(如有印装质量问题, 我社负责调换)

译 者 序

1996 年, Paul Kocher 博士 (2009 年 1 月当选为美国工程院院士) 首次提出计时攻击的重要奠基性思想并发表相关研究成果. 此后十余年来, 侧信道攻击及防御对策研究便成为密码学研究中的一个重要分支, 受到了国际学术界与产业界的广泛关注. 能量分析攻击是最重要、最有效的侧信道攻击形式之一, 对诸如智能卡这样的智能设备的实际安全性造成了极大的威胁, 相关研究是当前侧信道攻击研究领域的热点方向. 近年来, 内嵌密码模块的智能设备和嵌入式设备已广泛应用于各类信息产品与通信系统中, 在这类应用环境与应用模式下, 能量分析攻击对系统安全性造成的实际威胁将更加严重.

能量分析攻击是什么? 实施能量分析攻击需要什么样的设备与技术条件? 这种攻击对密码设备的实际安全性将会造成什么样的影响? 如何设计可靠、高效、低廉的防御对策来有效地防御这类攻击? 如何客观、合理地评估各种防御措施的有效性? 本书作者在侧信道攻击、防御措施设计以及有效性评估方面进行了一系列先锋性的研究和实践, 本书就是他们近几年来一系列优秀工作成果和经验的总结, 将会对上述问题进行解答.

正所谓 "知己知彼, 百战不殆", 试图有效地抵御能量分析攻击, 最有效的途径就是深入地剖析它. 本书系统地论述了能量分析攻击的理论基础、技术条件、实施方法以及相应的防御对策; 基于一系列的实验结果和理论分析, 将能量分析攻击的相关研究成果融入一个具有创新性的理论框架. 同时, 本书也是国际上关于能量分析攻击 (甚至是侧信道攻击) 研究的第一部学术专著. 因此, 在承担国家自然科学基金、国家高技术研究发展计划以及北京市自然科学基金等相关项目的过程中, 我们组织项目组主要成员翻译了本书, 希望对国内密码学的研究与密码技术的应用起到一定的推动作用.

参加本书翻译的主要成员有冯登国、周永彬、刘继业、陈海宁、黄金刚、范丽敏、于振梅等, 冯登国对全书进行了统稿与校对.

本书的翻译工作得到了国家自然科学基金 (编号：60833008 & 60503014)、国家高技术研究发展计划 (编号：2008AA01Z417) 以及北京市自然科学基金 (编号：4072026) 的资助, 特此致谢.

译 者

2009 年 11 月于北京

序

我们不了解电, 但这并不妨碍我们使用它

——Maya Angelou

研究密码设备的防篡改特性之初, 我无力购买实施物理攻击所需要的昂贵芯片逆向工程设备, 这便提出了一个重大问题: 公司客户需要有关分析结果, 但是我们却无法使用那些当时即属众所周知的攻击技术.

我从如下简单问题开始入手: 对攻击者而言, 存在哪些可用却未包含于密码协议假设中的信息? 之前, 我已经发现微妙的计时变化可能会危及密钥. 因此, 我决定弄清楚设备的能量消耗是否也可以揭示出一些有用的信息.

将一台价值 500 美元的模拟示波器 (购自 Fry's Electronics) 搬回家数小时之后, 我和同事 Joshua Jaffe 便首次观察到能量迹. 我们首先对一个执行 RSA 算法的智能卡进行实验, 并发现可以从智能卡的能量迹中识别出主要的算法特征. 不久之后, 我们便掌握了识别平方和乘法操作的方法, 并使用 SPA 攻击第一次成功地获取了密钥. 此外, 我们还分析了 DES 实现, 并发现它们同样可以被破译, 尽管我们只能在夜间进行攻击实验 —— 因为在白天, 实验室的光线太强, 我们无法看清廉价示波器显示屏上的信号.

接下来的几个月中, 我们搭建了数字数据采集系统, 以期实现更复杂的分析. 我们还开发了可视化软件, 并实现了包括 DPA 在内的多种分析技术. 通过对无数产品进行测试, 最终发现我们所分析的所有智能卡以及其他防篡改设备均可以被破译. DPA 攻击的能力不只是令人惊叹, 简直可以用 "非常恐怖" 来形容.

与此同时, 我们也致力于抵抗能量分析攻击的防御对策的设计. 防御对策的设计十分困难, 因为 DPA 攻击采用的统计手段能够辨析出淹没在噪声中的细微相关性. 同时, 消除信息泄漏几乎不可能, 因为电子运动始终消耗电能, 并产生电磁场. 现在, 我们公司已经从这项研究工作中获得了多项专利. 为了不使个人或公司感到惊讶, 有必要指出, 如果您在产品设计中使用了 DPA 防御对策, 请注意这些专利的存在.

有趣的是, SPA 和 DPA 在很长的一段时间内都没有被发现. 原因很简单: 该研究领域不属于任何人的研究范畴. 密码学家关注于实现数学强度, 而工程师则要对硬件和软件负责. 攻击研究也被严格互补地划分为对算法的研究和对物理安全性的研究. 几乎没有密码学家在开发实际的产品, 也很少有工程师了解密码学. 我希望读者阅读本书时, 会考虑到一些可能被忽视的其他安全问题.

公众了解 DPA 之后的近几年来, 防篡改研究十分活跃. 许多会议都在关注这一话题. 本书作者以及其他研究者已经把 DPA 攻击扩展到了很多新方向, 相关产品也有了很大的改进. 尽管我们公司检验过的大部分产品仍然存在 DPA 脆弱性, 但是如今最好的产品已经具有了优良的抗 DPA 能力. 供应商也已经意识到防篡改是一个异常困难的问题, 所以他们作出的安全性声明也现实得多.

展望未来, 防篡改仍将是一个相当有趣而且很重要的课题. 2007 年, 全球将生产逾 20 亿防篡改芯片, 用于安全通信、支付、打印机耗材、付费电视系统、政府 ID 以及其他不计其数的应用领域. 面向防篡改半导体器件的攻击已经导致了数十亿美元的欺诈和盗版. 密码协议的安全性等同于它所使用的秘密信息的安全性, 这已成为一条准则. 无疑, 关于如何安全地储存和管理密钥, 还有大量未知内容有待探索.

读者将会发现, 本书非常有趣且令人警醒. 卷起袖子准备大干一场吧! 要敢于质疑, 勤于参加学术会议, 并遵纪守法. 最重要的一点, 愿读者从本书中获得乐趣!

Paul Kocher

Cryptography Research Inc. 总裁兼首席科学家

2006 年 9 月于美国旧金山

前　　言

能量分析攻击是一种能够从密码设备中获取秘密信息的密码攻击方法. 与其他攻击方法不同, 这种攻击利用的是密码设备的能量消耗特征, 而非密码算法的数学特性. 能量分析攻击是一种非入侵式攻击, 攻击者可以方便地购买实施攻击所需要的设备, 所以这种攻击对智能卡之类的密码设备的安全性造成了严重威胁.

智能卡是应用最为广泛的密码设备. 智能卡公司国际组织 Eurosmart 宣称, 在最近几年中, 具有微处理器的智能卡的市场份额至少翻了一番. 2003 年, 全球范围内发行的智能卡尚不足 10 亿, 而到了 2006 年, 这个数字将超过 20 亿. 在这些智能卡中, 大多数主要应用于电信、金融服务、政府服务、企业安全和付费电视等对安全敏感的行业和部门. 智能卡是这些应用中最关键的部分, 所以其安全性至关重要.

受研发相应防御对策需求的驱动, 科研人员对能量分析攻击进行了深入细致的研究. 能量分析攻击已经成为一个极具吸引力的科研领域. 这一研究需要具有多方面的知识, 包括密码学、统计学、测量技术和微电子学. 能量分析攻击吸引了上述各个科研领域的科研人员, 所以近年来涌现出了大量的相关科研论文. 事实上, 跟踪这些出版物并把握这些文献要旨之间的关系已非常困难. 此外, 目前尚缺乏一本能够使读者熟悉各种不同类型的能量分析攻击及防御对策的介绍性读物. 本书旨在填补这项空白.

本书对能量分析攻击进行了全面的介绍. 首先讨论密码设备、密码设备设计以及密码设备的能量消耗, 接着简要介绍统计学和电子工程, 旨在阐释各种不同的能量分析攻击及防御对策. 本书的预期读者是任何具有密码学、安全或微电子背景的科研与工程技术人员.

本书的结构

本书包括 11 章和两个附录. 前两章是介绍性内容, 其对象是能量分析攻击的初学者和缺乏工程技术背景的读者. 接下来的两章介绍关于密码设备能量消耗的重要内容, 包括能量消耗的测量方法和统计分析方法, 其对象是希望深入了解有关背景信息的读者. 这两章的内容并非理解后续 6 章讨论能量分析攻击及防御对策的必要知识. 然而对于高级主题而言, 这些基础知识是必须的. 最后一章介绍了全书的结论. 下面的列表将对各章节内容进行更具体的介绍.

第 1 章阐释密码学和密码设备之间的关系. 本章对密码设备的各种攻击方式进行综述, 给出能量分析攻击的一个简单示例, 并对能量分析攻击的防御对策进行分类.

第 2 章讨论密码设备的设计与实现. 本章介绍典型半定制化设计流程的工作原理. 此外, 还对逻辑元件, 特别是 CMOS 元件进行一般性介绍.

第 3 章集中讨论基于 CMOS 的密码设备的能量消耗. 本章阐述能量消耗的仿真方法和适用于能量分析攻击的能量消耗模型. 此外, 还将讨论用于能量分析攻击的测量配置.

第 4 章介绍基于统计学的能量迹分类方法. 本章首先讨论能量迹中的单点特征, 并给出量化单点信息泄漏的方法. 接着, 讨论能量迹中多个不同点之间的统计关系. 最后, 简要介绍置信区间和假设检验的原理及其在能量分析攻击中的应用.

第 5 章介绍简单能量分析攻击. 本章表明对能量迹进行直观分析往往可以提供有用的信息. 此外, 还介绍模板攻击和碰撞攻击, 并给出若干用于支撑上述观点的攻击示例.

第 6 章介绍差分能量分析攻击. 本章讨论 DPA 攻击的基本原理, 给出针对 AES 算法软件和硬件实现的 DPA 攻击实例. 所有的这些攻击均基于相关系数. 本章还介绍 DPA 攻击仿真方法与确定攻击所需要的能量迹数量的方法. 此外, 还对异于基于相关系数的其他攻击方法进行综述, 并讨论基于模板的 DPA 攻击.

第 7 章讨论隐藏技术. 本章对诸如乱序操作、随机插入伪操作、均一化能量消耗以及噪声引擎等能量分析攻击的防御对策进行综述. 此外, 还对双栅预充电逻辑结构进行深入探讨.

第 8 章分析隐藏对策的效果. 基于成功实施 DPA 攻击所需要的能量迹数量, 给出评估隐藏对策效果的量化方法. 接着, 讨论基于失调能量迹的 DPA 攻击. 最后, 分析两种双栅预充电逻辑结构的效果.

第 9 章讨论掩码对策. 本章介绍不同类型的掩码对策, 讨论采用软件和硬件方式实现掩码对策时需要特别注意的要点. 此外, 还讨论对逻辑元件进行掩码保护的方法.

第 10 章分析掩码对策的效果. 本章介绍二阶 DPA 攻击破译软件和硬件掩码对策的原理, 对实施二阶 DPA 攻击的几种方法进行比较. 此外, 本章还表明基于模板的 DPA 攻击是一种能够破译掩码对策实现的强大攻击手段.

第 11 章本书的结论.

附录 A 是 Kocher 等发表的关于能量分析攻击的第一篇科研论文 [KJJ99].

附录 B 介绍高级加密标准 (AES), 并简要介绍一种 AES 的软件实现和一种 AES 的硬件实现. 本书中的 DPA 攻击示例均基于这两种实现.

介绍性的第 1 章和背景性的第 2~4 章均在结尾处对各自的内容进行简短总结, 而第 5~10 章则是关于具体的攻击和防御对策, 其结尾处均给出注记和补充阅读材料. 这些注记和补充阅读材料是本书的重要部分, 它们将本书的观点和其他研究联系在一起. 注意, 尽管这些注解和阅读建议是综合性的, 但并非面面俱到. 为了方便阅读, 我们还给出了术语表和符号说明. 此外, 本书的最后提供了作者索引和主题索引. 本书还提供网站: http://www.dpabook.org. 该网站提供了能量迹以及 Matlab 和 Octave 分析脚本. 网站建设的目的在于便于读者对能量分析攻击及防御对策进行试验.

致谢

如果没有多个机构的资助, 本书的写作不可能完成. 感谢格拉兹理工大学应用信息处理和通信研究所 (IAIK) 的支持. 此外, 感谢奥地利信息安全技术中心 (A-SIT)、奥地利自然基金 (FWF) 以及欧盟委员会 (EC) 对多个能量分析攻击项目的资助.

本书阐述能量分析攻击中所使用的 AES 算法软件和硬件实现由我们的合作者完成. 感谢 Christoph Herbst 在微控制器上实现了多种 AES 算法, 感谢 Norbert Pramstaller 在多种专用硬件上实现了 AES.

我们的很多同事奉献出了大量的宝贵时间, 参与到本书的校对工作中. 特别感谢如下人员的帮助: Martin Feldhofer, Christoph Herbst, Mario Lamberger, Karl Christian Posch, Norbert Pramstaller, Vincent Rijmen, Martin Schläffer 和 Stefan Tillich.

感谢 Vincent Rijmen 和 Joan Daemen 提供 AES 算法的图示, 感谢 Christoph Herbst 为本书所做的封面设计.

此外, 特别感谢三位能量分析攻击的发明者 Paul Kocher, Joshua Jaffe 和 Benjamin Jun 允许我们转载他们的原始 DPA 论文. 此外, 特别感谢 Paul Kocher 为本书作序, 感谢 Joshua Jaffe 给本书以极具价值的评价.

最后, 诚挚地感谢所有在此书编撰过程中为我们提供学术及精神帮助的同事和朋友们.

Stefan Mangard, Elisabeth Oswald, Thomas Popp

2006 年 9 月于奥地利格拉兹

目　　录

符 号 说 明

变量和函数的意义将在书中初次引用时给予说明. 最重要的全局约定是, 本书采用黑体大写字母表示矩阵, 采用黑体小写字母表示向量. 除非经过转置, 本书中的向量均指列向量. 矩阵中的行、列和元素表示如下：矩阵 $\boldsymbol{T}$ 的第 j 列表示为 $\boldsymbol{t}_j$, 第 i 行表示为 $\boldsymbol{t}'_i$, 第 j 列的元素 i 表示为 $t_{i,j}$. 下面将给出本书中使用的最重要的变量和函数列表.

ck	$\boldsymbol{k}$ 中正确密钥的索引
ct	DPA 攻击中, 与被攻击中间结果相关的信息泄露在能量迹中的位置索引
$\boldsymbol{C}$	协方差矩阵 (大小为 $N_{\mathrm{IP}} \times N_{\mathrm{IP}}$) 及其估计量
$\mathrm{Cov}(X, Y)$	X 和 Y 的协方差
D	DPA 攻击中使用的能量迹数量
$E(X)$	随机变量 X 的期望
$\boldsymbol{d}$	DPA 攻击中使用的输入值或输出值向量 (大小为 $D \times 1$)
$\boldsymbol{H}$	DPA 攻击中的假设能量消耗值矩阵 (大小为 $D \times K$)
$\mathfrak{h}$	模板
$\mathscr{H}$	模板矩阵
$\boldsymbol{k}$	DPA 攻击中的密钥假设向量 (大小为 $1 \times K$)
k	密钥
k_{ck}	被攻击的密码设备所使用的密钥
K	密钥假设的总数量
μ	正态分布的均值
$\boldsymbol{m}$	均值向量及其估计值 (大小为 $N_{\mathrm{IP}} \times 1$)
m	掩码
m_d	对数据 d 的掩码值
M	掩码可能具有的不同值的数量
n	计算得出的实施 DPA 攻击所需的能量迹数量
N_{IP}	特征点的数量
$p(X = i)$	$X = i$ 的概率
$\Phi(x)$	标准正态分布的累加分布函数
ρ	相关系数
r	相关系数估计量
$\boldsymbol{R}$	DPA 攻击的结果 (大小为 $K \times T$), 通常为一个相关系数估计矩阵
σ	正态分布的标准差

s	仿真生成的能量迹
S	仿真生成的能量消耗值矩阵
s	标准差估计量
$S(x)$	AES 的 S 盒函数
t	能量迹 (大小为 $T \times 1$)
$\tilde{t}$	预处理后的能量迹
T	能量消耗值矩阵 (大小为 $D \times T$), 该矩阵的每一行代表一条能量迹
$\tilde{T}$	预处理后的能量消耗值矩阵
T	能量迹中点的数量
V	DPA 攻击中假设值矩阵 (大小为 $D \times K$)
$\mathrm{Var}(X)$	随机变量 X 的方差
$\bar{x}$	均值估计量

术　　语

3sDL	三态动态逻辑
AES	高级加密标准
ALU	算术逻辑单元
ASIC	专用集成电路
CML	电流模逻辑
CMOS	互补金属氧化物半导体
CRT	中国剩余定理
DES	数据加密标准
DIP	双列直插式封装
DPA	差分能量分析
DPDN	差分下拉网络
DPTR	数据指针
DPUN	差分上拉网络
DR	双栅
DRP	双栅预充电
DSA	数字签名算法
DSDR	双垫双栅
DyCML	动态电流模逻辑
ECC	椭圆曲线密码学
ECDSA	椭圆曲线数字签名算法
EDA	电子设计自动化
EM	电磁场
EMC	电磁兼容性
EMV	Europay/Mastercard/Visa
FFT	快速傅里叶变换
FIPS	联邦信息处理标准
FPGA	现场可编程门阵列
GALS	全局异步局部同步
GF	伽罗瓦域
GPIB	通用接口总线
HD	汉明距离
HDL	硬件描述语言
HF	高频

HMAC	基于杂凑的消息认证码
HSM	硬件安全模块
HW	汉明重量
IC	集成电路
IDEA	国际数据加密算法
IEC	国际电子协会
I/O	输入输出
LCD	液晶显示屏
LSB	最低有效位
LSQ	最小二乘法
MCML	MOS 电流模逻辑
MDPL	掩码型双栅预充电逻辑
ML	极大似然准则
MOS	半导体金属氧化物
MSB	最高有效位
NAND	与非门
NED	正态能量偏移
NIST	(美国) 国家标准技术局
NMOS	n 型半导体金属氧化物
NSA	(美国) 国家安全局
PC	个人计算机; 程序计数器
PCB	印刷电路板
PLCC	带引线的塑料芯片载体
PMOS	p 型半导体金属氧化物
PS/2	个人系统 2
RAM	随机存储器
RC4	Rivest 流密码 4
RC6	Rivest 流密码 6
RFID	射频识别
ROM	只读存储器
RS	推荐标准
RSA	Rivest-Shamir-Adleman
RTL	寄存器传输层
SABL	基于灵敏放大器的逻辑
SFR	专用寄存器
SHA	安全杂凑算法
SNR	信噪比
SPA	简单能量分析

SPICE	增强型集成电路仿真程序
SR	单栅
TEM	横向电磁场
TOE	计算时间
TDPL	三相双栅预充电逻辑
USB	通用串行总线
VHDL	VHSIC 硬件描述语言
VHSIC	超高速集成电路
VML	电压模逻辑
WDDL	波动差分逻辑
ZV	零值

第 1 章　引　　言

智能卡通常被用作密码设备, 用以提供强有力的用户认证, 并安全地储存秘密信息. 智能卡是现代安全系统中最重要的组成部分之一.

1998 年, 当 Kocher 等 [KJJ99] 指出能量分析攻击能够有效地揭示出智能卡中的秘密信息时, 人们对密码设备安全性的传统看法瞬间坍塌. 本书将介绍能量分析攻击的基本原理、实施方法以及防御对策.

本章将简要介绍现代安全系统中密码学与密码设备的应用, 综述对密码设备的各种不同攻击, 并给出能量分析攻击的一个具体示例. 此外, 本章还将对能量分析攻击的对策进行概述.

1.1　密码学与密码设备

现代安全系统使用密码算法来提供数据的机密性、完整性以及真实性. 密码算法是数学函数, 其输入参数通常有两个：消息 (也称为 “明文”) 和密钥. 密码算法将这些输入参数映射为一个称为 “密文” 的输出, 该过程称为 “加密”. 现代密码学中, 通常假设密码算法本身已知. 这意味着关于密码算法的所有信息都可以公开获得, 唯独密钥必须保密. 这一重要的原理源自 19 世纪的荷兰密码学家 Auguste Kerckhoffs.

现在来讨论对称密码学与非对称密码学之间的区别. 对称密码学中, 通信实体之间共享同一个秘密的密钥. 对称加密算法的一个著名示例是高级加密标准 (AES) [Nat01]. AES 是一个分组密码算法, 它加密的对象是一些具有固定长度的消息分组. AES 的分组长度为 128 比特, 而密钥长度则可以为 128 比特、192 比特或 256 比特. 相应地, 本书将 AES 的这些不同版本分别称为 AES-128, AES-192 和 AES-256, 并使用缩略形式 AES 来特指 AES-128. 附录 B 将给出 AES 工作原理的概要介绍. 鉴于 AES 应用广泛, 故本书中关于能量分析攻击的所有示例均将 AES 的各种实现作为实际的研究对象.

在非对称密码学中, 每个用户都拥有一个密钥对. 密钥对由一个称为 “公钥” 的公开参数和一个称为 “私钥” 的秘密参数组成. 当今, 已有多种非对称密码算法被应用, 其中, 最流行的莫过于 RSA 算法 [RSA78]. 在当今的各种应用中, RSA 密钥的长度最少为 1024 比特. 这可以阻止各种对 RSA 的实际攻击.

破译某个密码算法通常意味着可以基于一些公开信息获得密钥. 例如, 这些公开信息可以是一些明密文对. 在拥有合理计算能力的情况下, 如果没有某种已知的攻击方法能够在合理的计算时间内破译某个密码算法, 则认为该算法在现实中是安全的. 如果破译某个密码算法所需要的计算能力在现实中并不存在, 则认为该算法是计算安全的. 因此, 许多密码算法都被设计成具有这样的特性: 破译密码算法的难度随着密钥比特数的增加而呈指数增长. 因此, 密钥长度是衡量密码算法安全性的一个重要因素. 计算安全性的定义要强于实际安全性的定义. 当今流行的密码算法均是计算安全的.

现代对称和非对称密码算法的一个特性就是能够使用计算机来快速地完成相关计算. 这就意味着必须要将算法所使用的密钥储存在计算机中. 但是, 常用的个人计算机都是非常不安全的计算平台. 病毒和蠕虫通过互联网络进行传播, 经常可以在很短的时间内感染大量的个人计算机. 因此, 除非对其配置予以特别重视, 个人计算机不能成为一个适用于储存有价值资产的平台. 密钥就是这样一类有价值的资产. 例如, 获悉了某人的密钥就意味着可以冒充此人. 像智能卡这样的封闭计算平台则更适合于储存密钥. 通常情况下, 智能卡并不直接连接到互联网上, 也不允许用户在其上安装软件. 因此, 可将智能卡看成一个能够安全储存密钥并完成相关密码操作的受保护计算环境. 智能卡是密码设备的一个实例, 密码设备的其他实例有 USB (通用串行总线) 令牌和其他的非接触式设备, 如 RFID (射频识别) 标签.

> 密码设备是能够实现密码算法并储存密钥的电子设备.

密码设备能够使用储存在其中的密钥完成密码操作, 并能够把密码操作的结果传送到设备之外.

密码算法需要在密码设备中执行, 这一事实直接导致了关于密码算法实际安全性的一个新问题. 实际上, 人们需要关注的不仅仅是密码算法自身的安全性, 同时也需要审视整个系统的安全性, 也就是说, 同样要对实现密码算法的密码设备予以考虑.

破译某个密码设备意味着获得了该设备中的密钥. 任何一个试图通过未授权的方式获取密码设备中密钥的个体都可以称为 "攻击者". 企图通过未授权的方式来获取密钥的任何尝试都可以称为 "攻击".

为了评估密码设备的安全性, 必须对攻击者所拥有的知识作出假设, 其中, 最强的假设可以通过扩展 Kerckhoffs 准则来获得. 即假设攻击者掌握了密码设备的所有细节.

> 密码设备的安全性不应依赖于实现的保密性.

1.2 密码设备攻击

近年来, 多种对密码设备的攻击已广为人知. 所有这些攻击的目标都是为了获得密码设备中的密钥. 但是, 用来实现这一目标的技术则种类繁多.

就其花费、时间、所需要的仪器以及专业知识而言, 对密码设备的各种攻击大相径庭. 因此, 对这些攻击进行分类的方法也有多种. 本书将采用其中最常用的分类方法. 本质上, 此分类方法基于两个准则. 第一个分类准则是攻击为主动抑或被动.

■ **被动攻击** 被动攻击中, 密码设备在大多数情况下都会按照其规范运行, 甚至可能会完全按照规范运行. 这种情况下, 通过观测密码设备的物理特性 (如执行时间、能量消耗), 攻击者就可以获得密钥.

■ **主动攻击** 主动攻击中, 为了使得密码设备的运行行为出现异常, 攻击者常会对密码设备、其输入以及/或 (运行) 环境进行巧妙的控制 (或恶意篡改). 在这种情况下, 通过分析设备的异常行为, 攻击者就可以获得密钥.

尽管术语 "篡改" 更多地指的是主动攻击, 但是术语 "防篡改"(tamper resistance) 通常讨论的却包括对密码设备的主动攻击和被动攻击.

对面向密码设备的攻击进行分类的第二个准则是攻击本身所利用的 "接口". 密码设备通常具有多个物理接口和逻辑接口. 这些接口中的一部分可以很容易访问, 而对另外一部分接口的访问则只能通过特定的设备. 基于攻击所使用的接口, 可以将攻击分为入侵式攻击、半入侵式攻击和非入侵式攻击. 所有这些攻击既可以是被动攻击, 也可以是主动攻击.

■ **入侵式攻击** 入侵式攻击是能够对密码设备实施的最强大的一类攻击. 在这类攻击中, 攻击者能够对密码设备所进行的处理基本上没有限制.

　　通常, 实施入侵式攻击首先要从拆解设备开始. 这样, 就可以使用探测台来直接访问密码设备的多个不同部分. 如果所使用的探测台仅用于观测数据信号 (如处理器总线上的数据), 则这种入侵式攻击就属于被动攻击. 如果设备中的信号被改变, 并导致设备功能发生改变的话, 则这种入侵式攻击就属于主动攻击. 为了达到这一目的, 可以使用激光切片器、探测台, 或者离子束之类的设备和手段.

　　入侵式攻击的攻击能力异常强大. 但是, 实施这类攻击所需要的设备通常也十分昂贵. 因此, 目前只有少数文献讨论该主题, 其中几篇最重要的文献包括 [KK99, And01, Sko05].

■ **半入侵式攻击** 半入侵式攻击同样需要对密码设备进行拆解. 但是, 与入侵式攻击不同, 半入侵式攻击和芯片表面没有任何直接的电子接触, 即保持芯片钝化膜的完好无损.

被动型半入侵式攻击的目标通常是在无需利用或者探测储存单元的数据读取电路的情况下, 读取出储存元件中的内容. 文献 [SSAQ02] 公开发表了一种成功的此类攻击.

主动型半入侵式攻击的目标是诱发设备产生故障. 这项工作可以通过使用 X 射线、电磁场或者光学手段等来完成. 例如, 文献 [SA03] 中发表了关于通过光学手段实施故障诱发攻击的描述.

通常, 半入侵式攻击不需要使用实施入侵式攻击所需要的那样昂贵的设备, 然而其成本仍然相对高昂. 特别地, 在现代芯片的表面, 选择一个实施半入侵式攻击的正确部位就需要花费一些时间, 同时也需要一定的专业知识. 关于半入侵式攻击最全面的已公开文献可参见 Skorobogatov 的博士论文 [Sko05].

■ **非入侵式攻击**　非入侵式攻击中, 被攻击的密码设备本质上和其正常工作时的状态没有任何区别, 也就是说, 这种攻击仅仅利用了设备上可被直接访问的接口. 设备自身永远不会发生改变, 因而实施这种攻击之后不会遗留下任何痕迹. 大多数非入侵式攻击都可以借助于价格相对低廉的设备来实施, 因此, 这类攻击对密码设备的安全性造成了严重的实际威胁.

特别地, 近几年来, 被动型非入侵式攻击受到了极大的关注. 这种攻击通常也称为 "侧信道攻击"(side-channel attacks, SCA), 其中, 最重要的侧信道攻击有三类: 计时攻击 [Koc96]、能量分析攻击 [KJJ99] 以及电磁攻击 [GMO01, QS01].

除了侧信道攻击之外, 还存在主动型非入侵式攻击. 这类攻击的目标是在无需拆解设备的情况下诱发设备产生故障. 例如, 可以通过时钟突变、电压突变或者改变环境温度等手段来诱发密码设备产生故障. 关于这类攻击的综述, 可查阅文献 [BECN+04].

本书专门讨论能量分析攻击. 对于通过其他方式对密码设备实施攻击的更多信息感兴趣的读者, 可参阅文献 [ABCS06]. 同样, 还有一个在线的 "侧信道密码分析憩园" [Cha06], 它提供了关于面向密码设备各种攻击的科研文献的一个列表. 在这些文献中, 绝大多数均涵盖了能量分析攻击及其对策. 截止到目前, 在对密码设备的各种攻击中, 这种攻击受到了最为广泛的关注. 事实上, 关于该主题的公开文献数量很多, 所以要跟踪该领域内正在进行的所有研究的确很困难. 因此, 提供一个关于能量分析攻击及其对策的全面概述也是本书的目标之一.

能量分析攻击引起了十分广泛的关注, 原因之一是这种攻击功能强大, 同时实施起来相对容易. 因此, 实际上, 这种攻击对密码设备的安全性造成了严重的威胁. 对于现代密码设备的设计和研发而言, 熟悉能量分析攻击及其对策就显得尤为重要. 通常, 借助于能量分析攻击, 只需付出很小的代价就可以破译未受保护的密码设备.

1.3 能量分析攻击

能量分析攻击的基本思想是通过分析密码设备的能量消耗获得其密钥. 本质上, 这种攻击利用了两类能量消耗依赖性: 数据依赖性和操作依赖性.

> 能量分析攻击利用了这样一个事实: 密码设备的瞬时能量消耗依赖于设备所处理的数据和设备所执行的操作.

本节将给出一个简单示例, 以阐明能量分析攻击的基本原理. 该示例基于一个 8051 兼容微控制器, 它执行 AES 算法的一种软件实现. 这种微控制器的基本特点如表 1.1 所示. 本书将该设备作为标准试验平台, 它小巧、简易, 因此, 非常适用于对能量分析攻击及其对策的介绍.

表 1.1 被攻击的微控制器之基本特点

处理器类型	8051 兼容微控制器
总线宽度	8 位
内部存储器	256 字节
供电电压	5V
通信接口	RS-232
时钟频率	11MHz

在该示例中, 微控制器可以被编程控制, 其执行的 AES 加密操作也可以被定制. 微控制器通过一个 RS-232 接口接收来自 PC 的明文数据, 而后加密该明文, 并将结果返回给 PC. 设备进行加密操作时, 需要测量微控制器的能量消耗. 为此, 在微控制器的电源接地导线上串联了一个 1Ω 的电阻, 使用数字示波器测量该电阻上的电压降, 并对测量数据进行记录.

图 1.1 给出了通过这种方式记录下来的一条电压降. 该记录中的电压降和微控制器的能量消耗成正比. 因此, 可以将电压降作为能量消耗来处理, 并将对应的曲线视为能量迹. 能量迹的形状直接依赖于设备所进行的操作以及设备所处理的数据. 对图 1.1 进行更细致的观察就会发现, 所执行的 AES 实现与能量消耗之间确实存在着密切联系.

如图 1.1 所示, 前 0.35ms 内的能量迹非常均匀. 这段时间内, 微控制器等待明文的输入. 接收到一个明文输入后, 微控制器执行 9 轮完整的 AES 加密操作. 每一轮加密操作的执行都会在能量迹中产生一个长约 0.4ms 的模式. 特别地, 在图 1.1

中, 该模式的 9 次重复导致了 9 个负尖峰 (negative peaks), 这些尖峰清晰可见. 9
轮完整的 AES 加密操作之后, 微控制器执行最后一轮 AES 操作. 最后一轮操作没
有执行 MixColumns 操作 (见附录 B), 因此, 这一轮产生的模式相对较短. 大约从
4.1ms 开始, 能量迹重新变得均匀. 此时, 加密操作已完成, 微控制器等待新的明文
输入.

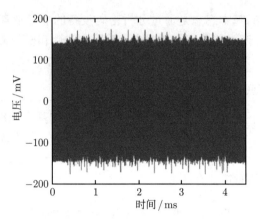

图 1.1　微控制器进行 AES 加密操作时的电压降

　　当然, 攻击者同样可以对一条能量迹放大后再进行观测. 对一条能量迹进行
放大后, 每一个时钟内的能量消耗都会变得很清楚. 例如, 图 1.2 给出了一个长约
6 个时钟的短周期内的能量消耗. 在这条能量迹中, 每一个可见的尖峰都对应着微控制器在一个时钟周期内的能量消耗. 能量分析攻击之所以奏效, 是因为对于不同的操作和不同的数据, 各尖峰形状不同. 直接利用这一特性的攻击被称为简单能量分析 (simple power analysis, SPA) 攻击 [KJJ99], 仅基于一条能量迹就可以实施 SPA 攻击.

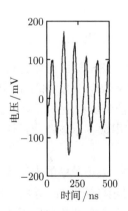

图 1.2　采样获得的能量迹的放大视图

　　现在在前文给出的示例中使用更多的能量迹, 并对微控制器能量消耗的数据依赖性进行更深入的研究. 事实上, 首先分析一次 AES 加密操作的能量消耗
与明文第一个字节 MSB 之间的依赖关系, 记该比特为 d. 为了确定 d 对能量消耗的
影响, 测量微控制器分别加密 1000 个随机明文时的能量消耗. 这样可以获得约 500
条当 $d = 0$ 时加密操作的能量迹, 以及约 500 条当 $d = 1$ 时加密操作的能量迹.

　　确定 d 对能量消耗影响的一个简单方法就是计算平均值之差, 即分别计算所有 $d=0$ 的能量迹的平均值与所有 $d=1$ 的能量迹的平均值, 以获得一条 $d=1$ 的平均能量迹和一条 $d=0$ 的平均能量迹. 接下来, 将这两条平均能量迹作减法运算. 图 1.3 给出了第 1 轮 AES 加密过程中当 $d=1$ 时的平均迹与当 $d=0$ 时的平均迹之间的差, 几乎这段时间内的所有时刻, 这一差异都接近于零. 但是, 在差分迹中, 同样也有几个特别突出的尖峰. 这些尖峰表明了微控制器能量消耗依赖于 d 的那些时刻. 在这些特定的时刻, 微控制器所执行的指令要么直接对 d 进行处理, 要么所处理的某些数据依赖于 d.

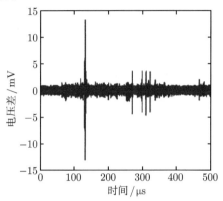

图 1.3　当 $d=0$ 时平均能量迹与当 $d=1$ 时平均能量迹之差

　　由图 1.3 可以看出最大的尖峰大概位于 $132\mu s$. 检查一下微控制器所执行的汇编程序代码, 就可以证实在这一时刻设备加载了明文的第一个字节. 值 d 是该字节的 MSB, 因此, 加载操作的能量消耗对 d 有很强的依赖性.

　　图 1.4 给出了执行加载操作时, 当 $d=0$ 时平均能量迹与当 $d=1$ 时平均能量迹的一个放大视图. 最初, 两条能量迹几乎完全相同. 然而, 在接下来的三个时钟周期内, 对于 $d=0$ 与 $d=1$, 两条能量消耗迹的尖峰高度并不相同. 这种差异表现出了能量消耗对 d 的依赖性. 第 2 个尖峰高度的差异导致了图 1.3 所示的最明显尖峰.

　　可以使用类似的方法对图 1.3 差分迹中的较小尖峰进行分析. 在所有这些出现尖峰的位置, 微控制器均会执行直接或间接地依赖于 d 的指令. 显然, 微控制器的能量消耗中包含它所处理数据的信息. 因此, 在能量分析攻击中利用这一特性, 就可以确定出微控制器使用的密钥.

　　在执行一次 AES 加密之前, 微控制器首先加载明文. 然后, 将明文与密钥进行异或, 并执行 10 轮加密操作. 每一轮操作中执行的第一个操作均为 SubBytes(字节替换①) 操作. SubBytes 是一个字节操作. 这意味着, SubBytes 对 AES 中间状态的

---

　　① 译者注, 后不复注.

每一个字节应用一个函数 $S()$. 因此, 第一轮加密操作中, SubBytes 操作的每一个输出字节都可以通过明文的一个字节和密钥的一个字节来获得. 将明文的第一个字节记为 p, 将密钥的第一个字节记为 k. 因此, 第一轮中 SubBytes 操作对应的输出字节可以记为 $S(p \oplus k)$. 在所给出的攻击示例中, 都利用了如下事实: 微控制器在某个时刻的能量消耗依赖于这一输出字节的最高有效位 v, 其中, $v = \mathrm{MSB}(S(p \oplus k))$.

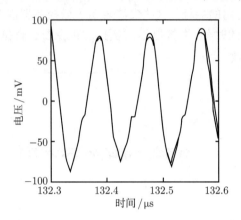

图 1.4 当 $d = 0$ 时平均能量迹与当 $d = 1$ 时平均能量迹的放大视图

进行这样一个攻击与之前已经完成的对值 d 的分析过程非常相似. 首先, 加密 1000 个随机明文, 记录相应的能量消耗. 此后, 将能量迹划分为两组: $v = 1$ 的能量迹与 $v = 0$ 的能量迹. 与先前已经完成对明文比特 d 的分析不同, 此时中间值 v 依赖于密钥字节值 k.

最初, 攻击者并不知道 k. 然而, 攻击者可以对 k 进行猜测, 实际上, k 只有 256 个可能的值. 因此, 攻击者能够很容易地遍历所有可能的 k 值, 并使用这些值来计算 v. 在实际的攻击中, 这意味着攻击者首先猜测 $k = 0$. 基于这一猜测, 对于 1000 次加密操作的每一次, 分别计算对应的 v. 然后, 攻击者分别计算 v 值为 1 的能量迹以及 v 值为 0 的能量迹的平均值. 这样就可以绘制出这两条平均能量迹之间的差异曲线. 对于所有其他 255 个可能的密钥值, 重复同样的过程. 这样, 攻击者就可以获得 256 个差异图. 对于每一个密钥猜测, 都有一个与之对应的差异图.

基于对微控制器第一个密钥字节的猜测, 现已得到 256 个差异图. 图 1.5 给出了猜测密钥为 117, 118, 119, 120 时的差异图. 可以看出对于 $k = 119$ 的密钥猜测, 其差异图中有很高的尖峰. 事实上, 该差异图看起来与之前在分析 d 对能量消耗的影响 (图 1.3) 时所获得的差异图有某种程度的相似. 进行更进一步的分析就可以发现这些差异图不仅看上去很相似, 同时它们也确实呈现出了相似的效果.

微控制器中密钥的第一个字节的值确为 119. 因此, 当作出 $k = 119$ 的猜测时, 就已经正确计算出了 v. 因此, 该密钥猜测对应的差异图实际上说明了微控制器能

量消耗对 v 的依赖性. 由于这种依赖性的存在, 对应的差异图中就会有明显的尖峰. 切记, 微控制器的能量消耗依赖于它所处理的所有数据. 例如, 能量消耗同样依赖于 d 的值, 而 v 仅是所有这些数据中的一个而已.

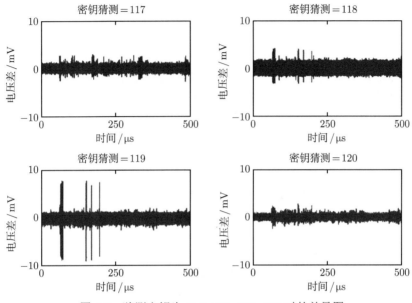

图 1.5 猜测密钥为 117, 118, 119, 120 时的差异图

一个重要的问题是: 如果基于一个错误的密钥猜测计算 v, 会出现什么情况呢? 这种情况下, 就不会基于设备实际处理的数据计算差异图. 所计算出的 v 值可将能量迹划分为两组 ($v = 1$ 和 $v = 0$), 但是微控制器并没有处理这些计算所得到的 v 值. 因此, 能量消耗就不会依赖于这些值, 所以对应的差异图中就不会有大尖峰出现.

有些差异图中仅仅出现一些较小尖峰, 如密钥猜测当 $k = 118$ 时的差异图正是如此. 这些较小尖峰的出现是由于如下事实: 基于 $k = 118$ 计算出来的 v 值与设备中实际处理的 v 值不完全独立. 然而, 这种依赖性远远小于正确密钥猜测情况下的数据依赖性. 因此, 仅仅通过找出具有最大尖峰的差异图, 攻击者就可以很容易地识别出正确的密钥.

使用这种策略的攻击称为差分能量分析 (differential power analysis, DPA) 攻击. DPA 攻击由 Kocher 等在他们具有开创性的文章 [KJJ99] 中提出. 这种攻击利用了这样一个事实: 密码设备的能量消耗依赖于算法执行过程中所处理的中间值. 在所给出的攻击示例中, 已经利用过这样一个事实: 微控制器的能量消耗依赖于第 1 轮中 SubBytes 变换的第一个输出字节的 MSB. 同样, 攻击者也可以基于其他的中间值来实施攻击. 特别地, 攻击者可以利用依赖于其他密钥字节的中间值来实施攻击. 这样就可以很容易地恢复出完整的 AES 密钥. 事实上, 同样的能量迹也完全可以用于分析所有其他的密钥字节, 也就是说, 无需记录新的能量迹.

1.4　能量分析攻击防御对策

DPA 攻击之所以奏效, 是因为密码设备的能量消耗依赖于设备所执行的密码算法的中间值. 因此, 如何防御这类攻击就显而易见了 —— 防御措施的目标就是要消除这种依赖性.

> 抗 DPA 攻击的各种对策的目标就是要使得密码设备的能量消耗独立于设备所执行的密码算法的中间值.

目前已公开发表的抗 DPA 攻击的各种对策本质上可以分为两大类: 隐藏技术 (hiding) 和掩码技术 (masking). 图 1.6 说明了这两类对策如何打破密码算法中间值与执行该算法的密码设备的能量消耗之间的联系.

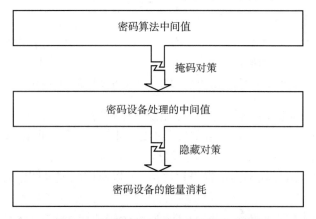

图 1.6　隐藏对策与掩码对策的基本概念

隐藏技术的基本思想是消除能量消耗的数据依赖性. 这意味着, 要么算法的执行过程被随机化, 要么设备的能量消耗特征被改变, 从而使得攻击者难以轻松地利用能量消耗中的数据依赖性. 为了实现这一目标, 可以采用两种方式来改变设备的能量消耗: 采用使得每一个操作几乎都消耗相同能量的方式来制造设备, 或采用使得设备的能量消耗或多或少更随机的方式来制造设备, 这两种方式都会显著地降低能量消耗的数据依赖性. 然而, 实际上, 数据依赖性不可能被完全消除, 总会残存一部分.

需要着重指出的是, 使用隐藏对策来保护的密码实现所处理的中间值与无保护的密码实现所处理的中间值完全相同. 对能量分析攻击的抵抗能力仅仅通过改变密码设备的能量消耗特征来实现.

但是, 对于采用掩码技术的密码实现而言, 情形迥异. 掩码技术的基本思想是随机化密码设备所处理的中间值. 这种方法的动机是处理被随机化后的中间值所需要的能量消耗与处理实际中间值所需要的能量消耗之间相互独立. 掩码技术的一大优点是无须改变设备的能量消耗特征. 此时, 设备的能量消耗依然具有数据依赖性. 但是设备仅仅处理随机化后的中间值, 因此, 可以防御这种攻击.

同样, 隐藏与掩码的概念也可以用于防御 SPA 攻击. 本书将基于许多示例和分析分别对这两种对策进行讨论. 除了这两种主要的抵御能量分析攻击的对策之外, 还有一个有助于防御 SPA 和 DPA 攻击的一般性原则: 应尽可能频繁地更新密码设备所使用的密钥. 对于一个固定的密钥而言, 攻击者所获得的能量消耗测量数据越少, 获得该密钥的难度就越大.

仅用于少量密码操作的密钥通常称为 "会话密钥". 使用会话密钥可以使得能量分析攻击更加困难. 这一思想被应用于 EMV 标准 [EMV04] 中, 并已在文献 [Koc05] 中被讨论过. 应该在条件允许的情况下尽可能多地使用会话密钥.

> 会话密钥是一种仅用于少量密码操作的密钥. 使用会话密钥可以使得能量分析攻击更困难. 因此, 应该在条件允许的情况下尽可能多地使用会话密钥.

然而, 实际应用中也会有许多这样的场景: 通过充分频繁地更新密钥来达到防御能量分析攻击的目的不现实, 抑或不可能. 这是因为在现实中, 隐藏技术和掩码技术通常只是保护密码设备的第一道防线.

1.5 小 结

现代安全系统强烈地依赖于密码学的使用. 密码算法是相当复杂的函数, 它需要能够高效计算的计算机. 密码设备是一种实现密码算法并能储存相应密钥的设备. 无论算法自身以及其实现是否公开, 密钥必须保密. 因此, 在密码算法的执行过程中, 不泄漏关于密钥的任何信息是非常重要的. 不幸的是, 就密码设备的安全性而言, 这种泄漏通常会产生. 能量分析攻击利用了这样一个事实: 密码设备的瞬时能量消耗依赖于设备所处理的数据以及设备所进行的操作. 基于这种依赖关系, 攻击者可以获得密码设备中的密钥. 能量分析攻击也可以通过使用恰当的对策来加以防御. 这些对策打破了密码算法操作及其中间值与执行该算法的密码设备的能量消耗之间的关系. 本书将讨论能量分析攻击以及抵御能量分析攻击的各种对策.

第2章 密码设备

为了讨论能量分析攻击及其对策,掌握一些关于密码设备的基本知识是有益的. 特别地,需要对密码设备的制造过程有一个基本的了解,本章将简要介绍相关知识. 本章面向不具备硬件设计背景的读者.

本章首先概要介绍密码设备的典型组成部件. 接下来,讨论设备制造的设计流程,这意味着将讨论使实际设备符合其规范所必须采取的各个步骤. 最后,集中讨论逻辑元件. 特别地,将简要介绍互补型 CMOS,这也是实现数字电路逻辑元件最流行的技术. 本章将沿用文献 [RCN03] 中所采用的记号,该文献是一本关于数字电路设计的通俗著作.

2.1 组 成 部 件

密码设备通常由多个部件组成. 每一个部件都实现一个特定的功能,如数据的加密、密钥的储存等. 本质上,密码设备的组成部件可以分为两大类. 第一类部件完成密码操作,如实现密码操作的数字电路;第二类部件则储存密码操作的数据,如储存加密密钥的非易失性储存器. 下面,将逐一列出构成典型密码设备的最重要组成部件.

- **专用密码硬件** 该类部件包括所有专用于完成密码操作的硬件,如实现 AES 的专用密码电路.
- **通用硬件** 该类部件包括所有用于完成密码操作的通用硬件,如通过编程控制完成 AES 加密的微控制器.
- **密码软件** 该类部件包括用于实现密码操作的任意软件,如实现 AES 的软件.
- **储存器** 该类部件储存密码操作的数据,如 AES 加密密钥.
- **接口** 该类部件处理密码设备发送和接收的数据. 密码应用对接口有特殊的要求. 例如,非常关键的一点是接口要阻止从设备外部对诸如密钥这样的敏感数据进行非授权的访问.

密码设备的各组成部件既可以在多个不同芯片上实现,也可以在单芯片上实现. 如果在多个不同芯片上实现各部件,就需要将这些芯片安装在一块印刷电路板 (printed circuit board, PCB) 上. 例如,安装在 PCB 上的芯片适合于双列直插式封装 (DIP),或者带引线塑料芯片载体 (PLCC) 封装,如图 2.1 所示. 基于多个芯片来制造的密码设备示例包括密码加速卡、硬件安全模块 (hardware security modules, HSMs) 等.

 除了多芯片密码设备之外, 同样还有许多仅由单芯片构成的密码设备. 智能卡就是这样一种设备. 图 2.2 给出了这样的一款智能卡. 智能卡中有一片安装在可见触点下的芯片. 另外一种单芯片密码设备就是 USB 令牌, 如图 2.3 所示. 本书主要关注在单芯片上实现的密码设备. 然而, 除非特别说明, 我们的结果和结论也同样适用于多芯片密码设备.

图 2.1 采用 PLCC 封装的
AES 加密芯片

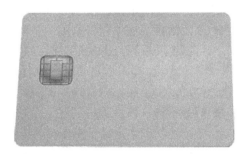

图 2.2 密码智能卡

图 2.3 USB 令牌方式的密码设备

2.2 设计与实现

 现实中, 在单芯片上实现数字电路的方式实质上有两种. 第一种方式是将数字电路实现为一个专用集成电路 (ASIC). 这种情况下, 必须要在芯片上创建一种布局. 随后, 半导体制造车间基于这种布局完成芯片的生产. 实际的芯片生产基于一个所谓的 "生产工艺" 来完成. 像智能卡或 USB 令牌这样的密码设备通常都基于 ASIC 构建.

在单芯片上实现数字电路的第二种方式是使用现成的可编程门阵列 (FPGA). 本质上, FPGA 由可编程逻辑元件以及连接这些元件的导线组成. 通过将一个配置文件加载到 FPGA 中, 工程师就可以定义各逻辑元件的行为以及各元件之间的连接关系.

尽管 ASIC 和 FPGA 二者有异, 但是为了将一个电路实现为 ASIC 或 FGPA, 所必须采取的步骤却大同小异. 下面将给出对典型设计步骤的概述.

2.2.1　设计步骤

传统上, 数字电路的设计过程分为 4 个步骤. 该过程始自电路规范制定, 止于物理设计. 在设计过程的每一个步骤中, 电路的表示将会变得越来越具体, 直至最终获得一个 ASIC 布局, 或者一个 FPGA 配置文件. 设计过程是一个迭代过程.

- **规范制定**　该步骤将制定一个数字电路功能高层描述. 这一任务的实现既可以通过编写一份规范文档, 也可以通过使用一种高级编程语言. 而后者有一个优点, 即编程语言是可执行的, 因此, 可以生成测试用例. 这些测试用例可以用于随后的设计步骤, 以便验证所完成的设计是否依然符合原规范.

- **行为设计**　该步骤将创建一个称为寄存器传输层 (RTL) 的数字电路描述. 该描述精确地定义了操作序列以及各种信号的位宽. 在行为设计过程中, 必须要作许多重要的设计决策. 例如, 必须决定哪些操作采用硬件实现, 哪些操作采用软件实现. 此外, 在该步骤中, 还必须要确定时序策略 (同步或者异步).

- **结构设计**　该步骤将行为描述转换为一个网表 (netlist). 本质上, 网表是电路上所有元件 (或晶体管) 以及这些元件之间连接关系的列表. 为了完成向网表的转换, 就必须要确定电路是使用 ASIC, 还是 FPGA 的方式来实现. 对于 ASIC, 需要生成元件或晶体管的网表, 网表可以用于所选择的生产工艺. 对于 FPGA, 也需要生成网表, 但该网表由 FPGA 提供的元件构成. 在 ASIC 或者 FPGA 上实现数字电路功能的元件称为 "逻辑元件".

　　在结构设计的过程中, 为了满足数字电路的特定约束, 还必须要作更细粒度的设计决策. 通常, 这些约束与对芯片面积、速度以及能量消耗的需求有关. 满足这些约束可能需要相应地修改或调整电路的行为描述. 因此, 电路设计是一个迭代过程.

- **物理设计**　对于 ASIC 和 FGPA 而言, 设计过程的最后一个步骤稍有不同. 在 ASIC 中, 将对网表中的各元件 (或晶体管) 进行布置. 这意味着芯片上各元素的物理位置是固定的, 这一过程称为布局 (placement). 此外, 还要创建各元素之间的连接. 为芯片上各元素之间的连接创建线路的过程称为布线 (routing). 在 ASIC 中, 物理设计的产物称为布局图 (layout). 布局图是一个关于电路所有半导体元件及其连线的几何描述. 生产工人能够使用布局图进行实际的芯片生产.

在 FPGA 中, 物理设计的步骤通常也非常相似, 只是更加简单. 首先, 创建网表中元件与 FPGA 上的元件之间对应关系, 即确定网表中的元件与 FPGA 上的哪一个物理元件相对应. 此后, 对于网表上列出的各连接关系, 确定使用 FPGA 上的哪一个物理连接. 对于 FPGA, 物理设计的产物是一个用于对 FPGA 进行配置的配置文件.

在实际操作中, 上面概括出的各设计步骤的边界往往不会如此严格. 在某个特定的设计流程中, 不同步骤之间的边界可能会变模糊. 同样地, 也可以将一个设计步骤进一步细分为多个步骤. 设计过程的实际步骤强烈地依赖于所选择的目标平台. 对于结构化设计和物理设计而言, 尤其如此.

现在来更深入地考察一下 ASIC 和 FPGA 的设计过程. 对于 ASIC, 刚刚讨论过的 4 个步骤可以通过两种方式来实现: 全定制化设计方法与半定制化设计方法. 在全定制化设计中, 数字电路的逻辑元件均由人工设计. 就速度、能量消耗以及芯片面积需求而言, 这种方法可以生成高度优化的电路设计. 然而, 全定制设计的主要缺陷是设计成本特别高昂, 投放市场需要的时间也太长. 因此, 全定制设计仅适用于那些大批量生产的数字电路. 目前, 仅使用这种方式对数字电路中对性能要求或芯片面积要求极高的部分进行设计, 如储存模块. 大多数 ASIC 都使用半定制化设计方法来构建. 这种设计方法同样也可以用于 FPGA 上的数字电路实现.

半定制化设计的特征由如下事实来刻画: 使用一个预先定义的基本元件 (组合元件、时序元件、I/O 元件等) 的有限集合构造数字电路. 在 FPGA 设计中, FPGA 上就包含这样的基本元件. 而在 ASIC 设计中, 这些元件则称为 "标准元件". 标准元件是使用以各种方式描述这些元件的库来定义的. 通常, 相关描述包括逻辑功能、时序行为、能量消耗以及元件的布局. 对于一种给定的工艺技术, 标准元件库只需要创建一次. 通常, 生产车间使用这项工艺技术即可完成这一工作.

2.2.2 半定制化设计

在半定制化设计流程中, 数字电路的规范映射为标准元件库中的逻辑元件或者 FPGA 上的逻辑元件. 基于对所使用逻辑元件的特定约束, 很多设计步骤可以自动完成. 现有大量的所谓的电子设计自动化 (EDA) 工具即用于这一目的.

> 半定制化设计流程中, 大多数从行为级到结构级的设计转换工作, 乃至进一步到物理级的设计转换工作都是自动完成的. 这一转换过程称为 "综合".

现在来描述一个典型 ASIC 的半定制化设计流程, 该设计流程的各步骤如图 2.4 所示. 图 2.4 的左侧部分表明了如何将这些步骤映射为此前已经讨论的 4 个基本步骤. FGPA 的半定制化设计流程与之类似, 但是更简单. 特别地, 在 FPGA 中, 许多验证步骤都无需进行.

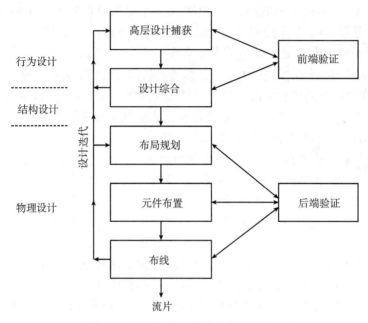

图 2.4　使用标准元件的半定制化设计流程

- **高层设计捕获**　该步骤把数字电路的描述输入到设计系统中. 该项工作可以在不同的抽象层完成. 对于高层抽象而言, 可以使用诸如 SystemC, SystemVerilog 以及 SystemVHDL 这样的行为描述语言. 对于低层抽象而言, 则会使用诸如 Verilog, VHDL 这样的硬件描述语言. 基于 HDL 的描述通常在 RTL 层完成. 因此, 电路的组合行为与时序行为通常以精确的时钟周期来定义.

- **设计综合**　依赖于设计捕获中所使用的抽象层次的不同, 需要采用不同类型的设计综合. 行为综合支持各种各样的高层体系结构决策过程, 如将一个设计分割为硬件模块和软件模块. 通常, 这一过程只能实现部分自动化. 例如, 行为综合的产物可以是一个使用 HDL 表达的数字电路 RTL 描述. 接下来, 将在设计流程中继续使用逻辑综合. 在逻辑综合中, 数字电路 RTL 描述将被映射为标准元件库中已有的实际元件. 同样, 逻辑综合通常也包含不同的数字电路优化. 目前, 通过使用 EDA 工具, 已经能够以自动化的方式高效地完成这一工作. 逻辑综合的产物是一个 "网表", 该网表由标准元件构成, 有时同样也会包含一些所谓的宏元件, 这类元件是一些预定义的复杂模块, 如乘法器、储存器, 甚至可以是复杂的微控制器.

- **布局规划** 该步骤将基于电路中元件的数量和大小来定义芯片的整体布局 (高度、宽度、高宽比等)、核心逻辑 (实现数字电路实际功能的逻辑元件) 区域、I/O 元件以及电源元件. 此外, 还要对芯片电源栅极的布局进行定义.

- **元件布置** 该步骤将完成数字电路中各个元件的精确布置. 元件布置受到元件之间连接的影响. 因此, 元件布置工具会尝试尽可能近地布置各元件. 元件布置过程中, 一项重要的子任务就是时钟树 (clock tree) 的生成. 时钟树将时钟信号分发给电路中的所有时序元件. 在同步电路中, 重要的一点是要确保时钟信号要在同一个时刻到达各元件.

- **布线** 该步骤将建立起各元件之间的实际连接. 该项工作将依据网表中刻画的联系以及各元件的实际布置来完成. 为了解决诸如 "不可达布线" 之类的布线冲突问题, 现代布线工具可以在一定程度上改变元件布置.

- **前端验证** 该步骤将对行为设计和结构设计的功能进行验证. 这主要通过功能仿真和逻辑仿真来完成. 除此之外, 为了进行性能校验, 还要对数字电路进行一次所谓的 "静态时序分析". 通常, 仿真和静态时序分析工作都基于数字电路布线和元件物理特性的估计. 为了提高精确度, 在后续的设计步骤中还可能会从整体布局中提取出更精确的物理信息 (如信号时序信息), 以便在仿真和时序分析中使用. 这一过程称为反向注解 (back-annotation).

- **后端验证** 该步骤将进行许多不同的检验, 以便验证数字电路布局的功能. 这主要依赖于如下事实: 该阶段可以对电路的寄生效应进行精确估计. 电路寄生效应 (circuit parasitics) 是一些有害的电子成分, 它们通常产生于已经装配好的电路中, 如线路间的电容. 后端验证的主要工作就是设计规则检验 (检验布局中线路和晶体管结构的几何设计规则)、电路提取 (从布局中提取出晶体管网表, 包括精确的晶体管尺寸和电路寄生效应), 以及布局对照验证 (验证所布置的网表在功能上是否与综合的网表等价).

- **流片** 当所有的设计约束均得到满足时, 就可以生成一个包含电路布局信息的文件, 并将其发送给半导体车间. 该文件中包含了芯片制造过程中必需的所有信息.

现代半定制化设计流程中, 上述各步骤通常可能不会严格按照图 2.4 所建议的方案来执行. 通常必须要有一种能够在整个设计过程中包含多次迭代的集成方法, 其原因在于要对使用现代生产工艺实现的数字电路的行为进行精确估计是一件非常具有挑战性的工作.

2.3   逻 辑 元 件

数字电路 (ASIC 或 FPGA) 总是基于逻辑元件来构建. 这一点与是否采用全定制化或半定制化设计流程没有任何关系. 逻辑元件是构造电路模块的最小单元, 它们通常有一个或多个输入, 按照逻辑功能将这些输入映射为输出的各种逻辑值. 在芯片中, 逻辑元件即物理对象, 因此, 就必须要找到一种表达输入逻辑值和输出逻辑值的适当的物理表示方式.

逻辑元件的电源电压通常记为 V_{DD}, 其接地电压则通常记为 GND. 大多数字电路中, 这些电压通常都代表线路所表示的逻辑值. 这样的电路称为电压模逻辑 (VML) 电路. 鉴于其应用广泛, 故本书主要关注 VML 电路. 使用 V_{DD} 表示逻辑值 1, 而使用 GND 表示逻辑值 0.

此外, 也有使用 V_{DD} 和 GND 之间的电压来表示逻辑值的其他类型的电路. 在这类电路中, 使用流经元件的电流来定义元件的实际输出值. 以这种方式实现的电路称为电流模逻辑 (CML) 电路.

2.3.1   逻辑元件类型

数字电路使用两种类型的逻辑元件. 第一种逻辑元件实现诸如反向、NAND、XNOR 以及复用功能的基本逻辑函数 (布尔函数). 因为其输出值为输入值的一种逻辑组合, 这类元件称为组合元件. 图 2.5 给出了一个实现 NAND 功能的二输入组合元件的符号表示. 二输入 NAND 元件完成如下布尔操作: $q = \overline{a \cdot b}$. 如果输入 a 和 b 中至少有一个为 0, 则 NAND 元件的输出 q 为 1; 否则, 输出为 0.

第二种逻辑元件是时序元件, 如锁存器、触发器和寄存器等. 时序元件的输出值不仅依赖于当前的输入值, 而且还依赖于先前的输入值或初始状态. 这意味着时序元件可以记忆先前的输入值. 时序元件有一个时钟输入信号, 该信号用于触发时序元件的操作.

图 2.6 给出了一个边缘触发的 D 型触发器的符号表示. 一旦在时钟输入 c 中出现一个主动边沿, 边缘触发的 D 型触发器就会在其输出 q 中储存其输入值 d. 该主动时钟边沿可以是一个时钟信号的上升沿或下降沿. 同样, D 型触发器也可以产生输出值的逆 $\bar{q}$. 如果所有时序元件均由一个公共时钟信号来驱动, 则称之为同步电路; 否则, 称之为异步电路.

数字电路的元件使用晶体管来实现. 本质上讲, 晶体管是通过将所谓的 P 型和 N 型半导体结构进行特殊组合而实现的电子开关. 晶体管的常用类型为金属氧化物半导体 (MOS) 晶体管和双极晶体管.

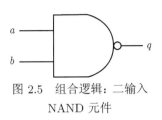

图 2.5 组合逻辑:二输入
NAND 元件

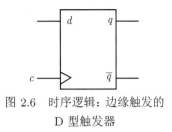

图 2.6 时序逻辑:边缘触发的
D 型触发器

实际上, 并不是每一项工艺技术都可以用于构建不同类型的半导体设备. 事实上, 最常用的工艺技术仅支持 p 通道 MOS 晶体管 (PMOS) 和 n 通道 MOS 晶体管 (NMOS). 这一工艺技术称为 CMOS(互补型金属氧化物半导体). CMOS 工艺技术几乎被用于当前所有的数字电路中. 图 2.7 给出了 NMOS 晶体管和 PMOS 晶体管的符号表示. 如果栅极和源极之间的电压为正, 则 NMOS 晶体管的漏极和源极之间就会导通. 与此相反, 如果栅极与源极之间的电压为负, 则 PMOS 晶体管会导通. 在 VML 电路中, NMOS 晶体管的源极在大多数情况下都与 GND 相连接, 而 PMOS 晶体管的源极则通常与 V_{DD} 相连接. 因此, VML 电路中, 通常情况下, 当栅极置为 V_{DD} 时, NMOS 晶体管导通; 而栅极置为 GND 时, PMOS 晶体管导通.

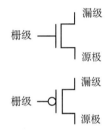

图 2.7 NMOS 晶体管 (上方) 与
PMOS 晶体管 (下方) 的符号表示

2.3.2 互补型 CMOS

用于实现逻辑元件的技术称为逻辑结构 (logic style). 互补型 CMOS 是基于 PMOS 和 NMOS 晶体管构建逻辑元件的最流行逻辑结构. 这种逻辑结构的基本思想是以互补结构来安排 PMOS 晶体管和 NMOS 晶体管. PMOS 晶体管形成一个所谓的 "上拉网络"(位于元件输出和 V_{DD} 之间), 而 NMOS 晶体管则用于构成所谓的 "下拉网络"(位于元件输出和 GND 之间). 上拉网络和下拉网络的构造在原理上具有如下特点:两者绝对不会在同一个时间内同时导通.

互补型 CMOS 中, 所有组合逻辑元件和时序逻辑元件都使用相应的上拉网络和下拉网络来实现. 例如, 图 2.8 给出了一个以互补型 CMOS 方式实现的 NAND 元件的原理图, 该 NAND 元件的功能可以解释如下:只要输入 a 或 b 之中至少有一个置为 GND (或者逻辑 0), 则下拉网络中至少有一个 NMOS 晶体管绝缘, 并且上拉网络中至少有一个 PMOS 晶体管导通. 因此, NAND 元件的输出 q 置为 V_{DD}(或者逻辑 1); 仅当 NAND 元件的两个输入全部置为 V_{DD} 时, 上拉网络中的 PMOS 晶

体管会全部绝缘, 并且下拉网络中的 CMOS 晶体管会全部导通, 在这种情况下, 其
输出置为 GND.

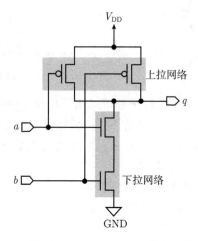

图 2.8 互补型 CMOS NAND 元件的晶体管电路

由于上拉网络和下拉网络的互补行为, 静态操作期间, V_{DD} 线和 GND 线之间
几乎没有电流. 元件的静态操作意味着其输入为固定值. 因此, 互补型 CMOS 元件
几乎没有静态能量消耗. 互补型 CMOS 元件的另一个重要特点就是其输出始终被
驱动. 这意味着其输出通常会通过一个低阻通路与 V_{DD} 或者 GND 连接. 输出不总
和 V_{DD} 或 GND 连接的 CMOS 元件则称为动态 CMOS 元件. 在动态 CMOS 元件
中, 输出节点在短时间内处于悬浮状态.

互补型 CMOS 元件形成了大多数数字电路的基本构成模块. 这些元件相互连
接, 形成了具有更多功能和更高复杂度的模块, 如加法器、计数器、状态机等. 这个
过程随着抽象层的提升而持续进行, 直至最后构建出完整的系统, 如微控制器和加
密模块. 到目前为止, 当采用 CMOS 工艺技术时, 互补型 CMOS 依旧是最常用的
逻辑结构. 因此, 谈到互补型 CMOS 元件和电路时, 通常会省略定语 "互补型".

2.4 小   结

密码设备由完成密码操作的部件和用于储存这类操作所使用数据的多个部件
组成. 密码设备的部件既可以在单芯片上实现, 也可以在多芯片上实现. 本书将专
注讨论单芯片密码设备.

密码设备 (ASIC 或 FPGA) 的设计过程本质上可以分为 4 个步骤. 在这些步
骤中, 数字电路的抽象级会持续降低, 直至生成一个电路布线图 (对于 ASIC) 或者
一个配置文件 (对于 FPGA). 一个通用的实现方法是半定制化设计. 在这种方法中,

数字电路的功能将自动映射为标准元件或 FPGA 元件.

最常用的工艺技术就是 CMOS. CMOS 可以用于实现 PMOS 和 NMOS 晶体管. 互补型 CMOS 是一种用于实现逻辑元件的逻辑结构, 基于互补型 CMOS 实现的逻辑元件具有如下特点: 逻辑元件几乎没有静态能量消耗, 并且逻辑元件的输出始终被驱动.

第 3 章 能 量 消 耗

数字电路在执行运算时需要消耗电能. 首先, 电路从电源获取电流; 接着, 把获取到的电能以热量的形式释放出去. 数字电路的能量消耗是一个非常重要的课题. 能量消耗的高低决定了芯片需要何种规格的电源以及是否需要额外的散热. 此外, 密码设备的能量消耗还决定了该设备是否容易遭受攻击, 这也是本书对能量消耗的诸多属性中最为关注的一点.

本章将对密码设备的能量消耗进行详细的探讨, 并给出测量能量消耗的实际操作步骤. 本章首先对 CMOS 电路中的能量消耗进行一般性分析. 然后, 介绍数字电路的不同仿真技术以及能量模型. 最后, 讨论密码设备能量消耗的测量配置. 特别地, 本章还将详尽阐述测量配置的质量标准.

3.1 CMOS 电路的能量消耗

CMOS 电路的总能量消耗 (total power consumption) 等于构成该 CMOS 电路的各个逻辑元件的能量消耗之和. 所以, 总能量消耗实质上依赖于电路中逻辑元件的数量、连接方式及其具体构造. 这些属性由系统级 (系统的体系结构、选用的算法、软硬件划分等)、体系结构级 (软硬件组件的特定实现)、元件级 (逻辑元件的设计) 以及晶体管级 (用于实现逻辑元件中 MOS 晶体管的半导体技术) 的设计决定.

CMOS 电路运行时有恒定的供电电压 V_{DD} 以及输入信号 (图 3.1). 电路中的逻辑元件从电源中获取电流并对输入信号进行处理. 用 $i_{DD}(t)$ 表示瞬时总电流, 用 $p_{cir}(t)$ 表示瞬时总能量消耗, 电路在时间段 T 内的平均能量消耗可以用式 (3.1) 计算:

$$P_{cir} = \frac{1}{T} \int_0^T p_{cir}(t)\mathrm{d}t = \frac{V_{DD}}{T} \int_0^T i_{DD}(t)\mathrm{d}t \tag{3.1}$$

2.3.2 小节已经指出, 逻辑元件通常由互补型 CMOS 实现. 现在通过最简单的 CMOS 元件 ——CMOS 反相器 —— 来说明 CMOS 元件放电的时机和缘由. 对反相器的讨论可以推广到其他所有的元件, 因为所有的 CMOS 元件都基于互补型上拉网络和下拉网络. 特别地, 对于反相器而言, 该网络包括两个晶体管 $P1$ 和 $N1$, 如图 3.2 所示. 在更复杂的门电路中, 该网络需要更多的 PMOS 和 NMOS 晶体管.

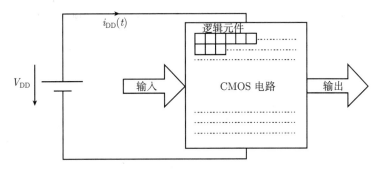

图 3.1 CMOS 电路的能量消耗

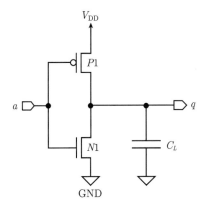

图 3.2 CMOS 反相器的等效电容模型

反相器的能量消耗实质上可以分为两部分. 一部分称为静态能量消耗 P_{stat}, P_{stat} 是元件中没有任何转换活动时的能量消耗; 另一部分称为动态能量消耗 P_{dyn}, 当内部信号或者输出信号转换时, 逻辑元件除了静态能量消耗之外还将产生动态能量消耗. 一个逻辑元件的总能量消耗等于其 P_{stat} 和 P_{dyn} 之和.

3.1.1 静态能量消耗

CMOS 元件的设计决定了它们的上拉网络和下拉网络在输入信号恒定时决不会同时导通. 对图 3.2 中的 CMOS 反相器而言, 当输入 a 为 GND 时, $P1$ 导通而 $N1$ 绝缘; 反之, 当输入 a 为 V_{DD} 时, $P1$ 绝缘而 $N1$ 导通. 在这两种情况下, GND 都没有与 V_{DD} 直接导通, 所以处于截止状态的 MOS 晶体管中只有少量漏电流通过. 用 I_{leak} 表示漏电流, 静态能量消耗 P_{stat} 可以用式 (3.2) 计算. 典型的 MOS 晶体管中, 漏电流一般在 $10^{-12}\mathrm{A}(1\mathrm{pA})$ 的量级, 参见文献 [RCN03]. 然而, 随着现代半导体加工工艺的发展, 当结构规模小于 100nm 时, 漏电流会急剧增加.

$$P_{stat} = I_{leak} \cdot V_{DD} \tag{3.2}$$

> 　　CMOS 电路的静态能量消耗一般非常低. 然而, 现代半导体加工工艺所使用的结构规模很小, 在这种情况下, 电路的静态能量消耗会急剧增加.

3.1.2　动态能量消耗

　　当逻辑元件的内部信号或输出信号发生转换时, 会产生动态能量消耗. 下文中, 将忽略内部信号转换所产生的能量消耗, 可以这样处理的原因是内部信号转换导致的能量消耗要远小于输出信号转换导致的能量消耗. 在某一个确定的时间, CMOS 元件的输出信号实质上总是执行 4 种转换中的一种, 如表 3.1 所示. 在 $0 \to 0$ 和 $1 \to 1$ 的情况下, 逻辑元件仅产生静态能量消耗, 而在其他两种情况下, 逻辑元件产生静态能量消耗的同时也会产生动态能量消耗. 能量消耗值 P_{00}, P_{11}, P_{01} 和 P_{10} 依赖于逻辑元件的类型以及所采用的加工工艺. 一般情况下有 $P_{00} \approx P_{11} \ll P_{01}, P_{10}$ 成立, 动态能量消耗总是依赖于被处理的数据.

表 3.1　CMOS 元件的输出转换和对应的能量消耗. 忽略了内部节点转换所需要的能量消耗

转换	能量消耗	能量消耗的类型
$0 \to 0$	P_{00}	静态
$0 \to 1$	P_{01}	静态 + 动态
$1 \to 0$	P_{10}	静态 + 动态
$1 \to 1$	P_{11}	静态

> 　　典型的 CMOS 电路中, 动态能量消耗是总能量消耗的主导因素. 动态能量消耗依赖于 CMOS 电路所处理的数据.

　　在 CMOS 电路中, 动态能量消耗 P_{dyn} 的产生实质上有两个原因: 第一个原因是元件中的负载电容需要充电; 第二个原因是当元件的输出信号转换时, 会产生瞬时短路电流.

　　充电电流

　　当输出信号转换时, CMOS 元件从电源获取充电电流, 为输出电容 C_L 充电. CMOS 元件的输出电容包括两部分: 分别称为固有电容 (intrinsic capacitance) 和外部电容 (extrinsic capacitance). 固有电容是 CMOS 元件中与输出端相连接的内部电容; 外部电容是与后继 CMOS 元件连接的导线的电容以及这些后继元件的输入电容. C_L 的大小很大程度上取决于逻辑元件所采用的工艺技术、逻辑元件间的导线长度以及后继逻辑元件的数量. 在典型情况下, C_L 的值在 $10^{-15}\text{F}(1\text{fF})$ 和 10^{-12}F (1pF) 之间. 在用于刻画 CMOS 元件充电能量消耗的 "等效电容模型" 中, 逻辑元件的固有电容和外部电容被等效为一个与 GND 相连的电容 C_L.

在 CMOS 反相器中 (图 3.2), 当输入 a 发生 $1 \to 0$ 转换时, C_L 通过 PMOS 晶体管 $P1$ 充电. 作为输入转换的结果, 输出值 q 发生 $0 \to 1$ 转换. 这样, 元件由电源获取电流并对 C_L 充电. 当输入 a 从 0 变为 1 时, 输出 q 从 1 变为 0, C_L 通过 NMOS 晶体管 $N1$ 放电, 不从电源获取电流.

元件在时间 T 内的平均充电能量消耗 P_{chrg} 可以通过式 (3.3) 计算. 该式中, $p_{\mathrm{chrg}}(t)$ 表示元件的瞬时充电能量消耗, f 为元件的时钟频率, α 为该元件的 "活动因子". 活动因子表示在一个时钟周期内逻辑元件的输出发生 $0 \to 1$ 转换的平均数量. 例如, 如果每一个时钟周期中平均有一个逻辑元件的输出值由 0 转换为 1, 则 α 值为 1.

由式 (3.3) 可知 P_{chrg} 与 $\alpha \cdot f$、负载电容 C_L 以及供电电压 V_{DD} 的平方成正比. 因此, 降低 CMOS 电路动态能量消耗最有效的方法就是降低供电电压. 除此之外, 也可以降低时钟频率、减小负载电容或者活动因子.

$$P_{\mathrm{chrg}} = \frac{1}{T} \int_0^T p_{\mathrm{chrg}}(t)\mathrm{d}t = \alpha \cdot f \cdot C_L \cdot V_{\mathrm{DD}}^2 \tag{3.3}$$

短路电流

CMOS 元件动态能量消耗的另一部分由 CMOS 元件发生输出转换时的瞬时短路电流产生. 对 CMOS 反相器 (图 3.2) 而言, 发生 $0 \to 1$ 或者 $1 \to 0$ 转换时, 会出现一个 MOS 管 ($P1$ 和 $N1$) 同时导通的瞬间.

式 (3.4) 给出了在一个逻辑元件中, 时间段 T 内的短路电流所造成的平均能量消耗 P_{sc}. 该式中, $p_{\mathrm{sc}}(t)$ 是逻辑元件的瞬时短路能量消耗, 转换活动引起的短路电流的峰值用 I_{peak} 表示, 短路电流持续的时间为 t_{sc}. 注意, 反相器的一个完整转换周期会产生两个转换动作 (产生瞬时短路). 这意味着在一个完整的转换周期内, 反相器的输出会完成一个 $0 \to 1$ 转换和一个 $1 \to 0$ 转换. 此外, 为了计算 P_{sc}, 用一个基线长度为 t_{sc}、高为 I_{peak} 的三角波来表示短路电流的波形. 这是一种被广泛使用且能够较好地刻画短路能量消耗的近似手段.

$$P_{\mathrm{sc}} = \frac{1}{T} \int_0^T p_{\mathrm{sc}}(t)\mathrm{d}t = \alpha \cdot f \cdot V_{\mathrm{DD}} \cdot I_{\mathrm{peak}} \cdot t_{\mathrm{sc}} \tag{3.4}$$

动态能量消耗仿真

CMOS 反相器的模拟级仿真结果在图 3.3 中给出, 该仿真使用的参数如下: $V_{\mathrm{DD}} = 3.3\mathrm{V}$, $C_L = 1\mathrm{fF}$, $P1_{\mathrm{gatewidth}} = 3.5\mu\mathrm{m}$, $N1_{\mathrm{gatewidth}} = 1\mu\mathrm{m}$, $P1/N1_{\mathrm{gatelength}} = 0.35\mu\mathrm{m}$ (加工工艺的最小结构规模).

在图 3.3 中, 上图为输入 a 和相应的输出 q 的信号, 下图为反相器获取的电源电流. 在第一个转换活动中 (从第 3ns 开始), 反相器的输出信号执行了 $1 \rightarrow 0$ 转换, 负载电容 C_L 进行内部放电, 只产生了短路能量消耗.

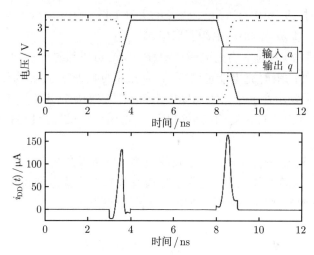

图 3.3   上图: CMOS 反相器的输入信号 (实线) 和对应的输出信号 (点线);
下图: CMOS 反相器引起的电流

第二个电流尖峰 (从第 8ns 开始) 的出现是由于反相器输出信号发生 $0 \rightarrow 1$ 转换造成的. 这个尖峰高于前面一个尖峰, 原因是除了短路能量消耗外, 第二个电流尖峰还包含了对 C_L 充电的能量消耗. 第二个尖峰的基线长度小于第一个尖峰的基线长度. 注意, 模拟电路仿真器使用非常成熟的 MOS 晶体管模型, 该模型已考虑了寄生电容 (见 3.2.1 小节). 寄生电容是 $i_{DD}(t)$ 中出现负尖峰的原因.

3.1.3　毛刺

CMOS 电路中, 很多组合逻辑元件通常需要相互连接. 例如, 将一个组合逻辑元件的输出作为另一个组合元件的输入, 这种电路称为多级组合电路. 这种电路的一个重要特点是各个组合元件的输入信号不同步.

造成这种情况的原因有两个. 第一, 组合逻辑元件和各个元件之间的导线存在传输延迟, 并且传输延迟各不相同. 一个逻辑元件的输入转换到输出转换需要一定的时间, 而且信号在元件间传输也需要一定的时间. 第二, 组合元件需要以电路中其他各级元件的输出作为自己的输入. 可能存在这种情况: 元件的一个输入是另一个组合逻辑元件的输出, 而另一个输入则是电路的直接输入.

组合逻辑元件中, 多个输入信号到达时间的不同会导致该元件的输出信号处于临时状态. 这种输出的中间状态称为毛刺 (glitch) 或者动态危害 (dynamic hazard)

[RCN03]. 在产生毛刺的过程中, 逻辑元件的输出信号不总是完全转换到对应于中间状态逻辑值的电压值. 这是由于当逻辑元件向临时状态转换时, 某些输入值可能再次发生转换.

一般来讲, 随着数字电路中组合级数的增加, 毛刺的数量也随之增加. 在这种电路中, 毛刺像雪崩一样扩散. 如果电路中某个元件的输出产生毛刺, 则会导致其所有后继元件的输出中产生毛刺. 在复杂的 CMOS 电路中, 毛刺可能会成为总能量消耗的一个决定因素. 毛刺的产生具有数据依赖性.

> CMOS 电路中的毛刺具有数据依赖性, 并且对动态能量消耗有很大的影响.

为了说明毛刺的概念, 讨论一个简单的示例. 考虑图 3.4 中给出的简单组合电路. 该电路由一个反相器 (INV) 和一个 NAND 元件构成. 电路的输入是 a 和 b, 反相器的输出为 c, 电路的输出为 d. 表 3.2 给出了当给定 a, b 时, 该电路的真值表.

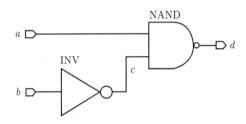

图 3.4 会产生毛刺的小型组合电路

表 3.2 图 3.4 中组合逻辑电路的真值表

a	b	$c = \mathrm{INV}(b)$	$d = \mathrm{NAND}(a, c)$
0	0	1	1
0	1	0	1
1	0	1	0
1	1	0	1

现在, 假设组合电路的输入值由 $a = 0, b = 0$ 转换为 $a = 1, b = 1$. 为了简单起见, 假设电路中导线的传输延迟为 0. 反相器和 NAND 元件的传输延迟分别记为 $t_{\mathrm{prop,INV}}$ 和 $t_{\mathrm{prop,NAND}}$. 由图 3.5 中的波形可知该组合电路的输出 d 中产生了一个毛刺. 尽管对于输入信号的给定变化, 输出信号 d 应该保持为 1, 但是存在一个瞬间, 输出信号 d 临时转换为 0. 注意, 毛刺的基线长度依赖于反相器的传输延迟 $t_{\mathrm{prop,INV}}$.

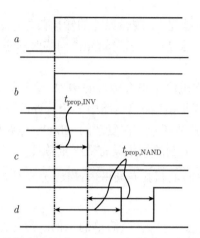

图 3.5　图 3.4 中组合逻辑电路的波形图, 由于图中刻画的输入信号 a 和 b 的变化,
输出信号 d 中产生一个毛刺

3.2　适用于设计者的能量仿真与能量模型

为了确定电路是否满足设计需要, 可以在数字电路的设计过程中对其能量消耗进行仿真. 能量消耗对于构建可靠、高效、安全 (对密码设备而言) 的数字电路至关重要. 这些仿真可以在不同的精度级别上进行. 一般来讲, 仿真精度的级别越高, 所需要的资源 (仿真消耗的时间、内存等) 就越多. 因此, 就需要对精度和所需要的资源进行权衡. 通常, 应用最广泛的精度级别依次为模拟级、逻辑级和行为级.

3.2.1　模拟级

对数字电路的能量消耗进行仿真的最准确方式是模拟级仿真. 这种仿真基于晶体管网表, 网表中包含电路中所有的晶体管以及它们之间的连接. 除此之外, 网表一般还包含了电路中的寄生元素 (parasitic elements). 数字电路中的寄生效应由数字电路的生产方式导致, 特别是电路的导线之间会产生寄生电容, 在晶体管内部也会出现有害的寄生电容. 寄生元素的大小主要取决于数字电路的加工工艺.

实际上, 数字电路中的寄生元素数量非常大. 为了降低仿真复杂度, 需要将电路进行一定的简化. 一种非常通用的简化手段是把元件中或导线间的所有寄生电容视为元件的一个输出电容, 这就是前面提到的等效电容模型. 该模型假设导线的电阻与 MOS 管中源极和漏极之间的电阻相比可以忽略不计. 由于上述简化, 基于等效电容模型的仿真往往不能精确地刻画电路的瞬时能量消耗. 显然, 对寄生元素的建模越精确, 仿真结果越精确.

不管使用的晶体管网表是不是经过了某种程度的简化, 基于网表的模拟级仿真往往使用同一种方式. 为了进行仿真, 模拟级电路仿真器将晶体管网表作为输入, 根据不同的等式计算该电路中的电流和电压值. 这种仿真需要很多资源, 所以模拟级仿真一般仅仅对 CMOS 电路中的关键部分采用, 而并不针对整个电路.

常见的模拟级电路仿真器有加州大学伯克利分校 [Uni] 的 SPICE[Rab], Cadence Design System[Cad] 的 Specre 以及 Synopsys[Syn] 的 Nanosim. SPICE (simulation program with integrated circuit emphasis) 是最著名的模拟级电路仿真器, 这也是人们时常把模拟级仿真称为 SPICE 仿真的原因. SPICE 是很多其他仿真器 [Pes] 的先行者. 模拟级电路仿真器之间的区别主要在于它们的应用范围 (模拟电路、数字电路)、速度和精确性.

> 模拟级仿真基于包含寄生元素的晶体管网表, 通过求解差分方程来对能量消耗进行计算. 仿真的精度实质上依赖于对电路中寄生效应刻画的精确度.

3.2.2 逻辑级

逻辑级能量仿真所需要的资源一般比模拟级电路仿真少, 但这往往以精度的降低为代价. 逻辑级能量仿真以电路中逻辑元件的网表为基础. 网表需要包含电路中所有逻辑元件以及它们之间的连接方式. 此外, 网表还可以包含由逻辑元件和导线产生的信号延迟信息以及电路中信号的上升和下降时间. 向网表中引入精确的信号延迟以及上升下降时间的过程称为反向注解, 参见 2.2.2 小节.

基于反向注解后的电路网表, 逻辑级能量仿真往往通过如下两个步骤进行: 第 1 步, 对数字电路中的信号转换进行仿真. 该仿真的结果是一个文件, 该文件列出了电路中每一个逻辑元件在什么时间发生何种转换. 显然, 网表反向注解得越好, 该文件中的数据就越精确. 如果没有对网表进行反向注解, 上升、下降时间和导线的传输延迟一般被置 0. 此外, 逻辑元件的传输延迟被设为某个默认值, 如 1ns. 这些假设往往非常不准确. 所以, 为了精确地对数字电路中的转换活动进行仿真, 进行精确的反向注解至关重要; 否则, 就无法对重要的效应 (特别是毛刺) 进行准确的仿真.

逻辑级能量仿真的第 2 步是将仿真得到的转换映射为能量迹. 为此, 需要建立一个能量模型, 用于刻画逻辑元件的输出转换与能量消耗之间的关系. 在现有的标准元件库中, 通常包含这种能量模型. 通常, 这些模型以输出负载电容大小和输入输出信号的转换时间为参数. 除了标准元件库中的能量消耗模型之外, 还有一个能将仿真获得的转换数量映射为能量迹的通用模型, 称为汉明距离模型 (Hamming-distance model, HD 模型). 与标准元件库中的能量模型相比, 汉明距离模型的精确度比较低.

> 逻辑级能量仿真基于逻辑元件的网表. 在理想情况下, 该网表中包含的反向注解信息包括信号延迟、上升和下降时间. 逻辑仿真的精确度依赖于反向注解的质量以及所采用的逻辑元件能量模型.

汉明距离模型

汉明距离模型的基本思想是计算数字电路在某个特定时段内, $0 \to 1$ 转换和 $1 \to 0$ 转换的总数. 然后, 利用转换的总数来刻画电路在该时段内的能量消耗. 把对整个电路的仿真划分为小的时间段, 就可以生成一种能量迹. 这种能量迹中不包含具体的电压值, 而是包含每个时间段内电路发生转换的次数.

当使用汉明距离模型对能量消耗进行仿真时, 需要作出如下假设: 第一, 所有的 $0 \to 1$ 转换和 $1 \to 0$ 转换均具有同样的能量消耗; 第二, 所有的 $0 \to 0$ 转换和 $1 \to 1$ 转换对能量消耗有相同的影响. 汉明距离模型没有考虑到各个元件和不同导线的寄生电容的区别. 它假设所有的元件对能量消耗有相同的影响. 此外, 它完全忽略了元件的静态能量消耗.

由于原理和实现均较为简单, 汉明距离模型在能量仿真中得到了广泛的应用. 尽管其估计比较粗略, 但基于该模型的仿真能够提供一种对能量消耗的快速计算方法. 下面给出汉明距离模型的形式化表述. 值 v_0 和 v_1 的汉明距离等于 $v_0 \oplus v_1$ 的汉明重量, 汉明重量等于逻辑值为 "1" 的比特个数. 所以, $\mathrm{HW}(v_0 \oplus v_1)$ 表示 v_0 和 v_1 中相异比特的个数.

> 汉明距离模型假设所有的元件对能量消耗具有相同的影响, $0 \to 1$ 转换和 $1 \to 0$ 转换具有同样的能量消耗. 值 v_0 和 v_1 的汉明距离可以计算如下:
>
> $$\mathrm{HD}(v_0, v_1) = \mathrm{HW}(v_0 \oplus v_1) \tag{3.5}$$

3.2.3   行为级

行为级能量仿真可以非常迅速地实施. 但是, 一般而言, 这种仿真并不能很准确地刻画数字电路的能量消耗. 在这一级别进行的能量消耗仿真基于对数字电路的高层次刻画. 这种高层次刻画包括数字电路的主要组件 (微控制器、内存和专用的硬件模块等) 以及这些组件的一些高层次能量消耗模型. 这些模型用于在仿真期间, 将电路组件的活动 (数据处理或指令执行等) 映射为能量消耗值.

行为级能量仿真经常用来评估复杂电路的能量消耗. 在能量分析攻击中, 只有行为级能量仿真对能量消耗中的数据依赖性和操作相关性两方面都给予考虑. 行为级能量仿真器的例子有微控制器的指令级能量仿真器, 如 SimplePower[IKV01] 和

JouleTrack[SC01].

> 行为级能量仿真基于对数字电路的高层次刻画以及高层次能量模型. 在分析数字电路的安全性时, 只有这种仿真同时考虑了能量消耗中的数据依赖性和操作依赖性.

3.2.4 比较

模拟级仿真和逻辑级仿真能够对密码设备的能量消耗特征进行充分精确的刻画, 进而作出该设备能否抵抗能量分析攻击的断言. 所以, 在硬件设计的过程中, 设计者一般会使用这两种技术来对设备进行分析.

特别地, 当讨论用于抵御能量分析攻击的逻辑结构时, 会采用模拟级仿真. 在本书的相关章节中, 将对使用不同逻辑结构的逻辑元件进行仿真, 并对其进行比较. 这些元件的规模比较小, 这使得采用最精确的仿真方法成为可能. 对电路的较大部分或者整个芯片进行仿真时, 模拟级仿真在资源代价上就显得过于昂贵. 在这些情况下, 将基于反向注解后的网表来进行逻辑级仿真, 这类仿真通常采用汉明距离模型.

表 3.3 比较了本书采用的两种仿真方法的一些最重要属性. 显然, 这两类仿真仅适用于密码设备的设计者. 一般而言, 攻击者无法获得目标设备的晶体管网表或元件网表.

表 3.3　密码设备设计者采用的典型仿真技术和能量模型

仿真层次	模拟级	逻辑级
能量模型	差分方程	HD 能量模型
所需电路知识	晶体管网表	元件网表
资源需求	非常高	中等
考虑的信号转换	独立考虑每个晶体管	等同考虑所有元件
是否考虑毛刺	是	是
仿真结果	能量消耗 (瓦)	转换数量

3.3　适用于攻击者的能量仿真与能量模型

在能量分析攻击中, 通常必须要将操作数映射为能量消耗值, 这是一种对设备的能量仿真. 有必要指出的是, 能量消耗的绝对值在能量分析攻击中并无意义. 对于一个攻击而言, 重要的仅仅是多次仿真所获得能量消耗之间的差别.

相比前文介绍的仿真技术而言, 攻击者所采取的能量仿真往往非常简单. 这是由于需求的差异, 又是出于攻击者对目标设备的了解往往很有限这一事实. 本节将讨论攻击中用于将数据值映射为能量消耗值的不同技术. 特别地, 将介绍汉明距离和汉明重量模型, 这两种能量模型在能量分析攻击中很常用. 此外, 还将简要介绍这些模型的一些变形以及一些其他的能量模型.

3.3.1　汉明距离模型

汉明距离模型已经在前文对逻辑级仿真的介绍中讨论过, 参见 3.2.2 小节. 在逻辑级仿真中, 汉明距离模型用来将网表中元件的输出转换映射为能量消耗值. 攻击者往往无法获得该网表, 也就无法进行这种仿真. 然而, 实际上, 攻击者经常可以获得关于网表中部分元件的信息. 基于这些信息, 攻击者就可以对这部分元件的能量消耗进行仿真.

如果被攻击的设备是微控制器, 该微控制器很可能与很多广泛使用的微控制器采用了相同或相似的方法设计和制造. 这样, 它就会包含寄存器、数据总线、内存和算术逻辑单元 (ALU)、一些通信接口等. 这些部件往往具有一些被熟知的属性, 如数据总线往往很长, 而且连接到很多部件. 因此, 数据总线的电容负载往往很大, 从而对微控制器的能量消耗产生较大的影响. 一般而言, 数据总线上不会出现毛刺, 因为总线一般由时序元件直接驱动. 此外, 一般可以假设总线的各条导线的电容负载基本相等.

基于上述观点, 很明显, 汉明距离模型很适合用于刻画数据总线的能量消耗, 攻击者可以在不拥有设备网表的情况下, 将这种总线上传输的数据映射为能量消耗, 即总线上的数据由 v_0 变为 v_1 所消耗的能量正比于 $HD(v_0, v_1) = HW(v_0 \oplus v_1)$. 对于其他类型的总线, 如地址总线, 上述结论依然成立.

除了总线的能量消耗, 汉明距离模型还可以很好地刻画密码算法硬件实现中寄存器的能量消耗值. 寄存器由时钟信号触发, 因此, 在每个时钟周期内, 它们的数值仅能改变一次. 攻击者可以通过计算连续时钟周期内寄存器中储存数值的汉明距离来对寄存器的能量消耗进行仿真.

一般而言, 在攻击者知道网表中一部分连续处理的数据的情况下, 可以使用汉明距离模型对网表中该部分的能量消耗值进行仿真. 在组合元件中, 因为毛刺的大量存在, 攻击者往往无法取得这种数值, 所以汉明距离模型主要用于对寄存器和总线的仿真.

> 攻击者通常采用汉明距离模型来刻画总线和寄存器的能量消耗.

3.3.2　汉明重量模型

汉明重量模型比汉明距离模型更简单. 在攻击者对网表一无所知, 或者仅仅知道网表的一部分, 但不知道该部分连续处理的数值的情况下, 通常可以采用汉明重量模型. 如果攻击者仅仅知道总线上传输的某一个数值, 后一种情况就会出现. 为了应用汉明距离模型, 需要掌握数据总线前续或后继处理的数据. 当这些数据均未知时, 就不能采用汉明距离模型对总线进行能量消耗仿真.

在汉明重量模型中, 攻击者假设能量消耗与被处理的数据中被置位的比特个数成正比, 而忽略在该数据之前和之后处理的数值. 所以, 用这种能量模型对 CMOS 电路的能量消耗进行仿真并不合适. CMOS 电路的能量消耗依赖于电路中的数值转换, 而并不依赖于数值本身.

然而, 事实上, 数据的汉明重量与处理该数据造成的能量消耗并非完全不相关. 为了说明这一点, 着眼于一些具体的场景. 对于所有的这些场景, 均假设被攻击设备的某一部分依次处理数据 v_0, v_1 和 v_2. 目标是在不知道 v_0 和 v_2 的情况下, 对处理数据 v_1 造成的能量消耗进行仿真. 两种转换中均涉及 v_1, 分别是 $v_0 \to v_1$ 和 $v_1 \to v_2$. 在接下来的场景中, 只考虑转换 $v_0 \to v_1$. 因为对该转换所作的所有考虑同样适用于 $v_1 \to v_2$.

v_0 的各个比特相等且恒定

考虑的第一种情形是每一次 $v_0 \to v_1$ 转换中, v_0 的各个比特均相等的情况. 例如, 在处理 v_1 之前, n 位数据总线总是先处理 $v_0 = 0$ (v_0 的各个比特都为 0). 在这种情况下, 汉明重量模型与汉明距离模型是等价的, 即 $\mathrm{HD}(v_0, v_1) = \mathrm{HW}(v_0 \oplus v_1) = \mathrm{HW}(v_1)$.

在 v_0 的所有比特均为 1 的情况下有 $\mathrm{HD}(v_0, v_1) = \mathrm{HW}(v_0 \oplus v_1) = n - \mathrm{HW}(v_1)$ 成立. 对于能量分析攻击而言, 仿真能量消耗正比还是反比于实际的能量消耗并不重要, 重要的仅仅是它们之间的比例关系. 因此, 在发生 $v_0 \to v_1$ 转换之前, 无论将 v_0 的所有比特置 0 抑或置 1, 汉明重量模型与汉明距离模型事实上是等价的.

v_0 的各个比特恒定

第二个场景是 v_0 的各个比特恒定但不相等. 这意味着攻击者并不知道 v_0 的值. 在这种情况下, 只有在仅仅关注 $v_0 \to v_1$ 转换中一个比特的情况下, 才能得到和上一个攻击场景中同样的结论. 由前一种场景中的推论可知, 如果仅仅考虑一个比特, 则对能量分析攻击而言, 汉明重量模型与汉明距离模型等价. 这样, 在发生 $v_0 \to v_1$ 转换之前, v_0 总是被置为相同值的情况下, v_1 中的某一比特导致的能量消耗正比或反比于该比特的值.

> 如果一个逻辑元件在处理某一比特 v 之前或之后, 总是储存相同的数值, 则 v 产生的能量消耗会正比或反比于该比特的值.

若不考虑 v_0 和 v_1 的某一个比特, 而是考虑 v_0 和 v_1 的所有比特, 则 HW 模型通常不能很好地刻画当 $v_0 \to v_1$ 转换时的能量消耗. 然而, 很明显, v_0 中越多的位保持不变, v_1 的汉明重量与转换的位数之间就具有越强的相关性, 攻击者对能量消耗的仿真也会越精确.

v_0 中的各个比特服从均匀分布且统计独立于 v_1

对于使用 HW 模型的攻击者而言, 最后这一种场景是最糟糕的. 在这种场景中, v_0 中的各个比特不是恒定的, 而是在攻击者进行的每一次仿真中随机变化. 很明显, 当 v_0 中的各个比特服从均匀分布且统计独立于 v_1 的情况下, $HW(v_1)$ 与 $HW(v_0 \oplus v_1)$ 相互独立. 因此, 在这种情况下, 基于 HW 模型与 HD 模型的仿真输出并不相关.

注意, 这并不意味着基于 HW 模型的能量消耗仿真毫无意义. 密码设备的能量消耗并不完全正比于设备中发生转换的数量. HD 模型基于的假设是 $0 \to 1$ 转换和 $1 \to 0$ 转换导致同等的能量消耗, 参见 3.2.2 小节. 然而, 这种假设仅在某种程度上成立. 事实上, $0 \to 1$ 转换和 $1 \to 0$ 转换带来的能量消耗并不相等. $0 \to 1$ 转换带来的能量消耗要比 $1 \to 0$ 转换带来的能量消耗大. 所以, 汉明重量较高的数据引起的能量消耗要比汉明重量较低的数据引起的能量消耗大.

$0 \to 1$ 转换和 $1 \to 0$ 转换的区别是由 CMOS 元件的上拉、下拉网络的能量消耗的微小差别造成的. 此外, 元件输出和 V_{DD} 之间的寄生电容与元件输出与 GND 之间的寄生电容也存在区别. 然而, 这种区别通常较小, 所以 HD 模型比 HW 模型更适用于这种场景. HW 模型仅仅依赖于这种微小的区别.

一般情形

事实上, 存在比已讨论过的上述三种场景更多的情形. 特别地有 v_0 与 v_1 相互依赖的情况, 也有 v_0 的各个比特不服从均匀分布的情况. 对于 HW 模型能在多大程度上刻画能量消耗作出具有一般意义的断言是很困难的. 但是, 基于 $0 \to 1$ 转换和 $1 \to 0$ 转换导致的能量消耗具有微小差别这一事实, $HW(v_1)$ 至少可以在一定程度上与真实的能量消耗相关. 然而很明显, 这种相关性非常微弱, 所以, 攻击者会尽可能地选用汉明距离模型.

> 当无法采用汉明距离模型时, 攻击者一般会选用汉明重量模型.

3.3.3　其他能量模型

攻击者对密码设备中一部分的能量消耗进行仿真时, 汉明距离模型和汉明重量模型是应用最广泛的两种能量模型, 这是由于这两种模型非常简单且通用. 目前, 已提出的其他能量模型大都针对一类特定的设备. 这些模型可以通过扩展汉明距离模型得到. 迄今为止, 还没有人提出更为简化的模型.

汉明距离模型假设数据的任一比特对能量消耗均具有同样的影响, 换言之, 它假设元件处理不同数据比特的输出电容相等. 如果对设备中的某些元件了解得更加深刻, 则攻击者就可能可以在模型中给不同的比特赋予不同的权重. 汉明距离模型的另一种扩展是给不同类型的转换赋予不同的权重. 例如, 赋予 $0 \to 1$ 转换两倍于 $1 \to 0$ 转换的权重. 在一般的汉明距离模型中, 这两种转换具有相同的权重.

除了对汉明距离模型进行扩展, 提出新的模型之外, 也有可能提出用于刻画电路模块能量消耗的新模型. 例如, 对于乘法器而言, 相比其他操作, 一个操作数为 0 的乘法往往需要更少的能量消耗. 这样, 对于乘法器而言, 一个合适的能量模型就可以假设如果某个操作数为 0, 其能量消耗就为 0; 对于其他情况, 其能量消耗为 1.

3.3.4 比较

一般而言, 在能量分析攻击中, 有很多方法可以将数据值映射为能量消耗值. 随着对密码设备了解程度的提高, 攻击者可以采用更好的能量模型. 能量模型的质量对于攻击的效果有巨大的影响. 因此, 找到一种恰当的途径来对设备中某一部分的能量消耗进行仿真是能量分析攻击中的一项重要任务.

表 3.4 比较了基于汉明重量模型和汉明距离模型的能量仿真的最重要特点. 注意, 攻击者仅能够对电路中的某一部分应用汉明距离模型, 而设计者则可以对整个电路应用汉明距离模型, 如表 3.3 所示.

表 3.4 攻击者对密码设备采取的仿真技术

仿真层次	行为级	行为级
能量模型	HD 能量模型	HW 能量模型
所需电路知识	所处理的数据及对体系结构的猜测	所处理的数据
资源需求	非常低	非常低
考虑的信号转换	等同考虑所有比特	等同考虑所有比特
是否考虑毛刺	否	否
仿真结果	转换数量	逻辑 1 的数量

3.4 能量分析攻击测量配置

截至到目前, 本书仅对密码设备的能量消耗进行了理论上的探讨. 现在将讨论更实际的话题. 对于能量分析攻击来说, 必须在设备执行密码算法时测量该设备的能量消耗. 本节将给出相应的测量配置及其最重要组件的基本介绍. 另外, 还将讨论在本书中所有实例中采用的测量配置.

3.4.1 典型测量配置

通常, 能量分析攻击的测量配置由几个交互组件共同构成. 图 3.6 给出了一个典型的测量配置框图. 图中的数字表明当获取能量迹时, 各个组件互相交互的先后顺序. 我们首先简短地介绍各个组件, 接着进一步分析这个流程.

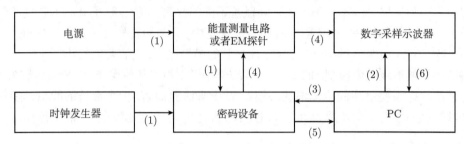

图 3.6   能量分析攻击的典型测量配置框图
图中编号表明获取能量迹时各个设备间的交互顺序

- **密码设备**   被攻击的设备. 通常, 密码设备具有与 PC 连接的接口. 该接口可以用于向设备发送命令以便触发密码算法的执行. PC 向设备发送数据, 设备加密该数据并把密文返回给 PC.
- **时钟发生器**   密码设备经常需要外部时钟信号. 例如, 智能卡需要一个频率为 4MHz 的外部时钟信号.
- **电源**   密码设备经常需要外部电源. 例如, 智能卡的电源由智能卡读卡器提供. 典型的读卡器为插入其中的智能卡提供 5V, 3V 或者 1.8V 的电源.
- **能量测量电路或者 EM 探针**   测量密码设备的能量消耗, 既可以直接在该设备和电源间插入测量电路, 也可以间接地采用 EM 探针. 将在 3.4.2 小节中讨论不同的测量方法.
- **数字采样示波器**   测量电路或者 EM 探针获取的能量消耗信号需要被记录. 在绝大多数测量配置中, 这项工作通过数字采样示波器来完成. 将在 3.4.3 小节中对数字采样示波器进行详细的介绍, 现代示波器可以由 PC 通过通用接口总线 (GPIB) 或以太网接口进行远程控制. 记录到的能量迹也可以通过这些接口传输到 PC.
- **PC**   PC 用来控制全部测量配置并且储存采样获得的能量迹. 当前, 任何主流的 PC 都有充分的计算能力用于完成与密码设备和示波器的通信. 因此, 对测量配置中使用的 PC 没有特殊的要求.

当密码设备执行密码算法时, 为了对其能量消耗进行测量, 上述组件需要按照如下的流程进行交互 (图 3.6): 首先, 密码设备上电, 并接收时钟信号 (1). 此时, 设备已经处于可操作状态并且可以接受命令. 接下来, 在步骤 (2) 中, PC 对示波器进行配置. 在步骤 (3) 中, PC 向密码设备发送命令, 令其开始执行密码算法. 在算法执行期间, 示波器测量密码设备的能量消耗值 (4). 能量消耗可以通过能量测量电路或者 EM 探针测量. 最后, PC 从设备中获取密码算法的输出 (5), 并从示波器中获取采样到的能量迹 (6). 不断重复步骤 (2)~(6), 直到所采样的能量迹数量满足攻击需要为止.

3.4.2 能量测量电路与电磁探针

当需要在一定时间内对数字信号进行采样时, 数字示波器是多数人钟爱的设备. 然而, 示波器只能测量电压信号, 并不能直接测量信号的其他电学属性. 为了使用示波器测量功率或者电流等属性, 就需要生成与该属性成正比的电压信号. 这些电压信号可以通过数字示波器直接测量.

在能量分析攻击的测量配置中, 实质上有两种方法可以用来生成正比于密码设备能量消耗的电压信号: 一种是在密码设备和电源之间插入测量电路; 另一种是使用 EM 探针, 通过电磁场来间接得获取能量消耗值.

绝大多数测量都会采用第一种方法. 在具体操作中, 常常在 GND 或者 V_{DD} 端串联一个小电阻 (典型的电阻值是 1~50Ω). 电阻的电压降正比于流经该设备的电流. 假设电源电压恒定, 则该电压降便与密码设备的能量消耗成正比. 在密码设备的电源线上串联电阻是搭建能量测量电路最简单的方法.

还有更加复杂的能量测量电路. 例如, 在文献 [BGL+06] 中, 作者给出了一个设计完善的能量消耗测量电路, 用于增强能量分析攻击的效果. 该电路的基本思想是为密码设备提供一个高度稳定的电源, 并使用跨阻抗放大器来测量能量消耗. 然而, 搭建这种主动测量电路在现实中很有挑战性. 这些电路包含多个主动部分, 可能会在能量迹中增加额外的噪声, 如果设计不够仔细, 这种电路还可能会产生振荡.

讨论用于能量分析攻击的能量消耗测量电路的另外一份文档是 IEC 标准 61967 [Int03]. 该标准定义了为了检测集成电路 (IC) 的电磁兼容性所必须进行的传导发射和辐射发射测量方法. EMC 检测和能量分析攻击具有很多共同点. 可以将能量分析攻击中所利用的 IC 的能量消耗信号看成 EMC 测试中的传导发射或者辐射发射. 因此, EMC 测试中的测量配置同样也适用于能量分析攻击.

IEC 标准 61967 包括 6 部分. 第一部分讨论了所有测量配置的一般条件及相关定义, 余下的 5 部分定义了用来分析 IC 中传导发射和辐射发射的测量步骤. 这些配置分别称为 "TEM 单元法"、"表面扫描法"、"1Ω/150Ω 直接耦合法"、"工作台法拉第笼法 (workbench Faraday cage method, WFC)" 和 "磁探针法".

直接通过能量测量电路来测量密码设备能量消耗的测量配置中, "1Ω/150Ω 直接耦合法" 是最有趣的一种. 这种方法使用 1Ω 测量电阻和一个 49Ω 的配套电阻来生成可以通过示波器采样的电压信号. 这种配置的详细描述可以在 [Int03] 中找到.

IEC 标准 61967 给出的其他测量方法主要描述了通过电磁场间接测量密码设备能量消耗的方法. "TEM-cell 法"、"表面扫描法" 和 "磁探针法" 是与能量分析攻击最相关的方法. "TEM-cell 法" 在一个屏蔽的环境中测量整个设备的电磁辐射; "表面扫描法" 利用了能够用来分析 IC 局部电磁辐射的微型探针; "磁探针法" 测量与密码设备相连导线的磁场. 所有这些测量方法都非常适合于实施能量分析攻击.

除了上述间接检测测量密码设备能量消耗的标准方法外, 使用更简单的非接触式能量消耗测量方法也是可能的.

最简单的非接触式能量消耗测量的方法就是使用现成的非接触式电流探针. 非接触式电流探针 (图 3.7) 通过测量电流产生的磁场强度来测量通过导线的电流. 当实施这种测量时, 导线需要从探测器中穿过, 如图 3.7 所示. 非接触式电流探测器可以用于能量分析攻击. 然而, 与基于测量电路的测量配置相比, 基于电流探测器的测量配置灵敏度比较低.

另外一种进行非接触式测量的方法是使用 H 场或 E 场探测器 (图 3.8). 被攻击设备的电磁场可以通过 H 场和 E 场测量. 依赖于探针大小和位置的不同, 磁场强度正比于被攻击设备的部分或总能量消耗. 图 3.8 中的探针用来测量整个 IC 的能量消耗. 用来测量 IC 局部能量消耗的探针在 IEC 标准 61967 的第二部分给出, 该部分介绍了 "表面扫描法".

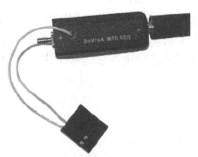

图 3.7　测量流经导线电流的　　　　图 3.8　测量密码设备电磁场的
　　　非接触式电流探针　　　　　　　　H 场和 E 场探针

综上所述, 用来测量密码设备的能量消耗的方法有多种. 到目前为止, 还没有用于完成此种测量的标准方法. 本节介绍的绝大部分方法均可以得到良好的效果. 然而, 对于某种特定方法, 难以作出一般性的评价.

3.4.3　数字采样示波器

能量测量电路或 EM 探针生成的电压信号需要使用数字采样示波器记录. 数字采样示波器把模拟电压信号作为输入, 将其转换为数字信号并储存在内存中. 这种示波器中的模–数转换用三个参数来刻画. 这三个参数包括输入带宽、采样率和分辨率.

■ **输入带宽**　每个模拟信号都可以看成多个正弦波分别乘以某个系数的累加

和. 这些系数可以通过对模拟信号进行傅里叶变换获得, 换言之, 傅里叶变换的结果说明了当前信号中包含了哪些频率的分量, 参见文献 [OSB99].

信号带宽定义为信号中最低频率与最高频率正弦波之间的频率差. 对于示波器而言, 处理低频的信号组件没有问题. 事实上, 通常认为可处理信号的最小频率为 0Hz. 这样, 示波器的输入带宽记为输入信号中可以被无畸变处理的最大频率. 现在的示波器拥有至少几百 MHz 的输入带宽. 高端示波器拥有的带宽可以达到 GHz 的量级. 在典型的能量分析攻击测量配置中, 能量消耗信号的带宽一般小于 1GHz. 因此, 示波器采样得到的信号一般不会发生畸变. 在能量分析攻击中, 示波器的输入带宽往往不是一个至关重要的因素.

■ **采样率** 模–数转换的第 1 步就是把输入信号转换为时间离散信号. 为此, 以特定的采样率对输入信号的振幅进行采样. 采样率决定了每秒钟模拟信号中的多少个点可以被记录. 如果采样率为 1GS/s, 则每一纳秒输入信号的振幅会被采样一次.

根据 Nyquist-Shannon 采样定律, 采样率需要达到信号中最高频分量频率的两倍才能保证信号被无损采样, 参见文献 [OSB99]. 在能量分析攻击中, 通常只有噪声产生高频信号分量. 前文提及过, 能量消耗信号本身的频率一般低于 1GHz. 因此, 一般而言, 没有必要总使用示波器的最高采样率. 事实上, 一般而言, 只需关注能量消耗信号中最主要的频率分量就足够了. 作为一条经验法则, 一般采取的采样率为能量消耗信号中最主要分量频率的几倍.

■ **分辨率** 模–数转换的第 2 步是把时间离散信号转换为时间数值离散信号. 这意味着采样的数值从无限个可能值变为有限个可能值. 这个定义该可能值数目的参数称分辨率. 绝大多数示波器的分辨率为 8 位. 这意味着每一个采样值被映射为 $256(2^8)$ 个数值中的一个. 这种量子化给采样值带来的影响称为量子化噪声, 参见 3.5.1 小节.

3.4.4 测量配置示例

本书使用两种密码设备作为介绍能量分析攻击及其对策的示例: 第一个设备是用来执行 AES 加密算法的微控制器; 第二个设备是一个专用 AES ASIC 处理器. 现在给出对上述两个设备执行能量分析攻击的测量配置. 此外, 还将讨论使用上述配置测量到的能量迹的基本属性.

微控制器的测量配置

在本书中, 绝大多数能量分析攻击的对象都是一个用来执行 AES 软件实现的

8 位微控制器, 附录 B.2 详细地给出了该实现. 这个微控制器很小, 而且结构简单. 针对该设备设计测量步骤的时候, 决定保证测量配置尽可能得简单. 这种简化允许用一种通用的方式来描述能量分析攻击. 本讨论中没有任何关于测量配置和被攻击设备的特殊要求, 读者可以容易地再现测量结果.

图 3.9 为 8 位微控制器的测量配置图. 微控制器和其他一些运行所需要的基本部件均被安装在原型板上. 该电路的电源为 5V 的实验室电源, 时钟由一个频率为 11MHz 的外部晶振提供. 板上还有一些用于稳定供电电压的旁路电容. 微控制器通过 RS232 接口从 PC 获取命令. 实质上, PC 向微控制器发送数据块, 接着, 微控制器使用 AES 对各个数据块进行加密, 并将结果返回给 PC.

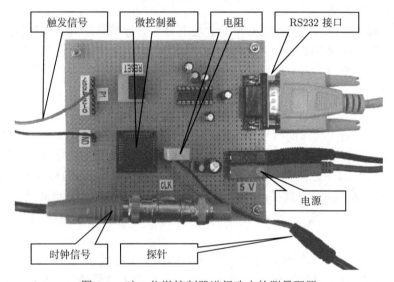

图 3.9   对 8 位微控制器进行攻击的测量配置

当微控制器执行 AES 算法时, 为了测量其能量消耗, 在微控制器电源的 GND 端串联一个 1Ω 的电阻. 测量电路的输出信号, 即该电阻的电压降, 并通过数字示波器进行记录. 示波器由微控制器端口 1 的引脚 4 触发. 刻意在 AES 的软件实现中设置了这个触发, 从而可以使得对这个设备的能量分析攻击相比于攻击者无法编程的设备稍显容易. 在对攻击者无法编程的设备进行攻击时, 一般而言, 会将设备与 PC 之间的通信看成一个触发信号. 然而, 这种通信与设备的时钟信号经常是异步的. 这意味着触发信号与 AES 算法开始的间隔并不固定. 因此, 在这种情况下, 有必要在执行能量分析攻击之前将能量迹进行对齐处理. 将在 8.2 节中详细讨论这种对齐技术. 在当前的设置中, 无需对测量到的能量迹进行对齐, 其原因是触发信号是与微控制器的时钟信号同步的.

对微控制器实施能量分析攻击所使用的示波器的输入带宽为 1GHz, 分辨率为

8 位. 在大多数攻击中, 以 250MS/s 的采样率对电阻的电压降进行采样. 示波器记录的能量迹通过 GPIB 传输到标准 PC. 基于这些能量迹, 即可通过 PC 进行能量分析攻击了.

使用这个配置所获得的一些能量迹的例子已经在第 1 章中给出. 图 1.1 和图 1.4 给出了这些能量迹的放大视图. 在这些放大视图中, 可以看出能量迹中在每一个时钟周期都会出现一个尖峰. 这些尖峰的高度正比于该时钟周期内设备的转换活动数量.

AES ASIC 的测量配置

在本书的示例中, 攻击的另一个设备是 AES 的 ASIC 实现. 我们使用了 0.25μm 的 CMOS 工艺技术设计并实现了一个 AES 加密核, 该加密核的体系结构细节在附录 B.3 中给出. 为了在该设备上实现能量分析攻击, 我们制作了一个专用的印刷电路板, 如图 3.10 所示.

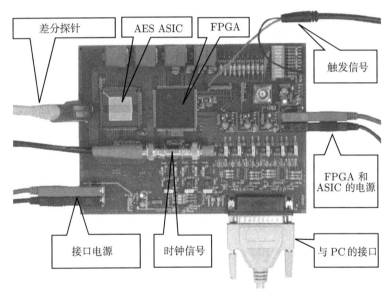

图 3.10 对 AES ASIC 进行攻击的测量配置

这个 PCB 上的主要部件是 AES ASIC 和一个 FPGA. 使用这个 FPGA 来实现一个 ASIC 和 PC 之间的简单接口. PC 和 FPGA 之间的通信通过一个光学解耦并行接口连接. 为了对明文进行加密, FPGA 首先通过这个接口从 PC 接收到一个明文分组, 并把它传到 ASIC 中; 接着, ASIC 对明文分组进行加密, 并把得到的密文传给 FPGA; 最后, FPGA 将密文发回 PC.

与前文所描述过的微控制器不同, ASIC 有两条独立的 V_{DD} 线. 一条 V_{DD} 线与加密核相连, 另一条用来为连接加密核和封装引脚的 I/O 元件供电. 两条 V_{DD} 分别对应的两条 GND 线在芯片的内部连接. 因此, 加密核的能量消耗不能直接通过在 GND 段串联电阻来单独测出. 在 GND 线上, 只能测出加密核以及 I/O 元件的总能量消耗. 所以, 在加密核的 V_{DD} 线上串联了一个 1Ω 的电阻. 该电阻的电压降使用一个差分探针测量.

在这个配置中, 能量消耗信号使用与前面一个实验相同的数字示波器测量. 与前面的实验一样, 该被攻击的设备也将生成一个触发信号. 这个触发信号表明 AES ASIC 加密的开始.

图 3.11 给出了执行一次 AES ASIC 加密的能量消耗. 为了能量消耗测量的方便, ASIC 的时钟频率被配置成了 2MHz. 每一轮 AES 加密的能量迹中出现 8 个尖峰 (详细请参考附录 B.3). 在能量迹的 5~45μs, 10 轮 AES 加密形成了重复的模式.

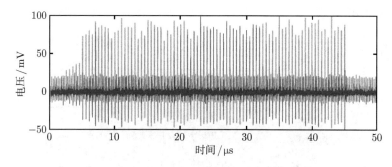

图 3.11　AES 的 ASIC 实现执行一次加密的能量迹

与微控制器上的软件实现相比, AES 算法的 ASIC 实现采用了更多的并行机制. 正如第 4 章将提到的, 攻击 ASIC 设备要比攻击微控制器上的软件实现困难得多. 事实上, 对后者实施攻击的开销非常低, 攻击者甚至可以用简陋的测量配置获得很好的攻击效果. 但是, 在 ASIC 的情况下, 测量配置的质量非常重要. 下文将讨论关于测量配置的一般性质量标准, 并给出一些用于提高测量质量的建议.

3.5　测量配置质量标准

密码设备的能量消耗信号是模拟高频 (HF) 信号. 当今的 CMOS 工艺中, 逻辑元件的输出一般在小于 1ns 内发生翻转. 因此, 密码设备元件的能量消耗信号的频率在 GHz 的量级. 测量这种 HF 信号在现实中非常具有挑战性, 因为信号在从元件到示波器的传递中会受到多种因素的影响, 包括噪声、导线反射、串扰、滤波以及各种各样与环境的相互影响. 这种影响在密码设备中发生, 同样也在测量配置中发生. 测量配置质量的好坏实质上取决于测量配置对 HF 效应的处理方式.

在能量分析攻击中, 可以使用各种类型的噪声来刻画能量迹中这些效应的影响. 因此, 可以用能量迹中出现的噪声量来简单地刻画测量配置的效果. 能量迹中最主要的两种噪声分别为电子噪声和转换噪声.

> 测量配置最重要的两条质量标准分别是出现在能量迹中的电子噪声和转换噪声的数量.

接下来的几节将定义并讨论这两种噪声. 此外, 还将给出如何在能量迹中降低噪声量的几个建议. 一般而言, 需要在用于降低噪声所需的开销和这种降低为能量分析攻击带来的效果之间做一定的权衡. 使用噪声较大的测量配置也可以实施能量分析攻击. 简单地说, 噪声增加了成功施行攻击所需要的能量迹数量. 噪声对能量分析攻击的影响将在第 4 章中更详细地讨论.

3.5.1　电子噪声

正如图 3.3 所示, 对电路中一个特定操作进行仿真可以形成一条确定的能量迹. 不幸的是, 由于电子噪声带来的影响, 这并不能反映密码设备能量迹的真实情况.

> 当使用同样的输入参数对密码设备重复进行多次测量时, 所得到的各条能量迹会有所不同. 能量迹中的这种波动称为电子噪声.

每一次实际的测量中都会出现电子噪声, 完全去除电子噪声是不现实的. 电子噪声的来源有多个方面, 一些易于控制, 而另一些难于控制. 现在简要说明能量分析攻击测量配置中电子噪声最重要的来源. 另外, 也对可在多大程度上控制这些噪声给出一些建议.

- **电源噪声**　被攻击密码设备的电源造成的所有噪声都能直接给能量迹带来噪声. 因此, 有必要采用一个高质量的稳压电源. 绝不可以直接通过 PC 的 USB 或 PS/2 接口为被攻击的设备供电. 事实上, 推荐使用电池或实验室电源. 电源越稳定, 测量配置的效果越好. 关于电源稳定性的细节, 可以在其生产厂家提供的资料中查到.

- **时钟发生器噪声**　能量分析攻击所采用的时钟发生器需要在两个方面保持稳定. 首先, 同时也是最重要的一个方面, 就是时钟频率要保持高度稳定. 只有时钟频率稳定, 才可能相对容易地比较能量迹的不同部分或整条能量迹. 能量迹失调会极大地增加能量分析攻击的开销. 第二个对时钟发生器稳定性的要求是保持信号振幅的稳定, 这种要求的原因是这种噪声可以通过一定的耦合效应进入到能量迹中. 为了将时钟信号带来的噪声减少到最低, 推荐使用正弦时钟信号代替三角波时钟信号. 实际上, 时钟信号一般由合适的晶振或者波形发生器提供.

- **传导发射**   所有与被攻击设备相连的部件的传导发射噪声同样会给能量迹带来噪声, 特别是对于那些与被攻击设备置于同一个 PCB 板上的部件. 因此, 推荐在 PCB 板上使用尽可能少的部件. 一个用于减少与被攻击设备直接连接部件的一般方法是基于两个 PCB 搭建测量配置. 第一个 PCB 只包括被攻击设备和测量配置电路. 这个 PCB 称为 "测量板", 它与 "接口板" 连接, 而 "接口板" 负责与 PC 的通信. 在理想情况下, "测量板" 与 "接口板" 通过通信线上的光电耦合器或磁耦合器进行电隔离. 这样, 传导发射的来源就被最小化. 在针对 ASIC AES 的实验中, 我们部分实现了这个方法. 我们对并行接口部分与板的其他部分进行了电气解耦.

- **辐射发射**   除了传导发射, 辐射发射也可以增加能量迹中的噪声. 测量配置中的辐射发射可以通过屏蔽来降低. 一种很好地处理辐射发射的例子是把被攻击设备的 PCB 置于法拉利笼中. 另外, 还需要对与被攻击设备相连的通信线和测量线作相应的屏蔽和解耦处理.

- **量子化噪声**   量子化噪声是数字示波器的模–数转换器造成的. 示波器的分辨率越高, 量子化噪声的量就越小. 对于能量分析攻击而言, 8 位的分辨率通常是足够的. 在这种情况下, 量子化噪声就已经比其他的噪声小了很多. 然而, 还有具有更高分辨率的示波器. 需要着重指出的一点是, 尽管获得高分辨率的数字示波器需要付出一定的开销, 但是, 需要在数字示波器的分辨率和采样率之间作出一定的权衡.

3.5.2   转换噪声

在密码算法的计算过程中, 被攻击设备的逻辑门输出会发生非常频繁的转换. 这种高频转换导致了大量的能量消耗. 在能量分析攻击中, 需要测量并分析能量消耗来获取设备采用的密钥. 然而, 在大多数能量分析攻击中, 设备的总能量消耗值一般并不与攻击相关. 通过密码设备的某一小部分的能量消耗, 攻击者经常可能获得密钥. 从攻击者的视角来看, 设备其他部件的能量消耗就是噪声. 因此, 一个完美的测量配置仅仅测量密码设备中对于攻击者有价值的局部能量消耗.

实际上, 对密码设备中某一部分进行能量消耗测量是一项非常有挑战性的工作. 实施这种攻击的一种方法是使用电磁探针, 以便对密码设备的相关部分进行精确定位, 参见 3.4.2 小节. 然而, 即便使用这种技术, 能量迹中仍然会包含其他不相关元件带来的影响. 把这种噪声称为转换噪声.

> 把与攻击无关的元件所带来的能量迹的变化称为转换噪声.

转换噪声的数量不仅依赖于测量配置, 在很大程度上还依赖于被攻击设备的结构. 显然, 一个设备中并行执行的计算越多, 总能量消耗中的转换噪声就越多. 这一特点经常被密码设备的设计者利用, 以使得他们所设计的设备具有抵御能量分析攻击的能力, 参见第 7 章. 现实中绝大部分测量配置仅测量密码设备的总能量消耗, 所以, 只有高度并行的结构才能真正提高攻击的难度.

现在仔细分析攻击者测量密码设备的总能量消耗时转换噪声的量. 典型地, 总能量消耗可以通过在被攻击设备和电源之间串联测量电路来简单地测量. 在这种情况下, 实质上测量配置中的两个参数会对能量迹中出现的转换噪声带来影响: 第一个是密码设备的逻辑元件与示波器间连接的带宽; 第二个是设备的时钟频率.

带宽

密码设备中逻辑元件能量消耗的带宽一般在 GHz 量级. 为了完美地测量所有逻辑元件的能量消耗, 需要提供一个能够在逻辑元件与示波器间进行高带宽传输的通路. 然而, 这在现实中是不现实的. 元件与示波器之间的通路包含了大量限制带宽的寄生元素.

这个通路中的第一部分寄生体在芯片的电源部分中. 该部分包含了用于给所有元件提供能量的 GND 和 V_{DD} 线. 为了给所有的元件提供稳定的电源, 电源部分经常在 V_{DD} 和 GND 之间采用大电容. 作为片上旁路电容, 该电容可以确保为元件提供高频电流. 虽然这个电容对芯片的功能实现有好处, 但是它却在能量消耗信号通路中产生了很大的寄生效应.

芯片中的电源部分与 GND 和 V_{DD} 封装引脚相连. 这种连接绝大部分通过 I/O 元件和键合线建立. 特别地, 键合线在能量消耗信号通路中加入了寄生电感. 攻击者无法改变这种电感和片上旁路电容. 因此, 通过密码设备引脚测量出的能量信号实际上都是经过滤波的. 滤波器的精确带宽由电感、旁路电容以及所有其他与 IC 中电源部分连接的小寄生体的大小决定. 一般而言, 滤波器的带宽要远远低于逻辑元件原始能量消耗信号的带宽.

低带宽意味着在几纳秒之内获得不同逻辑元件的不同能量消耗信号是不现实的. 逻辑元件各自的能量消耗信号中的尖峰被滤波效应模糊化了. 在一个确定的时间, 测量到的能量值被元件在一定时间间隔内的转换行为所影响. 带宽越小, 这个时间间隔就越大.

到目前为止, 搭建的大多数测量配置的带宽都非常低, 以至于时间间隔要大于芯片最高时钟频率时的时钟周期. 所以, 不可能在同一时钟周期内测量不同的能量信号, 仅能测量一个时钟周期内所有逻辑元件的总能量消耗. 在这种情况下, 转换噪声和与被攻击元件在同一周期内发生转换活动的所有元件相对应. 基于实验, 我们认为这是现实中最一般的情况.

> 我们的测量配置仅能测量一个时钟周期内的总能量消耗. 所以, 转换噪声与被攻击元件在同一个时钟周期发生转换活动的所有元件相对应.

时钟频率

另外一个影响能量迹中转换噪声数量的因素是时钟频率. 例如, 如果被攻击设备采用高时钟频率, 则连续时钟周期内的能量消耗信号就会相互影响. 图 3.12 说明了上述情况的影响.

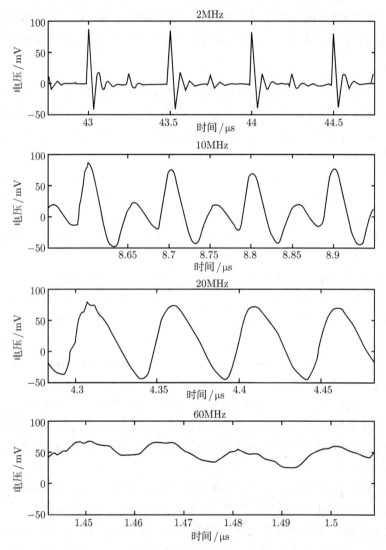

图 3.12   4 个时钟周期内 AES ASIC 的能量消耗. 4 条能量迹分别对应不同的时钟频率

图 3.12 中的 4 条能量迹给出了 AES ASIC 在 4 个连续时钟周期内的能量消耗. 各条能量迹之间的区别是不同能量迹采用了不同的时钟频率. 第一条能量迹所

对应的芯片频率为 2MHz. 在这种情况下, 每隔 0.5μs, 能量消耗中就会出现一个尖峰. 这样的尖峰在每次时钟信号由低变高时都会出现. 尖峰的高度正比于被这个时钟信号的上升沿触发的转换活动的数量. 当时钟信号处于下降沿的时候, 也会出现一些小的尖峰. 下降沿的能量消耗主要由芯片中的时钟树缓冲导致.

当频率增加时, 能量迹中尖峰间的距离会减小. 第二个图给出了频率在 10MHz 时该芯片的能量迹. 此时, 能量迹中的大小尖峰开始交叠, 而不像上图那样彼此分开. 当时钟频率增加到 20MHz 时, 这种交叠进一步加剧. 在这个时钟频率下, 每个时钟周期仅有一个尖峰. 时钟频率为 60MHz 时, 尖峰的交叠更加强烈, 能量消耗保持在一个较高的水平.

在时钟频率为 75MHz 的时候, 可以对芯片实施攻击, 这也是该芯片的最大频率. 然而, 频率越高, 所测量到能量迹中的转换噪声也就越大. 这是由于相连的时钟周期内的能量消耗信号交叠程度的加剧造成的.

本书中给出的所有对 AES ASIC 的攻击均是在 2MHz 的频率下进行的. 为了降低能量迹中的转换噪声, 一个通用的方法是把芯片的时钟频率降低, 使得在每一个时钟边沿, 能量迹均产生不同尖峰. 当然, 这种方法也仅适用于设备允许进行此种配置的情况.

3.6 小 结

密码设备多采用 CMOS 实现. 这种设备的能量消耗可以分为两部分：静态能量消耗和动态能量消耗. 一旦 CMOS 电路上电, 就会产生静态能量消耗. 静态能量消耗依赖于 CMOS 电路中所有 MOS 晶体管的漏电流的总数以及电压的大小. 动态能量消耗在电路中的信号发生变化时产生. 电路中的动态能量消耗依赖于电路中逻辑门电路的转换活动、电压值、逻辑元件的负载电容大小、信号转换的耗时以及信号转换时的短路电流. CMOS 电路中存在的毛刺对逻辑元件的转换活动有强烈的影响.

密码设备的设计者和攻击者都需要对设备的能量消耗进行仿真. 设计者进行仿真的目的是估计设备抗能量分析攻击的能力, 而攻击者的动机则是为了实施攻击而估计设备的能量消耗. 设计者的仿真非常准确, 因为他们可以获取设备的网表. 相反地, 攻击者的工作要在一个很高的抽象级别上进行. 攻击者最常用的能量消耗模型是汉明距离模型和汉明重量模型. 这些模型不是非常的准确, 然而, 这两种能量模型仅需要对密码设备有少量的了解.

为了在现实中实施能量分析攻击, 有必要搭建一个合适的测量配置. 一个典型测量配置的主要部件包括电源、时钟发生器、被攻击设备、测量电路或者 EM 探针、一台数字示波器和一台 PC. 测量电路或 EM 探针为数字示波器提供信号, 该信号与密码设备的能量消耗成正比. PC 用于对密码设备和数字示波器进行控制, 并储存测量获得的能量迹.

　　测量配置的质量由能量迹中出现的噪声决定. 对于能量分析攻击来说, 可以区分两种噪声: 电子噪声和转换噪声. 同一台密码设备使用相同的数据进行多次相同的操作, 所获取的能量迹之间有微小的区别, 电子噪声解释了这种现象. 电子噪声包含电源或时钟发生器的传导发射, 以及相邻电子设备的辐射发射. 转换噪声是由于密码设备的所有逻辑元件的能量消耗并不都和某个特定能量分析攻击相关造成的, 转换噪声的大小依赖于逻辑元件和数字示波器之间连接的带宽以及密码设备采用的时钟频率.

第4章　能量迹的统计特征

第3章讨论了不同的测量配置以及测量配置最重要的质量标准. 接下来, 本章将从统计的观点对能量迹进行分析. 能量迹是用数字示波器采样的电压值向量. 由于示波器与一个恰当配置的测量电路或 EM 探针连接, 所以测量到的电压值与密码设备的能量消耗成正比. 数字示波器的配置决定了能量迹的长度以及每秒钟记录的点数.

本章将分别给出刻画能量迹中单点以及刻画整条能量迹的统计模型. 基于该统计模型, 对能量分析攻击进行解释和分析相对容易. 为了介绍该模型, 首先给出能量迹中最重要的分量, 换言之, 首先讨论对能量消耗影响最大的各个因素; 接着, 基于概率分布分析这些依赖关系的统计特征; 随即引入侧信道泄漏的定义. 基于上述分析, 将给出多种能量迹压缩的方法. 本章的最后一节将简要介绍置信区间和假设检验的相关知识.

4.1　能量迹的组成

能量分析攻击利用密码设备的能量消耗依赖于该设备执行的操作和处理的数据这一事实. 因此, 在本书中, 这两种依赖性便成为能量迹的两种最令人感兴趣的属性. 这也是专门在能量迹中细分出操作依赖分量和数据依赖分量的原因. 对于能量迹中的每一个点, 将其中的操作依赖分量记为 $P_{\rm op}$, 数据依赖分量记为 $P_{\rm data}$.

除了 $P_{\rm op}$ 和 $P_{\rm data}$ 之外, 能量迹中的点还依赖于其他两个因素. 在 3.5.1 小节中已经提到, 现实中的每一次能量消耗测量中都会存在电子噪声, 记为 $P_{\rm el.noise}$. 对固定数据执行多次同样操作, 由于这种噪声的影响, 每一次采样获得的能量迹是不同的. 除这种噪声之外, 能量迹中的每一个点还包含一个常量部分. 该常量可能是由漏电流以及与操作和数据无关的晶体管转换活动造成的, 把这个常量能量消耗记为 $P_{\rm const}$. 因为 $P_{\rm op}$, $P_{\rm data}$, $P_{\rm el.noise}$ 和 $P_{\rm const}$ 这些分量是可累加的, 所以可以使用上述 4 个分量的累加对能量迹上的每一点进行刻画.

> 能量迹上的每一点可以刻画为操作依赖分量 $P_{\rm op}$, 数据依赖分量 $P_{\rm data}$, 电子噪声 $P_{\rm el.noise}$ 以及恒定分量 $P_{\rm const}$ 的和.
>
> $$P_{\rm total} = P_{\rm op} + P_{\rm data} + P_{\rm el.noise} + P_{\rm const} \tag{4.1}$$

注意, 上述 4 个分量 P_{op}, P_{data}, $P_{el.noise}$ 和 P_{const} 均为时间的函数. 对于能量迹中的不同点, 这些分量可能不同. 没有显式地把这些分量表示为时间的函数是由于上述模型仅考虑能量迹中的单个点.

在能量分析攻击中, P_{op}, P_{data} 和 $P_{el.noise}$ 是最重要的分量. P_{const} 分量与能量分析攻击无关, 因为其中不包含任何攻击者可利用的信息. 攻击者仅仅能够通过分析 P_{op} 和 P_{data} 来获得密钥信息. 随着噪声分量 $P_{el.noise}$ 的增大, 攻击变得更加困难. 下面的几节将讨论能量消耗中不同分量的特征.

4.2   能量迹单点特征

本节通过对单点特征进行分析来研究能量迹中各个分量的特征, 换言之, 将关注某个固定时刻密码设备的能量消耗, 并确定 P_{op}, P_{data} 和 $P_{el.noise}$ 在该固定时刻的概率分布.

4.2.1   电子噪声

为了分析 $P_{el.noise}$ 分量, 需要记录密码设备对恒定数据执行相同操作时的能量消耗. 作为一个具体的例子, 分析 3.4.4 小节中所选用的微控制器的电子噪声. 为此, 使用 3.4.4 小节中给出的测量配置, 当微控制器对恒定数据执行相同操作 —— 重复将数值 0 从其内存转移到寄存器 —— 的时候, 记录其能量消耗值. 图 4.1 给出了由这个实验获得的 5 条能量迹. 很明显, 这 5 条能量迹非常相似. 但是由于电子噪声的存在, 这些能量迹之间也存在一些差别.

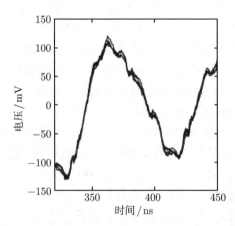

图 4.1   处理同样数据的时候, 各能量迹极为相似

为了对能量迹中点的分布获得更好的理解, 重复 10000 次测量. 对于这 10000 条能量迹中的每一条, 仅使用 362ns 时的那一个点, 这也是图 4.1 中尖峰的时间坐

标. 由这 10000 个点的能量消耗值, 得到了图 4.2. 图中的矩形块说明了各个能量消耗值发生的频率. 图 4.2 中的所有的矩形块都有相同的宽度, 矩形块越高, 该能量消耗值对应的点数越多.

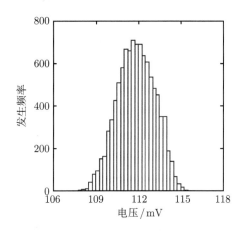

图 4.2　图 4.1 中 362ns 时能量消耗的直方图

在这个实验中, 362ns 时绝大多数点的电压值均位于 112mV 附近, 只有极少数点的电压值低于 109mV 或高于 115mV. 如果针对 400ns 时点的情况再绘制一个图, 结果会稍有不同. 图 4.1 表明 400ns 时的能量消耗值在 −25mV 左右, 所以期望绝大多数点在 −25mV 附近. 然而, 两幅图的形状应该相同.

图 4.2 中的直方图的形状表明能量迹中的点服从正态分布. 正态分布 (也称为高斯分布) 发生在现实中的很多情况下, 是一个非常重要的统计学概念. 它的概率密度函数可以由两个参数 $\mu(-\infty < \mu < +\infty)$ 和 $\sigma(\sigma > 0)$ 定义

$$f(x) = \frac{1}{\sqrt{2 \cdot \pi} \cdot \sigma} \cdot \exp\left(-\frac{1}{2} \cdot \left(\frac{x - \mu}{\sigma}\right)^2\right) \tag{4.2}$$

参数 μ 和 σ 分别为正态分布的均值 (期望值) 和标准差, 标准差的平方称为方差.

$$\mu = E(X) \tag{4.3}$$

$$\sigma^2 = \mathrm{Var}(X) = E\left((X - E(X))^2\right) \tag{4.4}$$

用 $X \sim N(\mu, \sigma)$ 来表示变量 X 服从均值为 μ, 标准差为 σ 的正态分布. 如果 $\mu = 0$ 且 $\sigma = 1$, 则称该分布为标准正态分布. 一般把标准正态分布的分布函数记为 $\Phi(x)$. 正态分布由均值和方差确定.

均值和方差

在我们的实验中, 变量 X 表示 362ns 时的能量消耗, 每一次试验所获得的数值用 x 表示. 在正态分布中, 均值是最常见的实验结果. 换言之, 变量值等于均值是实验中发生最频繁的情况. 另外, 绝大多数实验结果都非常接近均值, 所以可以用平均值 $\bar{x}$ 来估计 $\mu = E(X)$, 参见式 (4.5). 在我们的实验中, 均值 $\bar{x}$ 等于 111.86mV. 将这一均值与图 4.2 联系起来, 会发现这个值处在图的中间位置.

$$\bar{x} = \frac{1}{n}\sum_{i=1}^{n} x_i \tag{4.5}$$

可以用经验方差 s^2 的平方根来估计标准差 $\sigma = \sqrt{\mathrm{Var}(X)}$, 参见式 (4.6).

$$s^2 = \frac{1}{n-1}\sum_{i=1}^{n}(x_i - \bar{x})^2 \tag{4.6}$$

标准差实际上体现了分布的宽度. 能量消耗的分布越宽, 标准差就越大. 标准差的一个重要的特点是在所有的 x_i 中, 68.3% 的值处于均值加减一个标准差的范围内, 95.5% 的值处于均值加减两个标准差的范围内, 99.99% 的值处于均值加减 4 个标准差的范围内, 如图 4.3 所示.

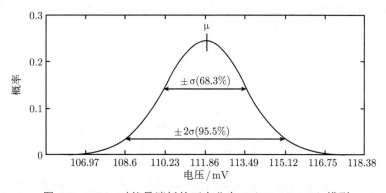

图 4.3   363ns 时能量消耗的正态分布 $N(111.86, 1.63)$ 模型

在我们的实验中, s 为 1.63mV. 因此, 362ns 时的能量消耗服从 $\mu = 111.86\mathrm{mV}$ 和 $\sigma = 1.63\mathrm{mV}$ 的正态分布, 即 $X \sim N(111.86, 1.63)$. 该正态分布在图 4.3 中给出. 可见, 该分布与图 4.2 非常吻合.

现在来确定 4.1 节中介绍的能量消耗各个分量的属性. 前文已经提过, 能量消耗中的所有恒定分量可以用 P_{const} 建模, 所以有 $E(P_{\mathrm{data}}) = E(P_{op}) = E(P_{\mathrm{el.noise}}) = 0$ 和 $\mathrm{Var}(P_{\mathrm{const}}) = 0$ 成立. 在当前的实验中, 总是对同样的数据执行同样的操作, 所以, $\mathrm{Var}(P_{op})$ 和 $\mathrm{Var}(P_{data})$ 都为 0. 图 4.3 中分布的方差实际上与 $P_{\mathrm{el.noise}}$ 的方差

相对应, 这意味着微控制器中的电子噪声服从参数为 $\mu = 0\text{mV}$ 和 $\sigma = 1.63\text{mV}$ 的正态分布. 事实上, 绝大多数密码设备能量迹中的噪声也服从正态分布. 当然, 各分布的标准差不同.

电子噪声 $P_{\text{el.noise}}$ 服从正态分布: $P_{\text{el.noise}} \sim N(0, \sigma)$.

4.2.2 数据依赖性

现在开始关注能量迹中的数据依赖性, 目的是确定密码设备处理不同数据时能量消耗的概率分布. 当然, P_{data} 的分布不但依赖于密码设备, 而且和被处理数据的分布相关. 在所有讨论中, 均假设被处理的数据服从均匀分布, 也就是说, 假设所有数值以相同的概率出现.

为了获知微控制器处理均匀分布数据时的能量消耗分布特征, 进行了与 4.2.1 小节中的实验类似的一个实验, 仍然测量微控制器将数据从内存移动到寄存器时的能量消耗. 然而, 这次不再使用固定数据, 而是使用全部 256 个不同的数值. 对于 256 个数值中的每一个, 记录了 200 次微控制器的能量消耗. 因此, 共测量获取了 $256 \cdot 200 = 51200$ 条能量迹.

能量迹与图 4.1 中给出的类似, 但是也存在明显的区别. 当前实验中的能量迹比图 4.1 中的能量迹有更多的变化, 这是由于数据没有保持恒定所致. 为了将当前实验中能量迹的分布与先前实验中的分布作比较, 仍然根据 362ns 时的能量消耗绘制一个直方图, 如图 4.4 所示.

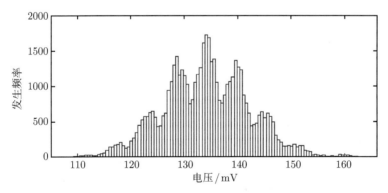

图 4.4 将不同数据从内存移动到寄存器, 第 362ns 的能量消耗直方图

图 4.4 表明微控制器的能量迹发生了更多的变化, 也表明了能量消耗不再服从正态分布. 然而, 仔细观察图 4.4 就会发现, 这个新的分布由 9 个不同幅度的正态分布构成. 第一个分布看起来均值约为 112mV, 第二个分布的均值约为 118mV, 第三个分布的均值约为 123mV 等.

为了分析该图的性质, 我们为所有被处理的数据绘制独立的直方图. 生成了微控制器处理数据 0 时的直方图 (图 4.2)、处理数据 1 时的直方图以及处理数据 2 时的直方图等. 通过对这些直方图进行分析得出: 当对具有同样汉明重量的数据进行操作时, 微控制器能量消耗的分布基本相同. 对于不同的汉明重量, 各个分布具有不同的均值, 但是标准差基本相同. 8 比特数有 9 个不同的汉明重量: $0, 1, \cdots, 8$. 因此, 存在 9 个具有不同均值的正态分布.

　　微控制器处理的 8 比特数据的汉明重量服从二项分布. 表 4.1 给出了均匀分布的 8 比特数值的汉明重量的概率分布. 汉明重量 4 出现的概率最高, 而汉明重量 0 和 8 出现的概率最小.

表 4.1　均匀分布的 8 比特数据的汉明重量的概率分布

HW	0	1	2	3	4	5	6	7	8
概率	0.004	0.031	0.109	0.219	0.273	0.219	0.109	0.031	0.004

　　图 4.4 中的直方图的形状也可以解释如下: 该直方图是两种效果的组合. 第一, 微控制器的能量消耗反比于从内存移动到寄存器的数据的汉明重量, 能量迹中的数据依赖分量 P_{data} 服从二项分布; 第二, 无论微控制器处理什么数据, 能量迹中总存在一定的电子噪声, 而且这种噪声基本上不依赖于被处理的数据. 4.2.1 小节中已经提到, 电子噪声服从正态分布.

　　由 4.2.1 小节也已经得知, 微控制器电子噪声的标准差为 1.63mV. 为了准确地刻画当前实验中微控制器的总能量消耗, 仅需分析能量迹中 P_{data} 分量的特点. 然而, 因为电子噪声无法避免, 所以不可能单独测量 P_{data}.

　　为了分析 P_{data}, 需要以不同的方式将电子噪声从能量迹中剔除. 正像 4.6.1 小节中讨论的那样, 可以通过计算多条能量迹的均值来减小 $\text{Var}(P_{\text{el.noise}})$ 的方差. 当前的实验对 9 种不同汉明重量数据的均值分别进行了计算. 这 9 个均值可以通过所记录的 51200 条能量迹来估计. 估计得到的均值分别为 111.9, 117.6, 123.2, 128.7, 134, 139.5, 145.1, 151.2 和 159.6. 用 P_{const} 来刻画能量迹中的恒定分量, 这些恒定分量的均值要从能量迹中去除, 换言之, $E(P_{\text{data}})$ 应该为 0. 所以, 9 个汉明重量对应的电压水平应该分别为 -22.67, -16.92, -11.35, -5.86, -0.49, 4.96, 10.53, 16.68 和 25.12. 由于汉明重量服从二项分布, 所以 P_{data} 也服从二项分布.

　　把 P_{const}, P_{data} 和 $P_{\text{el.noise}}$ 累加, 就可以得到总能量消耗的分布. 图 4.5 中给出了该分布. 除了总能量消耗的分布, 图 4.5 还给出了 9 种不同汉明重量分别对应的 9 种正态分布 (虚线所示). 可以观察到该直方图与图 4.4 非常吻合. 所以说, 我们找到了一个非常精确的模型, 该模型用以刻画使用同种操作将不同数据从内存转移到寄存器时微控制器的能量消耗. 注意, 能量消耗实际上与被处理数据的汉明重量成反比, 所以处理汉明重量为 0 的数据时将产生最高的能量消耗.

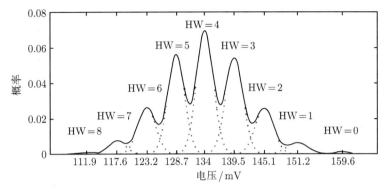

图 4.5 微控制器将不同数据从内存移到寄存器时的能量消耗分布

当然, 微控制器还有很多其他的指令, 并且可以执行很多其他的操作. 为了得出这些情况下能量消耗与被处理数据的依赖关系, 我们也将微控制器的其他操作绘制成类似的直方图. 这些实验表明该微控制器的能量消耗与被处理数据的汉明重量成反比. 尽管并非完全符合, 但是该模型确实可以较好地符合结论. 由图 4.5 可以看出 9 个不同汉明重量对应的均值之间的距离并不完全相等. 然而, 对于绝大多数的攻击和防御对策来说, 汉明重量模型对微控制器能量消耗的刻画已经足够好.

> 微控制器能量消耗的 P_{data} 分量基本上与微控制器正在处理数据的汉明重量成反比.

密码设备数据依赖性的一般表述

对密码设备能量消耗的数据依赖性作出一般性的表述是困难的. 讨论完 3.3 节中的几个能量模型之后, 可以明显看出 P_{data} 并不总依赖于被处理数据的汉明重量. 本书中使用的微控制器会泄露中间数值的汉明重量, 是由于它采用了预充电总线. 这意味着当向总线发送一个数值之前, 所有的总线线路都被置为 1. 很多其他的微控制器不会泄露汉明重量, 但是会泄露汉明距离或被处理数据的其他属性. 在最坏的情况下, 每一个数值都会导致不同的能量消耗.

对于给定的密码设备, 可以通过同样的策略来判断哪种模型最为合适. 首先, 对于每一个数据值, 需要记录多条能量迹. 接着, 需要对每一个数据值计算其能量迹的均值以便去除电子噪声. 这样, 得到的均值和它们出现的频率就构成了能量迹中的数据依赖分量.

尽管不能对 P_{data} 与被处理数据的依赖关系作出一般意义上的表述, 但是, 对于绝大多数密码设备而言, 根据 P_{data} 分布的形状对设备能量消耗与数据之间的依赖关系作出论断是可能的. P_{data} 分量经常可以用正态分布来近似. 这意味着在某一个确定的时刻, 密码设备处理均匀分布数据时的能量消耗基本上服从正态分布.

不管能量消耗依赖于汉明距离、汉明重量抑或被处理数据的其他特征, 这种近似在绝大多数情况下均成立. 被并行处理的数据比特越多, 这种近似就越准确. 即使对于 8 位微控制器而言, 上述近似也是可能的. 图 4.4 中的直方图可以用正态分布很好地近似.

> 对于绝大多数密码设备而言, 如果被处理的数据服从均匀分布, 则可以用正态分布来近似设备能量消耗中的数据依赖分量 P_{data}.

4.2.3   操作依赖性

在某个确定的时刻, 密码设备的能量消耗不但依赖于被处理的数据, 而且依赖于设备执行的操作. 可以在密码设备对同一数据执行不同操作时, 测量密码设备的能量迹中的操作依赖分量 P_{op} 与 P_{data} 的情况类似, 对于每一种操作都需要进行多次能量消耗测量, 并且此后要通过计算每一种操作能量迹的均值来去除电子噪声. 经过上述计算得到的均值分布构成了 P_{op} 的分布. 通常, 这种分布也可以用正态分布很好地近似.

> 操作依赖分量 P_{op} 的分布也可以用正态分布很好地近似.

在选用的微控制器中, P_{op} 和 P_{data} 分量在很大程度上是相互独立的. 对任何操作而言, 能量消耗都与被处理数据的汉明重量成反比. 然而, 对于不同的操作, 数据依赖性以不同的电压级呈现, 这是 P_{op} 唯一的效应. 然而, 并不是所有的设备都具有这种特点. 实际上, 在很多设备中, P_{op} 和 P_{data} 并非相互独立. 在此类设备中, 操作的改变也会造成 P_{data} 的变化. 这种特征在密码算法的硬件实现中尤为常见. 对于此类设备, 应该单独分析每一种操作中 P_{data} 的特点.

4.3   能量迹单点泄漏

前文已经讨论了 $P_{\text{el.noise}}$, P_{data} 和 P_{op} 的分布. 能量消耗中的这些分量与能量分析攻击最相关, 因为它们决定了攻击者可以从能量迹中获取的信息量. 本节将介绍一种能量迹中各个点所泄露信息的衡量标准, 该标准基于信噪比 (SNR).

4.3.1   信号与噪声

不同种类的能量分析攻击经常利用 P_{op} 和 P_{data} 的不同属性. 事实上, 基于一条能量迹中的一个点, 可能存在两种或更多的能量分析攻击, 它们分别利用该点的不同属性, 这种情况并不鲜见. 这正是不能一般性地讨论某个点的信息泄漏的一个原因. 在不同的攻击场景中讨论某种特定的泄露; 接下来, 还将对每一个给定的攻击场景, 介绍相关的衡量标准. 为了量化能量泄漏, 实质上提出了如下两个问题: 攻击者在寻找何种信息? 能量迹上的点能给予攻击者什么信息?

为了回答这两个问题, 本书用记号 P_{exp} 表示给定攻击场景中可以利用的能量消耗分量. P_{exp} 分量可以对应 P_{op}, P_{data} 或是二者的组合. 例如, SPA 攻击经常利用 P_{op} 和 P_{data} 的组合, DPA 攻击一般只利用 P_{data} 中很小的一部分. 在 3.5.2 小节中已经定义过, 把给定攻击场景中除电子噪声之外无法利用的能量消耗称为转换噪声 $P_{\text{sw.noise}}$. 式 (6.7) 给出了能量消耗中不同分量之间的关系.

$$P_{\text{op}} + P_{\text{data}} = P_{\text{exp}} + P_{\text{sw.noise}} \tag{4.7}$$

在 DPA 攻击中, 当密码设备对不同数据执行同一操作时, 攻击者记录其能量迹, 所以不存在操作依赖性, 即 $\text{Var}(P_{\text{op}})$ 为 0. 在 SPA 攻击中, P_{op} 和 P_{data} 是可以利用的. P_{op} 和 P_{data} 之外的部分对应于 $P_{\text{sw.noise}}$. 可以基于式 (4.7) 重写式 (4.1), 这样便获得了一种在给定攻击场景的情况下, 能量迹中单个点的刻画方法.

> 在一个给定攻击场景中, 可以用可利用能量消耗 P_{exp}, 转换噪声 $P_{\text{sw.noise}}$, 电子噪声 $P_{\text{el.noise}}$ 和恒定分量 P_{const} 的和来刻画能量迹中单个点的能量消耗.
>
> $$P_{\text{total}} = P_{\text{exp}} + P_{\text{sw.noise}} + P_{\text{el.noise}} + P_{\text{const}} \tag{4.8}$$

P_{exp}、$P_{\text{sw.noise}}$、$P_{\text{el.noise}}$ 和 P_{const} 相互独立, 这一点非常重要. 由此, 就需要用 P_{exp} 而不是 $P_{\text{sw.noise}}$ 来刻画能量消耗中攻击者可利用的所有分量. 例如, 假设微控制器处理每一比特都均匀分布的 8 比特数据, 并假设实验中每一个数值中的第二比特与第一比特互补. 这样, 这两个比特之间就具有了依赖关系. 所有被处理数据的其他比特是独立分布的.

现在考虑一个对第一个比特感兴趣的攻击者. 在这种情况下, 需要将 P_{exp} 定义为第一比特和第二比特造成的能量消耗, 而其余 6 个比特造成的能量消耗则属于 $P_{\text{sw.noise}}$. 不能仅使用 P_{exp} 来刻画第一比特造成的能量消耗, 因为第一个比特与第二个比特相互依赖. 这两个比特一起组成了可利用的能量消耗信息, 与攻击中实际获取的信息量的多少无关.

为了进行更详细的分析, 我们将采用一个微控制器处理均匀分布数据的示例, 即各个比特相互独立且均匀分布. 在这个示例中, 使用 4.2.2 小节中描述的能量消耗测量方法. 在该节中, 我们分析了 P_{data}. 注意, 对该特性的分析与各潜在的攻击场景无关.

同样, 假设攻击者仅对微控制器所处理数据的最低有效位 (LSB) 的能量消耗感兴趣. 该场景中, P_{exp} 即为处理 LSB 造成的能量消耗. 微控制器处理另外 7 个比特造成的能量消耗为转换噪声, 它们与 LSB 相互独立.

在这个攻击场景中, 通过保持 LSB 恒定, 随机地变化其余比特, 就可以对全部噪声 ($P_{\text{sw.noise}} + P_{\text{el.noise}}$) 进行刻画. 在 4.2.2 小节中分析过的能量迹的一个子集中, 我们找到了这样的能量迹的集合. 在该节中, 在微控制器传输均匀分布的数据时采样了 51200 条能量迹. 通过选取其中 LSB 为 1 的 25600 条, 获得了想要得到的能量迹. 图 4.6 给出了这些能量迹在 362ns 时的直方图. 这个时间与 4.2 节直方图中的时间相同.

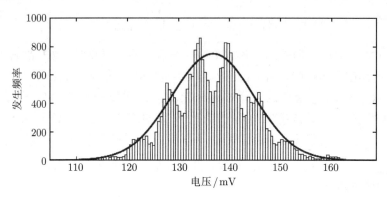

图 4.6　可利用信号为微控制器处理数据的 LSB 产生时候的全噪声
$P_{\text{sw.noise}} + P_{\text{el.noise}}$ 的直方图. 噪声近似于正态分布

全部噪声的直方图是两个效应的组合. 第一, 已经在 4.2.1 小节中分析了电子噪声; 第二, 有 7 比特随机转换. 转换噪声服从二项分布, 因为微控制器的能量消耗依赖于被处理数据的汉明重量. 基于这种二项分布, 噪声的分布出现了 8 个尖峰. 然而, 正如图 4.6 中给出的那样, 用正态分布来近似全噪声的分布也是可行的, 该分布的标准差为 7.54mV. 现在, 基于对 P_{exp} 和 $P_{\text{sw.noise}}$ 的定义, 给出对能量迹中点的信息泄露进行量化的信噪比模型.

4.3.2　信噪比

信噪比 (SNR) 在电子工程和信号处理中被广泛应用. SNR 是一次测量中信号分量和噪声分量的比. 在数字环境中, 信噪比的一个一般性的定义为

$$\text{SNR} = \frac{\text{Var(signal)}}{\text{Var(noise)}} \tag{4.9}$$

在能量分析攻击中, 信号与 P_{exp} 对应. 这是能量消耗中可利用的分量. 对于一个给定的攻击场景, 可利用的能量消耗 P_{exp} 是能量消耗中唯一包含对攻击者有用信息的分量. 噪声分量由 $P_{\text{sw.noise}}$ 和 $P_{\text{el.noise}}$ 之和给出, 这是攻击者要面对的全部噪声.

> 在给定的攻击场景中, 能量迹中某一点的 SNR 由下式给出:
> $$\text{SNR} = \frac{\text{Var}\,(P_{\text{exp}})}{\text{Var}\,(P_{\text{sw.noise}} + P_{\text{el.noise}})} \qquad (4.10)$$
> SNR 量化了能量迹中单点泄露的信息量. SNR 越高, 泄露的信息就越多.

方差 $\text{Var}\,(P_{\text{exp}})$ 量化了可利用的信号造成的能量迹中点变化的大小. 方差 $\text{Var}\,(P_{\text{sw.noise}} + P_{\text{el.noise}})$ 量化了由噪声导致的该点的变化. 显而易见, SNR 越高, 从噪声中识别出 P_{exp} 就越容易. 为了说明这一事实, 现在对攻击所选微控制器的两个场景进行比较.

在第一个攻击场景中, 利用了微控制器的能量消耗依赖于其处理的 8 比特数据这一事实; 而在第二个攻击场景中, 仅仅利用了微控制器的能量信号对 LSB 的依赖. 所有其他各比特都服从均匀分布, 它们被视为转换噪声.

首先, 通过仅仅关注能量消耗中的一个特定点来分析两个攻击场景中的 SNR. 事实上, 再次关注微控制器将均匀分布的数据从内存搬运至寄存器时 (362ns), 微控制器的能量消耗. 在 4.2.2 小节中, 已经获得了微控制器执行该操作时的 $256 \cdot 200 = 51200$ 条能量迹, 可以利用 4.2.2 小节中的能量迹以及部分分析结果.

一个结果是在 362ns 时, 电子噪声的标准差为 1.63mV. 所以, 方差 $\text{Var}(P_{\text{el.noise}})$ 为 $2.67(\text{mV})^2$. 还已知这一时刻的能量消耗与微控制器处理的数据的汉明重量成反比. 事实上, 我们已经确定了 9 种可能的汉明距离中每一种的平均能量消耗. 基于这个平均值, 计算 P_{data} 的方差. 为此, 采取如下步骤:

在 4.2.2 小节中采样得到 51200 条能量迹对应的是总能量消耗, 换言之, 这些能量迹中包含了电子噪声. 为了计算 362ns 时 P_{data} 的方差, 有必要将 51200 条能量迹中该位置的能量消耗值用其汉明重量对应的能量消耗值进行替换. 例如, 有 200 条能量迹对应汉明重量 0, 这些能量迹上 362ns 的值都应该使用 25.12 进行替换. 根据 4.2.2 小节中的结论, 这就是汉明重量为 0 的数据对应的能量迹中的数据依赖分量. 这个值是从总能量消耗中去除电子噪声和 P_{const} 部分获得的. 使用 P_{data} 的对应值替换所有的 51200 个能量消耗值可得 $\text{Var}(P_{\text{data}}) = 61.12(\text{mV})^2$. 表 4.2 中的前三行给出了 P_{data}, P_{op} 和 $P_{\text{el.noise}}$ 在 362ns 时的方差. 因为在这两个攻击场景中, 操作都是固定的, 所以能量消耗中的操作依赖分量 P_{op} 都为 0.

表 4.2　采用 4.1 节和 4.8 节两个模型时的能量消耗中各分量的方差

分量	方差	
	8 比特场景	1 比特场景
P_{data}	61.12	61.12
P_{op}	0.00	0.00
$P_{\text{el.noise}}$	2.67	2.67
P_{exp}	61.12	6.87
$P_{\text{sw.noise}} + P_{\text{el.noise}}$	2.67	56.85

为了确定这两个攻击场景中的信噪比, 需要使用式 (4.8) 中给出的能量模型, 而不是使用 P_{data}、P_{op} 和 $P_{\text{el.noise}}$ 描述的能量模型. 这意味着需要确定这两个攻击场景的 P_{exp} 和 $P_{\text{sw.noise}}$. 对于第一个攻击场景而言, 这项工作可以直接进行, 因为该攻击直接使用了微控制器处理的数据的全部 8 个比特. 所以, 在这种情况下有 $P_{\text{exp}} = P_{\text{data}}$, 同时有 $\text{Var}(P_{\text{sw.noise}}) = 0$. 所以, 全噪声 $\text{Var}(P_{\text{sw.noise}} + P_{\text{el.noise}}) = \text{Var}(P_{\text{el.noise}})$. 表 4.2 中标识 "8 比特场景" 那一列的第 4, 5 行给出了对应的方差, 把这些数值代入式 (4.10) 中可得 SNR = 22.89.

第二个攻击场景中, 可利用的能量消耗 P_{exp} 是由处理 LSB 导致的. 利用 4.2.2 小节中测量到的能量迹, 再次计算 P_{exp} 的方差. 计算的第 1 步是确定 LSB=0 和 LSB=1 的情况下的能量消耗均值. 计算结果分别为 131.49mV 和 136.73mV. 与利用 8 比特的汉明重量的第一个攻击场景相比, 这两个均值出现的频率几乎相同. 因此, 在 $\text{Var}(P_{\text{exp}})$ 的计算过程中, 两个平方差的权重基本相同. 基于 51200 条能量迹计算的 $\text{Var}(P_{\text{exp}})$ 为 $6.87(\text{mV})^2$.

4.3.1 小节已经对攻击 LSB 时的全噪声进行了分析, 已经得到 $P_{\text{sw.noise}}+P_{\text{el.noise}}$ 的标准差为 7.54mV. 所以, 方差为 $7.54^2 = 56.85(\text{mV})^2$. 给定信号和噪声的方差, 可以得到在第二个攻击场景中有 SNR=0.12. 一个重要的现象是在这个攻击场景中, $\text{Var}(P_{\text{sw.noise}})$ 比 $\text{Var}(P_{\text{exp}})$ 大约大 7 倍, 这是由于该攻击仅仅利用了 8 比特中的一个.

表 4.2 给出了上述不同攻击场景中的所有方差. 注意, 不管是用 P_{data}、P_{op} 和 $P_{\text{el.noise}}$ 的和进行刻画还是用 P_{exp}、$P_{\text{sw.noise}}$ 和 $P_{\text{el.noise}}$ 的和进行刻画, 每一个攻击场景中方差的和都相同. 不同的模型仅仅是采用不同的方式解释了能量迹的方差. 显然, 8 比特场景中的 SNR 要远高于 1 比特场景中的 SNR.

相邻点的信噪比

到目前为止, 我们仅分析了能量消耗中单点的 SNR. 在上述两个攻击场景中, 也只关注了 362ns 时的能量消耗. 在这一时刻, 两个实验的 SNR 分别为 22.89 和 0.12. 现在分别分析两个攻击场景中相邻点的 SNR, 目的是说明能量迹中哪些点的 SNR 最高.

首先讨论 8 比特的攻击场景. 图 4.7 中的上图给出了将均匀分布的数据从内存转移到寄存器时, 微控制器的能量消耗. 这 9 条能量迹说明了被处理数据的 9 种不同的汉明重量. 可以观察到 9 条能量迹并不仅仅是在 362ns 时有区别, 而是在 200ns~500ns 的很多点上都有区别. 平均能量迹中任意时刻的存在区别的信号都可以被攻击者所利用. 对于所有这些信号都有 $\text{Var}(P_{\text{exp}}) \neq 0$.

图 4.7 的中图是微控制器处理固定数据时能量迹的标准差, 即电子噪声 $P_{\text{el.noise}}$ 的标准差. 图中重要的特点是不同时刻的标准差存在着区别. 当能量消耗没有快速

变化时, 标准差一般比较小; 当能量消耗发生快速变化时, 标准差一般比较大. 这是由于能量消耗快速变化时, 即便是时钟信号中的微小波动, 也会给该时刻的采样信号带来很大的区别.

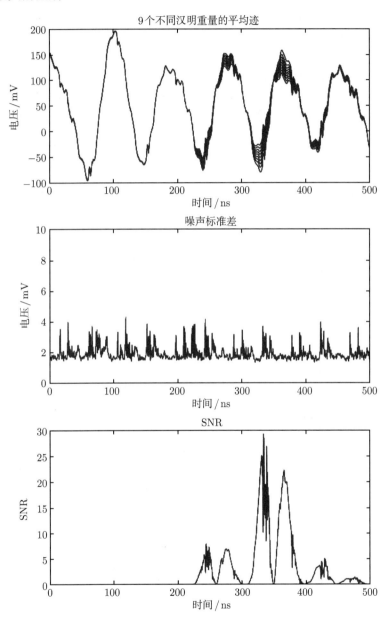

图 4.7 攻击微控制器中 8 比特数据时噪声的标准差和 SNR

图 4.7 的下图给出了从 0~500ns 所有点的信噪比. 对于很多密码设备而言, 该

图的形状都非常典型. 当能量消耗到达正负尖峰时, 往往会获得最高的 SNR. 在正负尖峰中间, 能量消耗会降为 0. 可利用的能量消耗在能量消耗的几个尖峰中都有可能出现. 在当前的例子中, 在 330ns 时的能量消耗到达负尖峰, 或者 362ns 的能量消耗达到正尖峰时, 都可以获得很好的 SNR. 在这些时刻之前和之后的一些尖峰中, SNR 也不为 0, 但是, SNR 已经降低了很多.

现在分析攻击 1 比特时的攻击场景. 图 4.8 中的上图分别给出了当处理 LSB=0 和 LSB=1 时微控制器的平均能量消耗. 这两个信号之间的区别已经远远小于图 4.7 的上图所示的 8 比特攻击场景下所观察到的最大差异. 因此, Var (P_{exp}) 也小了很多. 然而, 和 8 比特情形中类似, 在 200~500ns, 很多点的 Var $(P_{\mathrm{exp}}) \neq 0$.

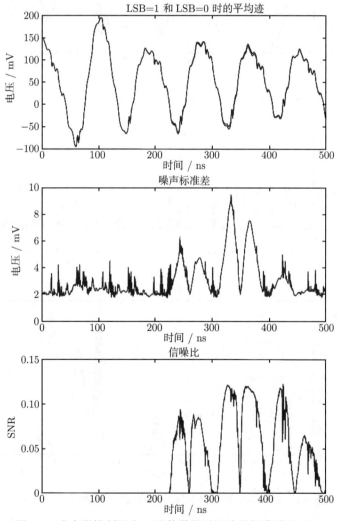

图 4.8　攻击微控制器中 1 比特数据时噪声的标准差和 SNR

图 4.8 的中图给出了 1 比特情形中噪声的标准差. 和前面的示例不同, 本示例中的 $\mathrm{Var}(P_{\mathrm{sw.noise}})$ 已经不等于 0. 所以, 现在需要考虑的噪声为 $\mathrm{Var}(P_{\mathrm{sw.noise}} + P_{\mathrm{el.noise}})$. $\mathrm{Var}(P_{\mathrm{sw.noise}}) \neq 0$ 的事实已经在 200~500ns 的标准差上导致了一些尖峰. 在此期间, 不仅被攻击的 LSB 被处理, 其余的 7 个比特也都发生了随机转换. 因此, 这些时候产生了很多转换噪声. 当 $\mathrm{Var}(P_{\mathrm{exp}})$ 较高时, $\mathrm{Var}(P_{\mathrm{sw.noise}})$ 也会比较高. 除了 1 比特情形中的 $\mathrm{Var}(P_{\mathrm{exp}})$ 小于 8 比特情形中的 $\mathrm{Var}(P_{\mathrm{exp}})$ 之外, 较高的 $\mathrm{Var}(P_{\mathrm{sw.noise}})$ 也是造成 1 比特情形中 SNR 严重降低的原因.

图 4.8 的下图给出了 1 比特情形中 0~500ns 的 SNR. 与图 4.7 的下图相比, 该图中的尖峰宽度增加了, 高度也降低很多. 当能量消耗到达正尖峰或负尖峰时, SNR 达到最大值, 所泄露信息中的大部分都是从这些点得到的.

4.4 能量迹多点特征

前面的几节详细地分析了能量迹中的单点特征. 已经讨论了固定时刻能量迹中各个分量的不同模型, 并且最终得到了通过 SNR 量化单点信息泄漏的方法. 在所有的讨论中, 都独立地处理能量迹中的各个点. 本节的视角与前文不同, 我们将使用统计方法描述能量迹中两个或多个点之间的相互关系. 基于这些方法, 将对整条能量迹进行刻画.

4.4.1 相关性

在前文中, 能量迹中不同点的电子噪声被独立分析. 然而, 从能量迹中的一个点到下一个点, 电子噪声往往变化不大. 所以, 相邻点之间的电子噪声一般是相关的. 将这种关系进行可视化处理的一种很好的方法就是绘制散点图. 图 4.9 中的散点图将两个相邻点的电子噪声可视化. 与图 4.9 对比, 图 4.10 给出了相邻较远的两个点关系的可视化视图, 图中的点簇看起来非常松散.

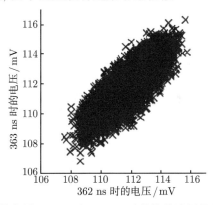

图 4.9 散点图: 362ns 与 363ns 时的能量消耗具有相关性

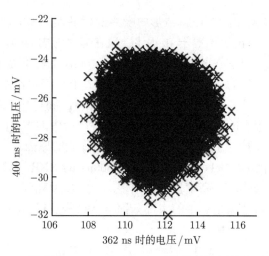

图 4.10   散点图：362ns 与 400ns 时的能量消耗基本不相关

从统计学的观点出发, 可以基于协方差或相关系数刻画能量迹中两个点之间的线性关系. 式 (4.11) 给出了协方差的定义, 式 (4.12) 给出了该定义的一个等价形式. 协方差量化了偏离均值的程度, 它是随机变量 X 和 Y 偏离度乘积的平均值. 因为协方差的计算基于平均偏离度, 所以它是一种线性度量.

式 (4.12) 表明协方差也和统计依赖性的概念相关. 如果 X 和 Y 统计独立, 则 $E(XY) = E(X) \cdot E(Y)$, 所以 $\mathrm{Cov}(X, Y) = 0$. 对于服从正态分布的 X 和 Y 来说, 反之也成立. 这意味着如果 $\mathrm{Cov}(X, Y) = 0$, 则 X 和 Y 统计独立.

$$\mathrm{Cov}(X, Y) = E((X - E(X)) \cdot (Y - E(Y))) \tag{4.11}$$

$$\mathrm{Cov}(X, Y) = E(XY) - E(X) \cdot E(Y) \tag{4.12}$$

和前文中提到的 μ 和 σ 一样, 一般来说, 协方差也是未知的, 需要进行估计. 式 (4.13) 给出了协方差的估计量 c.

$$c = \frac{1}{n-1} \cdot \sum_{i=1}^{n} (x_i - \overline{x}) \cdot (y_i - \overline{y}) \tag{4.13}$$

另外一种更常用的用来度量两个值之间线性关系的方法是相关系数 $\rho(X, Y)$. 相关系数利用协方差定义, 参见式 (4.14). 相关系数是一种无量纲的度量, 其取值只能在正负 1 之间, 即 $-1 \leqslant \rho \leqslant 1$.

$$\rho(X, Y) = \frac{\mathrm{Cov}(X, Y)}{\sqrt{\mathrm{Var}(X) \cdot \mathrm{Var}(Y)}} \tag{4.14}$$

> 相关系数度量两个变量之间的线性关系, 其取值总在 -1 和 1 之间.

同样, ρ 也是未知的, 需要进行估计. 估计量 γ 的定义由式 (4.15) 给出.

$$\gamma = \frac{\sum\limits_{i=1}^{n}(x_i - \overline{x}) \cdot (y_i - \overline{y})}{\sqrt{\sum\limits_{i=1}^{n}(x_i - \overline{x})^2} \cdot \sqrt{\sum\limits_{i=1}^{n}(y_i - \overline{y})^2}} \tag{4.15}$$

能量迹中位于 362ns 和 363ns 时两个相邻点的电子噪声的相关系数为 $\gamma = 0.82$. 362ns 与 400ns 时的两个点的电子噪声的相关系数为 $\gamma = 0.12$. 和预期相符, 散点图中的点越多地集中在一条直线附近, 其相关系数就越高.

4.4.2 多元高斯模型

4.2.1 小节已经确定了能量迹中每一个点的电子噪声均服从正态分布. 相应的参数 μ 和 σ 通过 $\overline{x}$ 和 s 进行估计. 不幸的是, 这个能量消耗模型不能刻画能量迹上相邻点的相关性. 为了考虑这些点的相关性, 有必要通过多元高斯分布来对能量迹 t 进行建模. 多元高斯分布是正态分布向更高维度的扩展, 它可以通过协方差矩阵 C 和均值向量 m 进行刻画. 式 (4.16) 给出了多元高斯分布的概率密度函数.

$$f(X) = \frac{1}{\sqrt{(2 \cdot \pi)^n \cdot \det(C)}} \cdot \exp\left(-\frac{1}{2} \cdot (x - m)' \cdot C^{-1} \cdot (x - m)\right) \tag{4.16}$$

协方差矩阵 C 包含时间 i 和 j 的点的协方差 $c_{ij} = \mathrm{Cov}(X_i, X_j)$, 均值向量 m 包含了能量迹中所有点的均值 $m_i = E(X_i)$. 把 C 和 m 代入式 (4.16), 将得到向量 x 的概率密度函数. 注意, 式 (4.16) 指数中的向量和矩阵的乘积可生成一个标量.

$$C = \begin{pmatrix} c_{11} & c_{12} & \cdots \\ c_{21} & c_{22} & \cdots \\ \vdots & \vdots & \end{pmatrix} \tag{4.17}$$

$$m = (m_1, m_2, \cdots)' \tag{4.18}$$

现在通过一个示例来解释多元正态分布的基本思想. 和正态分布的情况一样, 对于多元正态分布, 一般也要估计协方差矩阵和均值向量. 为了保证可读性, 对 C 和 m 的估值不采用其他的记号, 仍旧使用这两个字母. 我们已经刻画了微控制器将同样的数据从内存转移到寄存器时, 从 362ns 开始短暂的时间间隔内电子噪声的特性, 所对应的协方差矩阵和均值向量分别为

$$C = \begin{pmatrix} 2.67 & 1.50 & 1.36 & 1.19 & 1.10 \\ 1.50 & 2.82 & 1.61 & 1.38 & 1.32 \\ 1.36 & 1.61 & 2.77 & 1.55 & 1.45 \\ 1.19 & 1.37 & 1.55 & 2.88 & 1.56 \\ 1.10 & 1.32 & 1.45 & 1.56 & 2.78 \end{pmatrix} \tag{4.19}$$

$$\boldsymbol{m} = (111.86, 111.57, 110.33, 108.99, 107.56) \tag{4.20}$$

这个示例表明了协方差矩阵的重要特性. 第一, 协方差矩阵是对称矩阵. 这是因为 $\text{Cov}(X_i, X_j) = \text{Cov}(X_j, X_i)$; 第二, 该矩阵的主对角线包含了各特征点的方差. 例如, 362ns 时电子噪声的方差为 $1.63^2 = 2.67 (\text{mV})^2$; 第三, 矩阵行列式的值为正数, 这保证了其平方根是实数.

上述示例中, 协方差矩阵 C 实际上确定了 $P_{\text{el.noise}}$ 的属性. 然而, 也可以使用该多元正态分布来确定能量消耗中其他分量的属性. 使用多元正态分布时的一个问题是, 随着点数的增加, C 的计算量随着点数的平方增长. 因此, 在实际应用中, 仅可以通过这种精细的方式来分析能量迹中的较小局部; 或者需要在分析之前对能量迹进行压缩, 以便使用协方差矩阵的方式来分析能量迹中的较大局部.

4.5　能量迹压缩

在实际中, 为了降低能量分析攻击的复杂度, 经常会使用能量迹压缩技术. 使用压缩技术的依据是能量迹中经常存在大量冗余. 在 3.5 节对转换噪声的讨论中, 我们已经阐述了不可能独立地测量单独逻辑门电路能量消耗的原因. 使用我们的能量消耗测量配置仅能够测量一个时钟周期之内所有逻辑门电路的转换活动所引起的全部能量消耗, 但无法得到同一时钟周期内多个不同且相互独立的能量消耗尖峰.

然而, 在一个时钟周期之内, 数字示波器通常可以对多个能量消耗信号进行采样, 参见 3.4.3 小节. 因此, 每一个时钟周期就对应着多个测量点. 这种冗余通常是无用的, 过长的能量迹往往给能量分析攻击的计算带来不必要的昂贵开销, 这就是在分析和攻击密码设备之前需要采用压缩技术的原因. 通过压缩技术, 可以在没有大量损失泄露信息的情况下减小能量迹的长度, 换句话说, 能量迹压缩技术旨在去掉能量迹中的冗余.

为了压缩能量迹, 攻击者需要了解能量迹中的哪些点包含了他可能感兴趣的信息. 4.3 节中关于泄露的讨论已经表明在选用的微控制器中, 这些信息主要在能量消耗的尖峰中出现. 在下面的小节中, 将对 AES ASIC 实现证明同样的结论. 然而,对于 AES ASIC, 不再分析 SNR, 而是分析能量迹中的哪些点与芯片中的转换次数之间具有最大的相关性. 这是另外一种确定能量迹中哪些点包含最多泄露信息的技术.

4.5.1 能量迹关联点

为了确定 AES ASIC 的能量迹中的哪些点具有最多的信息泄漏, 首先加密 1000 个随机明文并记录其能量消耗. 这些操作可以通过 3.4.4 小节介绍的能量消耗测量配置进行. 每一个明文向设备传输 100 次, 在 100 次加密中, 设备的能量消耗都被记录下来; 接着, 计算这 100 条能量迹的平均值, 从而获得基本上不包含电子噪声的平均能量迹. 通过这种方式, 即可获得这 1000 个随机明文分别对应的平均能量迹.

分析的第 2 步即基于反向注解的芯片网表对 AES ASIC 的能量消耗进行仿真. 在仿真中, 使用了同样的 1000 个明文. 对于每一个明文, 记录加密过程中每一个时钟周期内的转换次数. 所以, 也可以得到了这 1000 个明文对应的仿真能量迹. 由 3.2 节中可知元件级仿真不如晶体管级仿真精确. 然而, 对整个芯片进行晶体管级仿真的资源开销过大.

对于同样的明文集合, 分别获得 AES ASIC 的测量能量迹和仿真能量迹之后, 就开始分析这些能量迹之间的关系. 该分析的目标是找出测量到的能量迹中的哪些点与仿真得到的转换次数相关. 图 4.11 给出了这个分析的一个示意性结果.

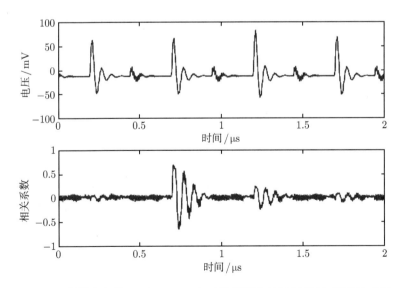

图 4.11 上图给出了 AES ASIC4 个时钟周期内的能量消耗, 下图给出了第二个时钟周期内测量能量迹与根据转换次数仿真得到的能量迹之间的相关性

图 4.11 的上图给出了测量得到的能量迹的 4 个时钟周期. 在时钟信号的每一个上升沿都会发生一个大振幅的阻尼振动; 在每一个下降沿, 则会出现一个较小的阻尼振动. 图 4.11 的下图揭示了 1000 条测量能量迹与仿真到的第二个时钟周期内转换次数之间的相关性. 这意味着对第二个周期内的转换次数同样进行了 1000 次仿真, 并且在所有可能的时刻, 均将它们与测量得到的能量迹进行了相关性分析. 与预期相符, 在第一个时钟周期内, 没有相关性存在. 在第二个时钟周期中, 出现了一个峰值超过 0.7 的显著相关性, 即第二个时钟周期的上升沿中出现的阻尼振荡的振幅基本上正比于仿真得到的转换个数. 在第 3, 4 个时钟周期中, 基本上不存在相关性.

在第二个时钟周期中, 仿真能量迹与测量能量迹的相关性小于 1, 这是由于仿真并不完美, 特别是在基于反向注解网表的仿真中并没有考虑到寄生电容的作用 (见 3.2 节). 所以很明显, 仿真能量迹并没有完美地与测量能量迹相匹配. 然而, 0.7 已经体现出了很大的相关性, 这足以说明该时刻的能量迹强烈依赖于转换次数.

对加密过程中的其他时钟周期, 重复进行上述分析, 即将仿真得到的转换次数与测量得到的能量迹相关联. 分析的结果是一致的, 测量能量迹中阻尼振动的振幅基本上正比于在该时钟周期中发生的转换总数. 在某一时钟周期出现的转换总数依赖于正在执行的操作以及被处理的数据. 所以, 阻尼振动的尖峰包含了实施能量分析攻击所必需的全部信息.

4.5.2   示例

前文已经得出能量迹中的尖峰是与能量分析攻击最相关的点. 基于这一结论, 可以设计不同的压缩技术. 本书主要关注两种最通用的压缩技术：第一种技术是提取出每一个时钟周期中的最大尖峰; 第二种技术是整合能量信号.

最大值提取技术

图 4.11 的下图给出了在第二个时钟周期中, 测量能量迹与仿真得到的转换次数之间的相关性. 最显著的相关性恰恰发生在第二个时钟周期中能量消耗达到最大的位置. 能量消耗中尖峰的振幅正比于芯片在该时钟周期所消耗的能量.

因此, 有理由选取该点作为所在时钟周期中最具有代表性的点. 通过简单地提取出每一个时钟周期中的最大尖峰值, 就可以对能量迹进行显著的压缩. 为了证实这种压缩技术切实可行, 我们压缩了在 4.5.1 小节中记录的 1000 条能量迹, 其中, 每一条能量迹都对应一次完整的 AES 加密, 每一次 AES 加密均需要 80 个时钟周期.

提取出每一条能量的 80 个最大点之后, 我们对压缩的能量迹与仿真能量迹进行相关性分析. 图 4.12 给出了每一个时钟周期内从能量迹中提取到的尖峰与转换次数的相关性分析结果. 在所有的时钟周期中, 都存在较大的相关性. 实质上, 压缩的能量迹中包含了加密过程中设备中发生的所有转换活动的信息.

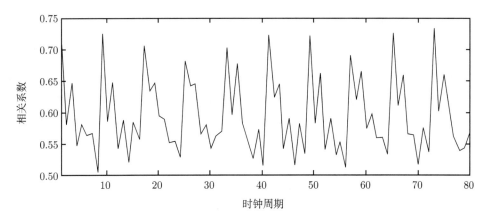

图 4.12　根据转换次数模拟得到的能量迹与压缩能量迹中最大尖峰之间的相关性

整合技术

　　与最大值提取技术不同的另一种能量压缩技术是对每一个时钟周期或每一个较小的时间间隔内的能量迹进行整合. 与前一种方法相比, 这种方法使用了能量迹中阻尼振动附近的点, 而不只是出现最大尖峰的点. 所以, 这种方法一般比前一种方法更健壮.

　　对能量迹中指定的时间间隔进行整合时, 该时间段的信号和噪声被整合在一起, 这会对 SNR 产生影响. 整合各个点之后的 SNR 依赖于各个点的 P_{exp} 和 $P_{\text{el.noise}} + P_{\text{sw.noise}}$, 同样也依赖于信号分量和噪声分量之间的相关性. 事实上, 整合后的 SNR 既可能大于各个单独点的 SNR, 也可能小于各个单独点的 SNR.

　　SNR 增大抑或减小事实上依赖于信号整合中使用的时间段的大小. 如果在整合时间段中, 存在很多具有很强信号分量的点, SNR 一般会增加. 如果一个点与其他没有泄露或只泄露少部分信息的点整合, 则得到的整合信号的 SNR 会低于这个单独点的 SNR. 所以, 选择一个恰当的整合时间段对于压缩技术而言至关重要. 在现实中, 经常采用的时间段是一个时钟周期.

　　根据在整合前是否对能量迹进行预处理, 可将压缩能量迹的方法区分如下:

　　原始整合　计算每一个时间段内所有点的和, 并将这些和视为压缩能量迹.

　　绝对值整合　计算每一个时间段内所有点的绝对值和, 并将这些和视为压缩能量迹.

　　平方和整合　计算每一个时间段内所有点的平方和, 并将这些和视为压缩能量迹.

4.6   置信区间与假设检验

本章的开始部分证实了可以使用正态分布来刻画能量迹中的电子噪声. 一个正态分布由其均值 μ 和方差 σ^2 确定. 在现实中, 由于这些参数一般未知, 所以要对其进行估计, 而最好的估计量就是平均值 $\bar{x}$ 和经验方差 s^2.

本节将更深入地探讨均值和方差的属性. 进行更深入研究的原因在于统计学在能量分析攻击中有着非常重要的作用. 回忆第 1 章中的攻击的基本原理. 在该攻击中, 将两个均值进行了比较, 根据两均值的差来判断密钥猜测正确与否. 为了获得这些均值, 测量得到了大量的能量迹. 在现实中, 所需能量迹的数量往往可以决定攻击的可行性. 攻击者所需的能量迹越少, 攻击的可行性就越高. 因此, 拥有一个能够评估攻击所需能量迹数量的工具很有必要, 统计学则是完成此项工作最合适的工具. 所以, 现在讨论与能量分析攻击相关的各种统计学概念. 关于这个概念更深入的介绍, 可以从 [FPP97, Ric94] 等工具书中获得.

4.6.1   采样分布

首先关注能量迹中的单个点. 已知单个点的电子噪声可以用正态分布来刻画. 除了电子噪声所引入的方差之外, 固定数值 (和操作) 所导致能量消耗是固定的. 所以, 如果对固定数值和操作的能量迹进行多次测量, 将会得到与图 4.1 十分接近的结果.

假设重复图 4.1 对应的实验, 即对同样数据和指令作另外一系列的测量, 并观察在 362ns 时的平均值 $\bar{x}$ 和经验标准差 s. 在每一次重复试验中都可能得到近似的数值, 但是获得完全相同的数值不太可能. 每一次实验的平均值和标准差会有微小的区别, 这意味着可以把该平均值和标准差视为随机变量. 换言之, 平均值可以用随机变量 $\overline{X}$ 描述, 标准差可以用随机变量 S 描述. 接下来, 可以使用与分析 362ns 时的能量消耗相同的方式来分别分析平均值和经验标准差, 因为它们各自具有一个均值和一个标准差. 综上所述, 平均值和经验标准差也可以使用概率分布来分析. 这一重要概念称为采样分布.

> 采样分布决定了对指定参数估计的准确度.

对于平均值 $\overline{X}$, 采样分布描述了对 μ 估计的准确程度. $\overline{X}$ 的采样分布服从正态分布, 即 $\overline{X} \sim N(\mu, \sigma/\sqrt{n})$. 对于正态分布来说, 这种平均值是 μ 的很好估计量, 参见式 (4.21). 用于计算 $\overline{X}$ 的能量迹 (x 点) 越多, 估计值越准确. 平均值的方差与能量迹的数量 n 成反比, 参见式 (4.22). 所以, 能量迹越多, 平均值越接近于均值. 由此可以得到一个重要的结论: 可以使用平均化来降低测量时的电子噪声. n 条能量迹的平均值的方差比单条能量迹的小 n 倍. 因此, 易得前者的电子噪声也比后者

少 n 倍.

$$E(\overline{X}) = \mu \tag{4.21}$$

$$\mathrm{Var}(\overline{X}) = \frac{\sigma^2}{n} \tag{4.22}$$

S^2 的采样分布也有类似的性质. 然而, S^2 的采样分布服从卡方分布. S^2 的均值为 σ^2, 参见式 (4.23). 同样, 使用的能量迹越多, 经验方差 S^2 就越接近 σ^2, 参见式 (4.24).

$$E(S^2) = \sigma^2 \tag{4.23}$$

$$\mathrm{Var}(S^2) = \frac{2 \cdot \sigma^4}{n-1} \tag{4.24}$$

4.6.2 置信区间

前一节已经确定了均值和方差的估计量, 平均值 $\overline{x}$ 和经验方差 s^2, 可以分别将它们视为随机变量 $\overline{X}$ 和 S^2. $\overline{X}$ 和 S^2 均服从一个可以由均值和方差确定的分布. 由于本书的内容主要和 $\overline{X}$ 相关, 所以下文仅限于讨论 $\overline{X}$.

由 $\overline{X} \sim N(\mu, \sigma/\sqrt{n})$ 可知使用能量迹的个数越多, $\overline{X}$ 就越逼近 μ. 然而, 尚未明确的一点是如何评价一个给定的逼近, 换言之, 一个好的逼近需要使用的能量迹数量. 置信区间是一个统计概念, 可以通过它来评价一个给定逼近的优劣.

> 置信区间量化了指定估计值与实际参数的近似程度.

μ 的置信度为 0.99 的置信区间即指构造出的该区间包含 μ 的概率为 0.99.

假设检验与置信区间有紧密的联系. 假设检验中测试一个指定的假设正确与否. 例如, 可以测试 μ 是否等于一个确定值 μ_0. 在这种情况下, 两个假设表述如下: 第一个假设为 $\mu = \mu_0$; 第二个为 $\mu \neq \mu_0$. 其中之一称为原假设 H_0, 另一个称为备择假设 H_1. 例如, 可以将原假设定义为 $H_0 : \mu = \mu_0$, 备择假设定义为 $H_1 : \mu \neq \mu_0$.

一个置信区间包含了所有与某参数有较高近似度的值. 因此, 如果想要知道一个指定参数是否等于一个指定值, 就一定要确定这个值是否在该参数的置信区间中. 换言之, 一个假设检验接受所有包含于 μ 的置信区间中的原假设的值 μ_0.

> 置信区间由所有使得原假设成立的值构成.

下一节将详细介绍如何计算正态分布的参数 μ 的置信区间, 还将关注与其对应的假设检验. 在后续章节中, 将对两个均值的差、相关系数以及两个相关系数的差作同样的讨论. 然而, 与下一节相比, 后续各节的讨论将相对简短.

4.6.3 μ 的置信区间与假设检验

在获得均值的置信区间之前, 需要先引入分位点的概念. 标准正态分布的分位点 z_α 具有如下性质: $p(Z \leqslant z_\alpha) = \alpha$. 因为 $p(Z \leqslant z_\alpha) = \Phi(z_\alpha)$, 所以有 $\Phi(z_\alpha) = \alpha$.

图 4.13 表明了这个性质, 所以分位点可以通过对 α 使用标准正态分布的逆运算来获得. 分位点一个经常被利用的特点是 $z_\alpha = -z_{1-\alpha}$. 表 4.3 列出了标准正态分布的一些常用分位点. 接下来将计算 μ 的置信区间.

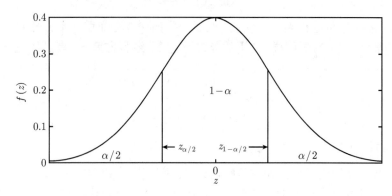

图 4.13　给出分位点 $z_{\alpha/2}$ 和 $z_{1-\alpha/2}$ 的标准正态分布概率密度函数

表 4.3　标准正态分布某些 α 值的分位点 z_α

α	0.800	0.850	0.900	0.950	0.975	0.990	0.995	0.999	0.9999
z_α	0.842	1.036	1.282	1.645	1.960	2.326	2.576	3.090	3.7190

置信区间

已知 $\overline{X}$ 服从正态分布, 即 $\overline{X} \sim N(\mu, \sigma/\sqrt{n})$. 所以, 变量 $Z = (\overline{X} - \mu) \cdot \sqrt{n}/\sigma$ 服从标准正态分布. 由 z_α 的定义 (图 4.13) 可得

$$p(z_{\alpha/2} \leqslant Z \leqslant z_{1-\alpha/2}) = 1 - \alpha \qquad (4.25)$$

α 的值经常被称为错误概率, 区间 $[z_{\alpha/2}, z_{1-\alpha/2}]$ 为 Z 的置信区间. 然而, 我们关注的是 μ 的置信区间. 将 $Z = (\overline{X} - \mu) \cdot \sqrt{n}/\sigma$ 代入式 (4.25), 然后重写该不等式

$$p\left(\overline{X} - \frac{\sigma}{\sqrt{n}} \cdot z_{1-\alpha/2} \leqslant \mu \leqslant \overline{X} + \frac{\sigma}{\sqrt{n}} \cdot z_{1-\alpha/2}\right) = 1 - \alpha$$

这样, 不等式已经用 μ 来表示, 均值 μ 就包含于下述区间中:

$$\left[\overline{X} - \frac{\sigma}{\sqrt{n}} \cdot z_{1-\alpha/2}, \overline{X} + \frac{\sigma}{\sqrt{n}} \cdot z_{1-\alpha/2}\right] \qquad (4.26)$$

> 区间 $\left[\bar{X} - \frac{\sigma}{\sqrt{n}} \cdot z_{1-\alpha/2}, \bar{X} + \frac{\sigma}{\sqrt{n}} \cdot z_{1-\alpha/2}\right]$ 是 μ 的置信度为 $(1-\alpha)$ 置信区间.

式 (4.26) 中, 区间的上、下边界都不等于无穷大, 所以它是 μ 的双侧置信区间. 通过解 $p(Z \geqslant z_\alpha) = 1 - \alpha$ 和 $p(Z \leqslant z_{1-\alpha}) = 1 - \alpha$, 可以得到单侧置信区间

$$\left(-\infty, \overline{X} + \frac{\sigma}{\sqrt{n}} \cdot z_{1-\alpha}\right] \quad \text{和} \quad \left[\overline{X} - \frac{\sigma}{\sqrt{n}} \cdot z_{1-\alpha}, \infty\right)$$

针对 $\overline{X}$ 把式 (4.25) 再重写一次可得

$$p\left(\mu - \frac{\sigma}{\sqrt{n}} \cdot z_{1-\alpha/2} \leqslant \overline{X} \leqslant \mu + \frac{\sigma}{\sqrt{n}} \cdot z_{1-\alpha/2}\right) = 1 - \alpha$$

这样可以得到 $\overline{X}$ 的置信区间为

$$\left[\mu - \frac{\sigma}{\sqrt{n}} \cdot z_{1-\alpha/2}, \mu + \frac{\sigma}{\sqrt{n}} \cdot z_{1-\alpha/2}\right]$$

显然, 也可以求出 $\mu, Z, \overline{X}$ 的置信区间.

当前的讨论隐式地假设 $\overline{X}$ 的标准差 σ 已知. 如果这个参数也需要估计, 换言之, 如果仅仅已知 S 而 σ 未知, 则变量 $T = (\overline{X} - \mu) \cdot \sqrt{n}/S$ 服从 t 分布. 所以, 置信区间由 t 分布的分位点给出. 然而, 在现实中, 如果可用的能量迹数量足够大 ($n \geqslant 30$), 则可用 s 代替 σ, t 分布也可以用标准正态分布代替.

假设检验

假设需要检验 μ 是否等于一个确定值 μ_0, 则原假设为 $H_0: \mu = \mu_0$, 备择假设为 $H_1: \mu \neq \mu_0$, 对应的检验可以容易地表述. 需要用 $\overline{X}$ 对 μ 进行估计. 如果 $|\overline{X} - \mu_0|$ 比事先定义的常量 c 大得多, 就拒绝 H_0; 否则, 将接受 H_0. 常量 c 定义了拒绝域.

在理想情况下, 实验总会给出正确的结果. 这意味着如果 μ 实际上等于 μ_0, 实验将接受原假设, 否则将拒绝该假设. 然而, 仅仅是由 $\overline{X}$ 估计 μ, 所以总是存在错误的可能. 目标是最小化发生这种错误的概率. 特别地, 将减小当 H_0 成立时, 拒绝该假设的概率. 换言之, 将选取一个 c 值, 使得错误地拒绝 H_0 的概率最小.

$$p\left(|\overline{X} - \mu_0| > c\right) = \alpha \tag{4.27}$$

同前一节中求置信区间的计算方法类似, 可以通过解式 (4.27) 来确定 c.

$$p\left(|\overline{X} - \mu_0| > c\right) = p\left(|\overline{X} - \mu_0| \cdot \sqrt{n}/\sigma > c \cdot \sqrt{n}/\sigma\right) = \alpha$$

$$p\left(|Z| > c \cdot \sqrt{n}/\sigma\right) = \alpha$$

$$2p\left(Z > c \cdot \sqrt{n}/\sigma\right) = \alpha$$

$$c = \frac{\sigma}{\sqrt{n}} \cdot z_{1-\alpha/2}$$

这意味着如果选择 $c = \sigma \cdot z_{1-\alpha/2}/\sqrt{n}$, 则错误地拒绝 H_0 的概率为 α. 也可以写出 Z 的拒绝域, 此外, 通过重写也可以求得 μ_0 和 $\overline{X}$ 的拒绝域.

$$Z : (-\infty, -z_{1-\alpha/2}) \cup (z_{1-\alpha/2}, \infty)$$

$$\mu_0 : \left(-\infty, \overline{X} - \frac{\alpha}{\sqrt{n}} \cdot z_{1-\alpha/2}\right) \cup \left(\overline{X} + \frac{\alpha}{\sqrt{n}} \cdot z_{1-\alpha/2}, \infty\right)$$

$$\overline{X} : \left(-\infty, \mu_0 - \frac{\alpha}{\sqrt{n}} \cdot z_{1-\alpha/2}\right) \cup \left(\mu_0 + \frac{\alpha}{\sqrt{n}} \cdot z_{1-\alpha/2}, \infty\right)$$

显然, 拒绝域是前面得到的置信区间的补集. 这描述了置信区间和假设检验的二元性, 即置信区间由使得原假设成立的数值构成.

能量迹数量

现实应用中的一个重要问题是获得可信赖结果所需测量的能量迹数量. 该数量可通过置信区间 (或拒绝域) 来计算. 由前文的讨论可知置信区间的边界由 $c = \sigma \cdot z_{1-\alpha/2}/\sqrt{n}$ 给出. 由该方程可以求出确保以 $1 - \alpha$ 的概率 (在 c 范围内) 接近 μ 所必需的能量迹数量 n.

以 $1 - \alpha$ 的置信度和 c 的精确度来估计正态分布 $\overline{X} \sim N(\mu, \sigma)$ 的均值 μ, 需要采样的能量迹数量为

$$n = \frac{\sigma^2}{c^2} \cdot z_{1-\alpha/2}^2 \tag{4.28}$$

在能量分析攻击中, 一个更加重要的问题是基于某参数的估计量, 需要多少条能量迹才能将该参数与 0 区分开来. 因此, 关注一种特殊情况: $p(\overline{X} < 0) = \alpha$, $\mu = \mu_0$, $\mu_0 < 0$ (对于 $\mu > 0$ 和 $p(\overline{X} > 0)$ 的情况, 计算过程相同). 在这种情况下, 因为 $\mu_0 < 0$, $p(\overline{X} < 0)$ 的概率应该比较高. 由此, 得到 $p\left((\overline{X} - \mu) \cdot \sqrt{n}/\sigma < -\mu \cdot \sqrt{n}/\sigma\right) = 1 - \alpha$. 据此, 可以计算出能量迹的数量 n: $p\left((\overline{X} - \mu) \cdot \sqrt{n}/\sigma < -\mu \cdot \sqrt{n}/\sigma\right) = \Phi\left(-\mu \cdot \sqrt{n}/\sigma\right) = 1 - \alpha$.

使得正态分布 $N(\mu, \sigma)$ 的均值以 $1 - \alpha$ 的概率不等于 0, 所需要的能量迹数量由下式确定:

$$n = \frac{\sigma^2}{\mu^2} \cdot z_{1-\alpha}^2 \tag{4.29}$$

示例

前文中已经确定了能量迹在 362ns 时的正态分布与估计值 $\mu = \overline{x} = 111.86\text{mV}$ 以及 $\sigma = s = 1.63\text{mV}$ 相符. 基于 10000 条能量迹, 还确定了 μ 的置信区间. 例如, μ 的一个置信度为 0.99 的置信区间为

$$\left[111.86 - \frac{2.576 \cdot 1.63}{\sqrt{10000}}, 111.86 + \frac{2.576 \cdot 1.63}{\sqrt{10000}}\right] = [111.82\text{mV}, 111.90\text{mV}]$$

注意, $z_{1-\alpha/2} = z_{0.995} = 2.576$, 可以从表 4.3 中查出.

接下来, 检验假设 $\mu_0 = 112\text{mV}$, 即检验 $H_0 : \mu_0 = 112\text{mV}$ 和 $H_1 : \mu_0 \neq 112\text{mV}$. 假定错误的概率为 0.01. μ_0 的拒绝域为 $(-\infty, 111.82\text{mV}) \cup (111.90\text{mV}, \infty)$. 因为 $\mu_0 = 112\text{mV}$ 位于该拒绝域中, 所以拒绝 H_0. 换言之, 确定 $\mu_0 \neq 112\text{mV}$.

最后来确定能量迹的数量. 以 $c = 0.01$ 的准确度估计 μ 所需的能量迹数量为 176306. 以 0.99 的置信度将分布 $N(111.86, 1.63)$ 的均值与 0 区分开来的能量迹数目是 $n = 4$. 注意, 实际上需要估计 μ 和 σ.

4.6.4 $\mu_X - \mu_Y$ 的置信区间与假设检验

在能量分析攻击中, 两组能量迹的对比是另外一项重要的任务. 假设 X 组包含 n 条能量迹 ($X = \{X_1, X_2, \cdots, X_n\}$), Y 组包含 m 条能量迹 ($Y = \{Y_1, Y_2, \cdots, Y_m\}$). 注意, 我们仅考虑能量迹中的某一个确定点. 怀疑这两个集合服从不同的正态分布. 更具体地, 怀疑这些能量迹具有不同的均值, 但是方差相同, 即 $X_i \sim N(\mu_X, \sigma)$ 和 $Y_i \sim N(\mu_Y, \sigma)$. 这两组能量迹的差服从正态分布, 其均值为两个正态分布均值的差, 方差为两个正态分布方差的和.

置信区间

我们最关注两组能量迹均值的差. 该差值服从正态分布

$$\overline{X} - \overline{Y} \sim N\left(\mu_X - \mu_Y, \sigma\sqrt{\frac{m+n}{m \cdot n}}\right)$$

所以, 变量

$$Z = \frac{\overline{X} - \overline{Y} - (\mu_X - \mu_Y)}{\sigma \cdot \sqrt{\dfrac{m+n}{m \cdot n}}}$$

服从标准正态分布. 像 4.6.3 小节一样, 可以通过重写 $p(z_{\alpha/2} \leqslant Z \leqslant z_{1-\alpha/2})$ 中的不等式来求出当 σ 已知时, $\mu_X - \mu_Y$ 的双侧置信区间. 该双侧置信区间为

$$\left[\overline{X} - \overline{Y} - \sigma \cdot \sqrt{\frac{m+n}{m \cdot n}} \cdot z_{1-\alpha/2}, \overline{X} - \overline{Y} + \sigma \cdot \sqrt{\frac{m+n}{m \cdot n}} \cdot z_{1-\alpha/2}\right] \tag{4.30}$$

如果该正态分布的标准差未知, 需要进行估计, 则 $\overline{X} - \overline{Y}$ 的分布服从 t 分布. 前一节已经提到当能量迹的数量足够多 ($\geqslant 30$) 时, t 分布可以用标准正态分布来近似. 标准差 $S_{\overline{X}-\overline{Y}}$ 可以通过联合方差 (pooled variance)s_P^2 的平方根来估计.

$$s_P^2 = \frac{(n-1) \cdot s_X^2 + (m-1) \cdot s_Y^2}{m+n-2} \tag{4.31}$$

$$s_{\overline{X}-\overline{Y}} = s_P \cdot \sqrt{\frac{m+n}{m \cdot n}} \tag{4.32}$$

因为在能量分析攻击中, 每一个集合一般都包含 $n/2$ 条能量迹, 所以可以用 $n/2$ 来代替 m 和 n, 从而将前面的方程简化. 下文将采用简化后的方程.

假设检验

采用与对 μ 的假设检验同样的方式, 也可以进行 $\mu_X - \mu_Y$ 的假设检验, 即双边检验: $H_0 : \mu_X - \mu_Y = 0$ 和 $H_1 : \mu_X - \mu_Y \neq 0$. 这意味着将检验 $Z = (\overline{X} - \overline{Y})/(\sigma \cdot \sqrt{4/n})$ 是否位于拒绝域中. 如果 Z 位于拒绝域, 则拒绝假设 H_0. 拒绝域是 $\overline{X} - \overline{Y}$ 的双侧置信区间的补集.

能量迹数量

可以使用与获取 μ 所需能量迹数量相同的方式来计算能量迹的数量. 这意味着将使用置信区间的界限 $c = \sigma \cdot \sqrt{4/n} \cdot z_{1-\alpha/2}$ 来确定能量迹的数量.

以 $1 - \alpha$ 的置信度和 c 的精确度来估计正态分布 $N(\mu_X - \mu_Y, 2 \cdot \sigma/\sqrt{n})$ 的均值 $\mu_X - \mu_Y$, 所需采样的能量迹数量为

$$n = 4 \cdot \frac{\sigma^2}{c^2} \cdot z_{1-\alpha/2}^2 \tag{4.33}$$

与前文中关于 μ 的讨论类似, 最重要的问题实际上是区分 $\overline{X}$ 与 $\overline{Y}$ 所需要的能量迹数量. 所以它们的差越远离 0, 区分它们就越容易. 不失一般性, 假设 $\mu_X - \mu_Y < 0$(否则, 将 X 和 Y 互换). 希望差值 Z 的分布小于 0 的概率越大越好, 即 $p(Z < 0) = 1 - \alpha$. 由于 $p(Z < 0)$ 等于 $\Phi(-(\mu_X - \mu_Y) \cdot \sqrt{n}/(2 \cdot \sigma))$, 所以 $\Phi(-(\mu_X - \mu_Y) \cdot \sqrt{n}/(2 \cdot \sigma)) = 1 - \alpha$.

重写该概率即可确定 n.

以 $1 - \alpha$ 的置信度区分两个正态分布 $\overline{X} \sim N\left(\mu_x, \sigma / \sqrt{n/2}\right)$ 和 $\overline{Y} \sim N\left(\mu_y, \sigma / \sqrt{n/2}\right)$ 所需要的能量迹数量为

$$n = \frac{4 \cdot \sigma^2}{(\mu_X - \mu_Y)^2} \cdot z_{1-\alpha}^2 \tag{4.34}$$

当两个分布具有不同的方差时, 需要适当修改上述方程. 然而, 对大多数实际应用而言, 采用式 (4.34) 已经足够.

示例

现在在置信区间和假设检验的背景下讨论 1.3 节中 DPA 攻击的结果. 该攻击采用了由某特定中间值 v(SubByte 输出的 MSB) 定义的均值差来确定密钥. 结果表明对于密钥 119, 均值差在多个时刻偏离于 0. 现在关注最大偏差, 并且计算其置

信区间. 均值差的最大值为 $\overline{x} - \overline{y} = 7.86\text{mV}$, 估计的标准差为 $s_{\overline{X} - \overline{Y}} = 0.60\text{mV}$. 因此, 概率为 0.99 的置信区间为 $[6.31\text{mV}, 9.41\text{mV}]$. 为了得到 $c = 1$ 的置信区间, 根据式 (4.34), 需要获取 $n = 4823$ 条能量迹.

如前文所述, 在能量分析攻击中, 最有趣的问题是成功攻击所需的能量迹数量. 根据式 (4.34), 为了以 0.999 的置信度区分两个分布, 需要采样的能量迹数量为 $n = 112$.

4.6.5 ρ 的置信区间与假设检验

相关系数 r 的采样分布很复杂. 然而, 如果可以测量大量能量迹的话, 就可以使用 Fisher 变换将随机变量 R 映射为服从正态分布的随机变量 Z_1, 参见式 (4.35). Z_1 的均值由 μ 给出, 参见式 (4.36), 而 Z_1 的方差为 σ^2, 参见式 (4.37). n 表示能量迹的数量. 注意, 分数 $\rho/(2 \cdot (n-1))$ 随着 n 的增大趋近于 0, 所以可以在方程中去掉.

$$Z_1 = \frac{1}{2}\ln\frac{1+R}{1-R} \tag{4.35}$$

$$\mu = \frac{1}{2}\ln\frac{1+\rho}{1-\rho} + \frac{\rho}{2 \cdot (n-1)} \tag{4.36}$$

$$\sigma^2 = \frac{1}{n-3} \tag{4.37}$$

置信区间

根据 Fisher 变换有 $Z = (Z_1 - \mu)/\sigma \sim N(0,1)$. 可以通过求解不等式 $p(z_{\alpha/2} \leqslant Z \leqslant z_{1-\alpha/2})$ 来计算 μ 的置信区间. 计算结果由式 (4.38) 给出.

$$\left[\frac{1}{2} \cdot \ln\frac{1+R}{1-R} - \frac{z_{1-\alpha/2}}{\sqrt{n-3}}, \frac{1}{2} \cdot \ln\frac{1+R}{1-R} + \frac{z_{1-\alpha/2}}{\sqrt{n-3}}\right] \tag{4.38}$$

假设检验

假设我们拥有一个能量迹集合, 并试图检验关于相关系数的一个假设. 判断两个假设 $H_0 : \rho = \rho_0$ 和 $H_1 : \rho \neq \rho_0$ 仅需要简单地判断 $\mu_0 = 1/2 \cdot \ln((1+c)/(1-c))$ 是否位于基于能量迹构造出的区间式 (4.38) 中.

能量迹数量

与前文一样, 我们可以使用置信区间的界限 c 来确定能量迹的数量. 然而, 仍需对 c 进行 Fisher 变换, 即 $c_F = 1/2 \cdot \ln((1+c)/(1-c))$. 以 $1 - \alpha$ 的置信度和 c 的精确度估计正态分布 $N\left(1/2 \cdot \ln((1+\rho)/(1-\rho)), 1/\sqrt{n-3}\right)$ 的均值, 所需要的能量迹数量 n 为

$$n = 3 + 4 \cdot \frac{z_{1-\alpha/2}^2}{\ln^2\frac{1+c}{1-c}} \tag{4.39}$$

以 $1-\alpha$ 的置信度将正态分布 $N\left(1/2\cdot\ln\left((1+\rho)/(1-\rho)\right),1/\sqrt{n-3}\right)$ 的均值与 0 区分所需要的能量迹数量 n 为

$$n=3+4\cdot\frac{z_{1-\alpha/2}^2}{\ln^2\dfrac{1+\rho}{1-\rho}} \tag{4.40}$$

示例

根据 4.4.1 小节分析的结论, 采用 362ns 和 363ns 时两个相关点的估计值 $r=0.82$. 给定 $n=10000$ 和 $\alpha=0.01$, μ 的置信区间为 $[1.13,1.18]$. 为了以精确度 $c=0.01$ 估计任意的 ρ, 大约需要 $n=66356$ 条能量迹.

4.6.6　$\rho_0-\rho_1$ 的置信区间与假设检验

现实中, 经常需要关注两个相关系数是否不同. 正如前一节解释的那样, 同样可以通过 Fisher 变换, 将对 ρ 的估计值 R 映射为服从标准正态分布的变量 Z.

$$R_0\mapsto Z_0=\frac{1}{2}\cdot\ln\frac{1+R_0}{1-R_0}$$

$$\mu_0=E(Z_0)=\frac{1}{2}\cdot\ln\frac{1+\rho_0}{1-\rho_0}+\frac{\rho_0}{2\cdot(n-1)}$$

$$\sigma^2=\mathrm{Var}(Z_0)=\frac{1}{n-3}$$

$$R_1\mapsto Z_1=\frac{1}{2}\cdot\ln\frac{1+R_1}{1-R_1}$$

$$\mu_1=E(Z_1)=\frac{1}{2}\cdot\ln\frac{1+\rho_1}{1-\rho_1}+\frac{\rho_1}{2\cdot(n-1)}$$

$$\sigma^2=\mathrm{Var}(Z_1)=\frac{1}{n-3}$$

置信区间

Z_0-Z_1 服从正态分布 $Z_0-Z_1\sim N\left(\mu_0-\mu_1,\sqrt{2}\cdot\sigma\right)$. 所以 $((Z_0-Z_1)-(\mu_0-\mu_1))/(\sqrt{2}\cdot\sigma)$ 为标准正态分布. $\mu_0-\mu_1$ 的双侧置信区间为

$$\left[(Z_0-Z_1)-z_{1-\alpha/2}\cdot\sqrt{\frac{2}{n-3}},(Z_0-Z_1)+z_{1-\alpha/2}\cdot\sqrt{\frac{2}{n-3}}\right] \tag{4.41}$$

假设检验

通过 Fisher 变换, 可以将 ρ 映射为一个服从正态分布的变量, 参见式 (4.35)~式 (4.37). 所以, 可以用同样的方式检验两个相关系数的差与两个正态分布的均值.

能量迹数量

以 $1-\alpha$ 的置信度和 c 的精确度估计正态分布 $N\left(\mu_0-\mu_1,\sqrt{2}\cdot\sigma\right)$ 的均值 $\mu_0-\mu_1$ 所需要的能量迹数量 n 为

$$n = 3 + 8 \cdot \frac{z_{1-\alpha/2}^2}{\ln^2 \dfrac{1+c}{1-c}} \tag{4.42}$$

与前面的几节一样, 最重要的现实问题是区分 ρ_0 和 ρ_1 产生的两个分布所需要的能量迹数量. 同样, 可以通过分析该差的分布与 0 的偏移来计算能量迹的数量.

> 以 $1-\alpha$ 的置信度区分两个正态分布 $Z_0 \sim N\left(\mu_0,\sqrt{1/n-3}\right)$ 和 $Z_1 \sim N\left(\mu_1,\sqrt{1/n-3}\right)$ 所需要的能量迹数量 n 为
>
> $$n = 3 + 8 \cdot \frac{z_{1-\alpha}^2}{\left(\ln\dfrac{1+\rho_0}{1-\rho_0} + \ln\dfrac{1+\rho_1}{1-\rho_1}\right)^2} \tag{4.43}$$

示例

$\rho_0 = 0$ 的特殊情况在现实中是有意义的. 在这种情况下, 对能量迹数量的计算可以简化, 参见式 (4.44). 例如, 以 $\alpha = 0.0001$ 区分 $\rho = 0.1$ 和 $\rho = 0$ 至少需要 2751 条能量迹.

> 以 $1-\alpha$ 的置信度区分两个正态分布 $Z_0 \sim N\left(0,\sqrt{1/n-3}\right)$ 和 $Z_1 \sim N\left(\mu,\sqrt{1/n-3}\right)$ 所需要的能量迹数量 n 为
>
> $$n = 3 + 8 \cdot \frac{z_{1-\alpha}^2}{\ln^2 \dfrac{1+\rho}{1-\rho}} \tag{4.44}$$

4.7　　小　　　　结

密码设备的能量消耗由不同分量构成. 能量迹上的每一个点均可使用操作依赖分量 P_{op}, 数据依赖分量 P_{data}, 电子噪声 $P_{el.noise}$ 和恒定分量 P_{const} 的和来刻画. 这些分量通常可以用正态分布来刻画. 在选用的微控制器中, P_{data} 服从二项分布. 微控制器的能量消耗与其处理数据的汉明重量成反比.

在给定的攻击场景中, 对能量消耗进行建模也是可能的. 我们将可利用的能量消耗 P_{exp} 定义为攻击者的目标信息所导致的能量消耗. 在该攻击场景中, 能量消耗

中的不可用信息被称为 $P_{\text{sw.noise}}$. 等式 $P_{\text{exp}} + P_{\text{sw.noise}} = P_{\text{op}} + P_{\text{data}}$ 总成立. 进一步的, 有必要指出 P_{exp} 与 $P_{\text{sw.noise}}$ 必须相互独立. 所以, 需要用 P_{exp} 来刻画依赖于攻击者可利用信息的数据所产生的能量消耗.

$P_{\text{exp}}, P_{\text{sw.noise}}$ 和 $P_{\text{el.noise}}$ 相互独立这一事实可以用于定义信噪比. 信号为 P_{exp}, 而噪声则为 $P_{\text{el.noise}} + P_{\text{sw.noise}}$. 在给定的攻击场景中, 可以用 SNR 来对设备的能量泄漏进行量化. 通过对微控制器中能量迹不同点的 SNR 进行分析可知 SNR 在能量迹的尖峰处达到最大值. 这一结论是可以对能量迹进行压缩的依据. 能量迹压缩旨在去除能量迹中的冗余. 因为能量迹的振幅中通常包含所有的相关信息, 提取出能量迹分段中的最大值, 或对能量迹进行整合均为恰当的压缩方法.

能量迹中不同点的线性关系可以通过协方差和相关系数来度量. 相关系数的优点是它可以获得 $-1 \sim 1$ 的一个无量纲结果. 所以, 利用相关系数进行比较非常简单. 能量迹中所有点的线性关系可以用相关性矩阵来描述. 可以使用相关性矩阵和对应的均值迹来将能量迹刻画为一个多元正态分布. 这种刻画能量迹的方法通常适用于能量迹中的一小部分, 因为相关性矩阵的规模与点数的平方成正比.

本章的最后一节讨论了和能量分析攻击相关的统计学概念. 特别地, 讨论了正态分布的参数和相关系数估计量的属性. 这些估计量的采样分布决定了上述参数能够以什么样的精确度对参数进行估计. 一个重要的结论是当使用 n 条能量迹的均值时, 标准差将减小 $\sqrt{n}$ 倍. 基于采样分布, 也解释了置信区间和假设检验的概念. 置信区间是以既定的概率包含估计量的区间. 假设检验可以用来判断某确定参数是否以某一指定概率具有某一属性. 基于这些概念, 我们给出了一些公式, 用于计算获取可靠的统计结果所需要的能量迹数量.

第5章 简单能量分析

在文献 [KJJ99] 中, Kocher 等对简单能量分析 (SPA) 攻击的特征给出了如下描述: "SPA 是一种能够对密码算法执行过程中所采集到的能量消耗信息进行直接分析的技术". 也就是说, 攻击者试图通过 SPA 直接或间接地由一条给定的能量迹推断出密钥. 这就使得 SPA 攻击的实施成为一项极具挑战性的工作. 通常, 实施这种攻击需要攻击者对被攻击设备中密码算法的具体实现有详细的认识. 此外, 如果只有一条能量迹可用, 通常还需要使用复杂的统计方法来提取信号.

如果在实际应用中, 对于给定的输入集合, 可用的能量迹只有一条或几条, 则 SPA 攻击就可能派上用场. 考虑如下情景: 假定消费者定期在同一个加油站给汽车加油, 每次购买等量的汽油, 并使用智能卡支付费用. 恶意的读卡器可以记录智能卡的能量消耗信息. 通过这种方式, 攻击者可以收集到一些对应同样明文的能量迹.

本章将讨论几种不同类型的 SPA 攻击, 包括能量迹的直观分析 (visual inspection)、基于模板的 SPA 攻击和碰撞攻击. 本章提供的攻击示例针对的是 AES 算法的软件实现. 该 AES 的软件实现可参见附录 B, 用于对能量消耗进行采样的测量配置则在 3.4.4 小节中给出.

5.1 概　　述

SPA 攻击的目标是仅通过少量的能量迹 (对应于少量的明文) 揭示出密钥或者与之相关的敏感信息. 这意味着在最极端的情况下, 攻击者将尝试仅仅基于一条能量迹实施 SPA 攻击. 为了区别极端 SPA 假设和常规 SPA 假设, 将 SPA 攻击分为单迹 SPA(single shot SPA) 攻击和多迹 SPA(multiple shot SPA) 攻击. 顾名思义, 在单迹 SPA 攻击中, 攻击者只能采样一条能量迹; 而在多迹 SPA 攻击中, 攻击者可以采样多条能量迹.

在多迹 SPA 攻击中, 攻击者既可以对同一个明文所对应的能量消耗进行多次测量, 也可以对多个不同明文所对应的能量消耗进行测量. 对同一个明文的能量消耗进行多次测量的优点是可以通过计算多条迹的平均值来降低噪声.

尽管单次测量和多次测量有所区别, 但 SPA 攻击的原理却完全相同. 攻击者需要具备能够监测被攻击设备瞬时能量消耗的能力. 被攻击设备中的密钥必须 (直接或间接地) 对能量消耗有显著的影响.

SPA 攻击利用能量迹中依赖于密钥的变化 (或称为模式), 它仅需要使用一条或很少量的能量迹.

5.2　能量迹直观分析

密码设备中的每一个算法都有一定的执行顺序. 算法定义的操作被翻译成设备所支持的指令. 例如, AES 由 10 个步骤组成, 每个步骤称为一轮. 每一轮又由 4 个轮变换构成, 依次为 AddRoundKey, SubBytes, ShiftRows 和 MixColumns. 每个轮变换作用于 AES 状态的一个或几个字节, 可参见附录 B.

假定以软件形式在微控制器上实现 AES. 在这种情况下, 轮函数用微控制器指令实现. 微控制器拥有一个指令集, 一般包括算术指令 (如加法)、逻辑指令 (如异或)、数据传送指令 (如移动) 和转移指令 (如跳转). 每条指令作用于几个字节, 并涉及微控制器的不同组件, 如算术逻辑单元、存储器 (片内或片外 RAM 或 ROM) 或一些外围设备 (如通信端口). 这些微控制器组件在物理上分离, 并且其功能和实现方式各不相同. 所以, 它们具有不同的能量消耗特征, 这将在能量迹中产生具有不同特征的模式. 例如, 作用于片内存储器的数据传送指令比作用于片外存储器的数据传送指令需要的时钟周期更少. 此外, 片外总线比片内总线具有更高的能量消耗. 这些事实使得通过能量迹对指令进行区分成为可能.

如果指令序列直接依赖于密钥, 那么在能量迹中识别指令的能力就会导致严重的安全问题. 因此, 如果仅当密钥的某一比特为 1 时执行某一个特定的指令, 同时仅当密钥的某一比特为 0 时执行另外一个指令, 那么通过查看能量迹中所体现的指令序列, 就可以推断出密钥. 这一安全问题早已被证实, 特别是在公钥密码系统实现中.

5.2.1　软件实现的能量迹直观分析示例

现在对一条能量迹进行一次直观分析. 微控制器执行 AES 软件实现时, 获得了一条能量迹. 正如前文所指出的, 如果指令序列依赖于密钥, 那么基于对能量迹直观分析的 SPA 攻击就可以取得成功, 但是 AES 实现不满足这个条件. 因此, 不能通过直观分析揭示出密钥. 然而, 仍然可以研究能量迹泄漏了何种与 AES 实现有关的信息.

图 5.1 给出了一条能量迹, 它是微控制器执行一次完整 AES 加密时的能量迹. 从中可以看出 9 个常规 AES 轮以及不含 MixColumns 操作的第 10 轮. 由此可知很容易在能量迹中识别出每一轮 AES 操作. 图 5.1 放大了前两轮, 第一轮位于 0.06ms~0.73ms, 第二轮位于 0.84ms~1.52ms. 图 5.1 的上半部分中有三个微弱的波峰, 这有助于辨认各个轮操作. 重新进行了一次测量, 获得如图 5.2 所示的能量

迹. 记录第一轮 AES 操作期间的能量消耗, 并对其进行了压缩, 可参见 4.5 节. 第一轮从第 555 个时钟周期开始, 至第 4305 个时钟周期结束. 由图 5.2 中可以看到三个不同的模式. 第一个模式位于时钟周期 555~1800, 第二个模式位于时钟周期 1800~4305, 而第三个模式则位于时钟周期 4305~4931. 一种典型 AES 软件实现首先完成作用于单个字节上的轮函数操作, 而后完成 MixColumns 操作. 如果实现中采用了实时生成密钥的方式, 那么它就在各轮间产生子密钥. 因此, 图 5.2 中第一个模式对应作用于 16 字节 AES 状态的 AddRounKey, SubBytes 以及 ShiftRows 的操作序列, 第二个模式对应于 MixColumns 操作, 第三个模式则对应于第一轮子密钥的生成.

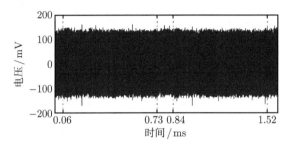

图 5.1 两轮 AES 操作能量迹 (未经压缩处理)

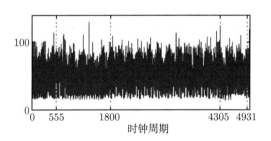

图 5.2 一轮 AES 操作能量迹 (经压缩处理)

第一个模式中, 位于能量迹底部的 16 个微弱尖峰紧密地排列在一起. 每一个波峰对应于一个 AddRoundKey, SubBytes 和 ShiftRows 的操作序列. 图 5.3 是对图 5.2 进行局部放大后的图, 它只给出了前两个尖峰的能量消耗. 第一个尖峰位于时钟周期 760~881. 时钟周期 760 之后的能量迹形状与时钟周期 881 之后的能量迹形状很相似. 通过对能量迹进行直观分析, 就可以识别出这类模式并猜测出它们的含义. 现在使用可执行的汇编指令序列进行更详细的分析, 汇编指令序列如图 5.5 所示.

首先, 调用 SET_ROUND_TRIGGER 函数设置一个触发信号. SET_ROUND_TRIGGER 函数执行一个 SETB(置位) 指令和一个 RET(返回) 指令. 然后,对 AES 状态的一个字节进行处理. 随后, 通过调用 CLEAR_ROUND_TRIGGER 函数清除触发信号, 该函数执行了一个 CLRB(复位) 指令和一个 RET 指令. 对于本实验采用的微控制器而言, 执行不同的指令需要不同数量的时钟周期. SETB, MOV 和 XRL 各需要 12 个时钟周期, 而其他的指令则需要 24 个时钟周期.

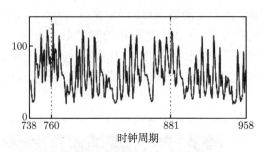

图 5.3   AddRoundKey, SubBytes 和 ShiftRows 操作序列

图 5.4 是将图 5.3 进一步放大后的情形, 已用汇编指令对相应的能量迹模式进行了标注. 这样就可以看出不同的指令确实在能量迹中产生了不同的模式. 此外, 还可以看出 MOVC 指令与 MOV 指令对应模式的不同. 因此, 通过对能量迹中的模式进行识别, 就可以确定出不同类型的数据传送指令. 如图 5.5.

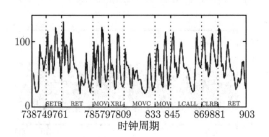

图 5.4   加注解的 AddRoundKey, SubBytes 和 ShiftRows 操作序列

```
LCALL  SET_R0UND_TRIGGER
M0V A, ASM_input    + 0        ; load   a0
XRL A, ASM_key   + 0          ; add   k0
M0VC A, @A + DPTR            ; S-box   look-up
M0V ASM_input,    A          ; store   a0
LCALL CLEAR_R0UND_TRIGGER
```

图 5.5   与图 5.4 对应的汇编指令序列

5.3   模板攻击

模板攻击利用了这样一个事实: 能量消耗同样依赖于设备正在处理的数据. 模

板攻击使用多元正态分布对能量迹的特征进行刻画, 参见 4.4.2 小节. 与其他的能量分析攻击不同, 模板攻击通常由两个阶段构成: 第一个阶段对能量消耗特征进行刻画; 第二个阶段利用该特征实施攻击.

5.3.1 概述

由第 4 章可知能量迹可以使用多元正态分布刻画, 多元正态分布由均值向量和协方差矩阵 $(\boldsymbol{m}, \boldsymbol{C})$ 定义. 将 $(\boldsymbol{m}, \boldsymbol{C})$ 称为模板. 在模板攻击中, 假设攻击者可以对被攻击设备的特征进行刻画, 这意味着攻击者可以确定出某些指令序列的模板. 例如, 攻击者可能拥有一台与被攻击设备类型相同的设备, 并且该设备完全由攻击者控制. 利用该设备, 攻击者分别对不同的数据 d_i 和密钥 k_j 来执行特定的指令序列, 并记录对应的能量消耗信息. 然后, 把与 (d_i, k_j) 相对应的迹分组, 并估计多元正态分布的均值向量和协方差矩阵. 这样, 对于每一组数据和密钥 (d_i, k_j) 都可以得到一个模板 $h_{d_i, k_j} = (\boldsymbol{m}, \boldsymbol{C})_{d_i, k_j}$.

> 模板 h 是由一个均值向量 $\boldsymbol{m}$ 和一个协方差矩阵 $\boldsymbol{C}$ 构成的数据对.

稍后, 攻击者将可以利用特征和从被攻击设备获得的能量迹来确定密钥. 这意味着要使用 $(\boldsymbol{m}, \boldsymbol{C})_{d_i, k_j}$ 和从被攻击设备获得的能量迹来计算多元正态分布的概率密度函数. 也就是说, 给定一个被攻击设备的能量迹 t 和一个模板 $h_{d_i, k_j} = (\boldsymbol{m}, \boldsymbol{C})_{d_i, k_j}$, 计算如下概率:

$$p(t; (\boldsymbol{m}, \boldsymbol{C})_{d_i, k_j}) = \frac{\exp\left(-\frac{1}{2} \cdot (\boldsymbol{t} - \boldsymbol{m})' \cdot \boldsymbol{C}^{-1} \cdot (\boldsymbol{t} - \boldsymbol{m})\right)}{\sqrt{(2 \cdot \boldsymbol{\pi})^{\mathrm{T}} \cdot \det(\boldsymbol{C})}} \tag{5.1}$$

同理, 使用这种方式对能量迹和每一个模板进行计算, 这样就可以得到概率 $p(t; (\boldsymbol{m}, \boldsymbol{C})_{d_1, k_1}), \cdots, p(t; (\boldsymbol{m}, \boldsymbol{C})_{d_D, k_K})$. 概率值的大小反映了模板与给定能量迹的匹配程度. 直觉上, 正确模板应该与最高概率相对应. 因为每一个模板对应于一个密钥, 故也可以由此给出关于正确密钥的信息.

这种直觉认识也有其统计学知识基础, 可参见文献 [Kay98]. 如果所有密钥等概率分布, 则判定准则如下: 如果 h_{d_i, k_j} 使得

$$p\left(t; h_{d_i, k_j}\right) > p(t; h_{d_i, k_l}), \quad \forall l \neq j \tag{5.2}$$

成立, 则判定 h_{d_i, k_j} 对应于正确的密钥. 实际上, 这一判定准则最小化了错误判定的概率, 故也称为极大似然判定准则 (ML 判定准则).

5.3.2 模板构建

前面的章节已经阐明: 为了刻画设备特征, 对不同的数据和密钥对 (d_i, k_j) 执

行一个特定的指令序列, 并记录其能量消耗信息. 然后, 把与 (d_i, k_j) 对应的能量迹划为一组, 并估计该多元正态分布的均值向量和协方差矩阵. 协方差矩阵的大小与能量迹上点数的平方成正比. 显然, 需要找到一种选取特征点的策略, 记特征点的数量为 N_{IP}.

> 特征点是指包含关于所刻画指令的最多信息的点.

实际上, 可以通过多种方式构建模板. 例如, 攻击者可以构建特定指令的模板, 如 MOV 指令; 也可以构建指令序列的模板, 如图 5.5 中所给出的汇编指令序列. 策略的优劣通常取决于对被攻击设备了解的程度. 下文将讨论一些模板构建策略.

数据和密钥对模板构建

第一个策略, 也就是前面章节中所提到过的方法, 即为每一个数据和密钥对 (d_i, k_j) 构建模板. 所以, 用于构建模板的特征点就是能量迹中与密钥对 (d_i, k_j) 相关的所有点. 这意味着, 涉及 d_i, k_j 和 (d_i, k_j) 函数的所有指令都会产生特征点.

例如, 可以针对 AES 汇编实现中 AddRoundKey, SubBytes 以及 ShiftRows 操作的指令序列构建模板, 或者针对 AES 汇编实现中某一轮密钥编排来构建模板.

中间值模板构建

第二个策略是为某些适当的函数 $f(d_i, k_j)$ 构建模板. 所以, 能量迹中用来构建模板的特征点即为所有涉及 $f(d_i, k_j)$ 指令的相关点.

例如, 假定构建 AES 汇编实现中 MOV 指令的模板, 该 MOV 指令把 S 盒的输出从累加器转移到状态寄存器. 这意味着可以构建这样一个模板: 根据给定的 $S(d_i \oplus k_j)$, 可推断出 k_j. 无需构建 256^2 个模板, 而只需简单地构建 256 个模板 $h_{v_{i,j}}$, 其中, $v_{i,j} = S(d_i \oplus k_j)$, 即为每一种 S 盒输出构建一个模板. 注意, 可以将 256^2 个数据密钥对 (d_i, k_j) 映射到 256 个模板.

基于能量模型的模板构建

前面描述的两种策略中, 都可以把关于能量消耗特征的知识考虑进去. 例如, 如果设备泄露了数据汉明重量的信息, 则移动数值 1 与移动数值 2 会产生几乎相同的能量消耗. 因此, 与移动数值 1 相关联的模板就会和移动数值 1 的能量迹相匹配. 与移动数值 2 相关联的模板同样也会和移动数值 1 的能量迹相匹配. 这意味着不需要为同一汉明重量的数值构建不同的模板. 假设希望构建 S 盒输出的模板, 则可以简单地创建 9 个模板, 每一个模板对应于 S 盒输出的一个汉明重量. 这意味着可以由 $v_{i,j} = S(d_i \oplus k_j)$ 构建 $h_{\mathrm{HW}(v_{i,j})}$. 注意, 可以将 256^2 个数据密钥对 (d_i, k_j) 映射到 9 个模板.

构建 AES 软件实现的模板时, 一般采用最后一种方法. 注意, 如果设备仅泄露汉明重量, 那么通常不能利用基于能量模型的模板从一条能量迹中推断出密钥.

5.3.3 模板匹配

在实际的模板攻击中, 模板匹配阶段会有很多困难. 这些困难与协方差矩阵有关. 首先, 协方差矩阵的大小取决于特征点的数量. 显然, 特征点的数量必须慎重选取; 其次, 协方差矩阵可能是 "病态" 的. 这意味着协方差矩阵求逆时会遇到数值问题, 而求逆运算是计算式 (5.1) 所必需的. 此外, 指数运算中的指数往往很小, 这常常导致更多的数值问题.

从原理上讲, 模板匹配就是对给定的能量迹使用式 (5.1) 评估其符合特定模板的概率的大小. 由式 (5.2) 可知产生最高概率的模板将揭示出正确的密钥.

> 产生最高概率的模板能够揭示出正确的密钥:
>
> $$p(t; h_{d_i, k_j}) > p(t; h_{d_i, k_l}), \quad \forall l \neq j \tag{5.3}$$

为了避免指数运算, 通常对式 (5.1) 取对数. 这样, 使得概率对数的绝对值最小的模板可以揭示出正确的密钥:

$$\ln p\left(t; (m, C)\right) = -\frac{1}{2}\left(\ln\left((2 \cdot \pi)^{N_{\mathrm{IP}}} \cdot \det(C)\right) + (t - m)' \cdot C^{-1} \cdot (t - m)\right) \tag{5.4}$$

$$\left|\ln p\left(t; h_{d_i, k_j}\right)\right| < \left|\ln p\left(t; h_{d_i, k_l}\right)\right|, \quad \forall l \neq j \tag{5.5}$$

为了避免协方差矩阵求逆时遇到数值问题, 用单位矩阵取代协方差矩阵. 本质上, 这意味着无需考虑各点之间的协方差. 只由均值向量构成的模板称为简化模板 (reduced template).

> 简化模板只由均值向量构成.

用单位矩阵取代协方差矩阵简化了多元正态分布;

$$p(t; m) = \frac{1}{\sqrt{(2 \cdot \pi)^{N_{\mathrm{IP}}}}} \cdot \exp\left(-\frac{1}{2} \cdot (t - m)' \cdot (t - m)\right) \tag{5.6}$$

为了避免指数运算时遇到问题, 同样对式 (5.6) 取对数. 概率对数的简化计算如下:

$$\ln p(t; m) = -\frac{1}{2}\left(\ln(2 \cdot \pi)^{N_{\mathrm{IP}}} + (t - m)' \cdot (t - m)\right) \tag{5.7}$$

如前文所述, 使概率的对数绝对值最小的模板将揭示出正确的密钥, 参见式 (5.5). 该方法使用了简化模板, 文献中也称之为最小二乘法 (LSQ). 因为式 (5.7)

中唯一的相关项是 t 和 m 差的平方, 所以对于简化模板来说, 判定准则简化为式 (5.8).

> 能使差的平方最小的简化模板能够揭示出正确的密钥:
> $$\left(t - m_{d_i, k_j}\right)' \cdot \left(t - m_{d_i, k_j}\right) < \left(t - m_{d_i, k_l}\right)' \cdot \left(t - m_{d_i, k_l}\right), \quad \forall l \neq j \quad (5.8)$$

5.3.4 对 MOV 指令的模板攻击示例

由 5.2 节中的示例可以看出, 微控制器执行不同指令时会产生不同的能量消耗模式. 也就是说, 能量迹的形状依赖于正在执行的指令. 前面的章节已经介绍了能够揭示出能量迹中数据依赖关系的模板. 本示例研究如何将模板攻击的思想应用于对微控制器的攻击中.

在图 5.6 中, 9 条能量迹叠加在一起. 每一条能量迹都描述了微控制器执行一个 MOV 指令过程中的能量消耗. 每一个 MOV 指令都从一个寄存器将一个具有特定汉明重量的字节移到累加器中. 图 5.6 中的 9 条能量迹中位于 0.2~0.4μs 以及位于 0.7~0.9μs 的部分差异显著. 图 5.7 对位于 0.2~0.4μs 的能量迹进行了局部放大, 描述了与汉明重量对应的各条能量迹. 第一, 各条能量迹之间可以清晰地区分开来; 第二, 相邻能量迹的间距相等; 第三, 处理汉明重量为 0 的字节时产生了最高能量消耗, 而处理汉明重量为 8 的字节时则会产生最低能量消耗. 出现这种现象的原因是微控制器采用了预充电总线.

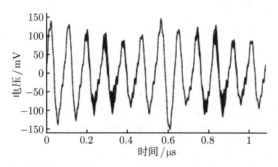

图 5.6 作用于不同汉明重量的 MOV 指令能量迹

图 5.7 印证了 MOV 指令能量迹上点的高度与被处理字节的汉明重量成反比. 因此, 可以构建模板, 以便基于汉明重量对 MOV 指令进行分类. 这样, 就可以在一次攻击中利用模板推断出被处理数据的汉明重量. 因为一个字节的汉明重量有 9 种取值, 故可构建 9 个模板. 每一个模板均由一个均值向量和一个协方差矩阵构成. 协方差矩阵的大小与点数的平方成正比. 正如前面所指出的, 必须识别出特征点以便减小模板的规模. 这一任务很简单, 因为可以直接在图 5.6 中识别出各特征

点. 能量迹中有显著区别的所有点都可以视为特征点, 从中选取 5 个点来构建模板. 操作数汉明重量为 0 的 MOV 指令模板 $h_0 = (\boldsymbol{m}_0, \boldsymbol{C}_0)$ 如下所示:

$$\boldsymbol{C}_0 = \begin{pmatrix} 1.77 & 1.03 & 0.29 & 0.22 & 0.34 \\ 1.03 & 2.71 & 0.50 & 0.54 & 0.75 \\ 0.29 & 0.50 & 1.88 & 0.17 & 0.22 \\ 0.22 & 0.54 & 0.17 & 1.32 & 0.21 \\ 0.34 & 0.75 & 0.22 & 0.21 & 1.56 \end{pmatrix} \tag{5.9}$$

$$\boldsymbol{m}_0 = \begin{pmatrix} -81.52 & -78.65 & 70.93 & 74.01 & 49.21 \end{pmatrix}' \tag{5.10}$$

图 5.7 作用于不同汉明重量的 MOV 指令能量迹的放大图

现在验证该模板与所记录能量迹的匹配程度. 下面的矩阵由 9 条能量迹的特征点构成, 这些能量迹均是执行 MOV 指令时获得的.

$$\boldsymbol{T} = \begin{pmatrix} -81.20 & -77.70 & 71.20 & 74.30 & 49.70 \\ -78.80 & -74.10 & 68.60 & 66.60 & 45.10 \\ -76.30 & -71.20 & 67.10 & 63.40 & 44.30 \\ -74.20 & -68.50 & 65.60 & 59.30 & 42.80 \\ -72.40 & -64.20 & 63.50 & 56.00 & 41.30 \\ -71.90 & -62.70 & 59.00 & 50.10 & 37.70 \\ -70.80 & -60.00 & 57.70 & 44.90 & 36.00 \\ -65.50 & -53.50 & 58.20 & 44.60 & 37.80 \\ -60.60 & -45.90 & 56.70 & 40.20 & 37.00 \end{pmatrix} \tag{5.11}$$

第一条能量迹 $\boldsymbol{t}'_1$, 即 $\boldsymbol{T}$ 的第一行, 对应于操作数汉明重量为 0 的 MOV 指令的执行, 第二条能量迹 $\boldsymbol{t}'_2$ 对应于操作数汉明重量为 1 的 MOV 指令的执行, 以此类推. 现在, 对 9 条能量迹中的每一条, 通过计算式 (5.4) 与模板进行匹配. 结果如下：

$$\ln p(\boldsymbol{t}_1'; h_0) = -5.98$$
$$\ln p(\boldsymbol{t}_2'; h_0) = -49.54$$
$$\ln p(\boldsymbol{t}_3'; h_0) = -99.36$$
$$\ln p(\boldsymbol{t}_4'; h_0) = -182.09$$
$$\ln p(\boldsymbol{t}_5'; h_0) = -295.03$$
$$\ln p(\boldsymbol{t}_6'; h_0) = -486.59$$
$$\ln p(\boldsymbol{t}_7'; h_0) = -681.45$$
$$\ln p(\boldsymbol{t}_8'; h_0) = -796.20$$
$$\ln p(\boldsymbol{t}_9'; h_0) = -1131.03$$

模板 h_0 最符合能量迹 $\boldsymbol{t}_1'$, 因为它使得计算结果的绝对值最小. 能量迹 $\boldsymbol{t}_1'$ 确实是操作数汉明重量为 0 的 MOV 指令执行时的能量迹.

5.3.5   对 AES 密钥编排的模板攻击示例

现在讨论如何通过确定 AES 中间值的汉明重量来揭示出 AES 密钥. 假设攻击者具有如下能力: 第一, 攻击者可以选择明文并可以得到被攻击设备对该明文加密后的密文; 第二, 攻击者能够在能量迹中识别出与 AES 密钥扩展相对应的部分, 并能够对能量消耗进行刻画; 第三, 攻击者能够从能量迹中的相关部分提取出轮密钥字节的汉明重量.

第一个假设通常很容易满足, 第二、三个假设符合之前作出的关于 SPA 的假设. 特别地, 可以采用模板的方法来满足第二个假设. 攻击者能够刻画被攻击设备的特征, 即能够构建用于推断出密钥汉明重量的模板.

当然, 仅通过轮密钥汉明重量还不能直接得到密钥. 汉明重量为 ω 的 8 比特数有 $\binom{8}{\omega}$ 个. 这意味着满足条件的密钥数量大大减少. 但是, 对于一个实际的攻击而言, 这个数量仍然过大.

针对 AES 算法, 文献 [Man03a] 给出了一种能够有效利用各轮子密钥汉明重量的方法. 该方法的主要思想如下: 攻击者利用 AES 密钥编排中各子密钥字节间的依赖关系来缩小子密钥搜索空间. 然后, 就可以使用已知明密文对确定出密钥.

图 B.8 描述了 AES 的密钥扩展方法. 通过这种方法生成 11 个子密钥. 第一个子密钥即密钥本身, 用于第一个 AddRoundKey 操作. 第二个子密钥则以一种相当直接的方式依赖于第一个子密钥. 例如, $W[4]$ 的第一个字节 $W[4]_1$ 依赖于 $W[0]$ 的第一个字节 $W[0]_1$ 和 $W[3]$ 的第二个字节 $W[3]_2$. 不过, 在使用 $W[3]$ 之前, 首先利用 AES 的 S 盒对它进行替换. 因此, 通过穷举 $W[0]_1$ 和 $W[3]_2$ 的所有值, 并对其汉明重量以及相关中间结果的汉明重量与所观测到的汉明重量进行比较, 即可排除很

多 $W[0]_1$ 和 $W[3]_2$ 的可能取值.

使用这种方法就可以生成表 5.1. 表 5.1 中的第一列给出了 4 个中间值, 可以从能量迹中获得这些值的汉明重量; 第二列给出了观测到的对应汉明重量; 其余 4 列中的每一列则给出了 $W[0]_1$ 和 $W[3]_2$ 的一个组合, 以及与产生观测到的汉明重量相对应的中间结果. 在 256^2 种可能的组合中, 只有这 4 种组合可以产生观测到的汉明重量. 因此, 对两个密钥字节 $W[0]_1$ 和 $W[3]_2$ 的穷举搜索空间即从 65536 降为 4.

表 5.1 观察中间值的汉明重量可以大幅缩小穷举搜索空间, 可以满足观测所得汉明重量的 $(W[0]_1, W[3]_1)$ 对是 $\{(0,5), (0,10), (0,24), (0,192)\}$

中间值	HW	密钥组合			
$W[0]_1$	0	0	0	0	0
$W[3]_2$	2	5	10	24	192
SubBytes$(W[3]_2)$	5	107	103	173	186
$W[4]_1$	5	107	103	173	186

当然, 可以使用同样的方法来处理 $W[0]$, $W[3]$ 和 $W[4]$ 的其他字节, 也可以把这个方法扩展到其他各轮密钥. 例如, $W[8]$ 的第一个字节依赖于 $W[4]$ 的第一个字节和 $W[7]$ 的第二个字节, 而 $W[7]$ 则依赖于它前面的 4 个字节, 即 $W[8]_1 = S(W[7]_2) \oplus W[4]_1 = S(W[4]_2 \oplus W[1]_2 \oplus W[2]_2 \oplus W[3]_2) \oplus W[4]_1$. 所以, 可以同时穷举 $W[1]$, $W[2]$, $W[3]$ 和 $W[4]$ 的第二个字节以及 $W[4]$ 的第一个字节, 并按照 AES 的密钥编排计算出所有的中间结果. 然后, 比较中间结果的汉明重量和观测到的汉明重量. 这样即可以排除掉很多可能的轮密钥. 至于这种方法到底可以在多大程度上缩小密钥的搜索空间, 目前尚无能够给出准确描述的理论结果. 但是, 文献 [Man03a] 已经给出了若干实验结果. 例如, 如果这种攻击中利用了大约 81 个汉明重量, 则需要进行穷举搜索的密钥平均数量为 11 个.

5.4 碰撞攻击

假设攻击者使用两个不同的输入 d_i 和 d_i^* 与某个未知的密钥 k_j 进行两次加密操作, 并能观测到这两次加密操作的能量消耗. 碰撞攻击利用了如下事实: 两次加密操作中的特定中间值 $v_{i,j}$ 可能相等, 即 $v_{i,j} = f(d_i, k_j) = f(d_i^*, k_j)$. 如果一次加密操作中的一个中间值与另一次加密操作中对应的中间值相等, 则称发生了中间值碰撞. 一个重要的观察结果是, 对于两个输入 d_i 和 d_i^*, 并不是所有的密钥值都可以导致碰撞, 只有某些特定的密钥子集才会导致碰撞. 因此, 每发生一次碰撞都会减小密钥搜索空间. 如果可以观测到一些特定的碰撞, 甚至可以唯一确定出密钥.

正如在 5.2 节中阐述的那样, 每一个算法都需要执行若干步骤. 所以, 在被攻击的设备中, 可能多次处理发生碰撞的中间值. 首先, 计算该碰撞时需要对其进行处理. 然后, 往往将该值储存在某个存储单元中, 之后也会再次从存储单元中取出该值. 依赖于密码算法的结构, 仍然有可能对这些中间值进行不同的变换处理, 这些变换处理则同样也会导致产生其他的中间值碰撞. 总之, 在被攻击设备执行密码算法的过程中, 一个中间值碰撞会诱发一系列中间值发生碰撞. 实际上, 这有助于碰撞的检测.

实践中, 为了对碰撞进行检测, 需要在能量迹中识别出与处理发生碰撞的中间值相对应的部分. 然后, 给定两条能量迹, 需要判断它们中对应的两部分是否相等. 完成这一决策的方式有多种.

事先构建模板　假设在进行攻击之前, 攻击者可以刻画设备的特征. 这意味着需要对能量迹中发生中间值碰撞的部分构建模板. 假设数据处理的单位是字节, 则需要构建 256 个模板. 接下来, 在后续的攻击中就可以使用模板对两条迹进行匹配. 如果同一个模板可以同时与两条能量迹发生最优匹配, 则发生了一个碰撞.

实时构建模板　假设攻击者只有两条能量迹, 并且知道发生碰撞的中间值在能量迹中的哪一部分被处理. 然后, 就可以从两条能量迹中提取相关部分 (或一些点), 将其视为简化模板, 并进行匹配. 因为只用了简化模板, 故需要使用最小二乘法进行检验, 参见式 (5.8).

其他方法包括计算能量迹中点的相关系数、使用模式匹配技术等. 例如, 文献 [SLFP04] 中采用了无须特征刻画的基于模板的技术对 AES 进行了碰撞攻击.

5.4.1　对软件实现的碰撞攻击示例

假设攻击者具有如下能力: 第一, 攻击者可以选择加密的明文; 第二, 攻击者能够从能量迹中识别出与 AES 轮函数相对应的部分; 第三, 攻击者能够从能量迹中的相关部分推断出子密钥字节的汉明重量.

在 AES 的轮函数中, 碰撞可能发生在第一次 MixColumns 操作之后, 有关原理可参见文献 [SLFP04]. 所以, 对于明文 d 和 d^*, 考察执行 MixColumns 操作之后状态的第一个字节:

$$b_0 = 02 \cdot S(d_0 \oplus k_0) \oplus 03 \cdot S(d_1 \oplus k_1) \oplus S(d_2 \oplus k_2) \oplus S(d_3 \oplus k_3)$$
$$b_0^* = 02 \cdot S(d_0^* \oplus k_0) \oplus 03 \cdot S(d_1^* \oplus k_1) \oplus S(d_2^* \oplus k_2) \oplus S(d_3^* \oplus k_3)$$

假定可以选择满足如下条件的两个明文 d 和 d^*: $d_0 = d_0^* = 0, d_1 = d_1^* = 0, d_2 = d_3 = a$ 和 $d_2^* = d_3^* = b$. 所以, 如果 b_0 和 b_0^* 碰撞, 则式 (5.12) 成立.

$$b_0 \oplus b_0^* = S(a \oplus k_2) \oplus S(a \oplus k_3) \oplus S(b \oplus k_2) \oplus S(b \oplus k_3) = 0 \qquad (5.12)$$

知道 a 和 b, 就可以穷举 k_2 和 k_3 所有可能的取值, 并确定出满足式 (5.12) 的值. 在 2^{16} 个可能的值中, 只有一个子集能够满足式 (5.12), 所以可以缩小密钥穷举搜索空间. 对于执行 MixColumns 操作之后状态的其他字节, 也可以采用同样的方法. 通过自适应地选择明文, 攻击者可以唯一地确定密钥字节, 有关细节可参见文献 [SLFP04].

5.5 注记与补充阅读

SPA 技术基础 Kocher 等在文献 [KJJ99] 中首次讨论了对密码算法实现的能量分析攻击. 他们也首次指出, 能量迹与设备所执行指令之间的依赖关系会导致严重的安全问题. DES 就是一个潜在的容易遭受攻击的密码系统实例. 在典型的 DES 实现中, 密钥编排和置换中存在着依赖于密钥的条件分支. Kocher 等指出, 密码实现中的条件分支通常是一个危险的操作. 另外, 他们还强调, 如果乘法和平方操作有不同的能量消耗模式, 那么使用 "平方–乘算法" 的指数运算会泄露整个密钥. 此外, 还有一项被频繁使用的技术, 称为能量迹配对分析 (trace-pair analysis). 在这项技术中, 攻击者比较两条迹并寻找其差异. 一旦找到了这种差异, 攻击者需要确定这些差异是否具有系统特征, 即具有特定差异的消息是否会在能量迹中导致特定的差异. 如果找到了这种关系, 就可以推断出内部状态的信息, 进而推断出密钥. 不幸的是, Cryptography Research Inc. 提供的技术性文献并不多. 除文献 [Jaf06a] 之外, 尚无关于这项技术的进一步参考资料.

Messerges 等 [MDS99a] 讨论了 SPA 的应用, 攻击目标是在一个 8 位微控制器上的 DES 实现. 他们假设攻击者能够在 DES 密钥编排过程中观测到一些操作数的汉明重量. 他们指出, 知道 DES 密钥所有 8 字节的汉明重量可使密钥穷举搜索空间从 2^{56} 大致减小为 2^{38}. 同时, 他们也指出, 获得更多关于中间值 (这些中间值依赖于密钥) 的信息可以进一步缩小搜索空间. Messerges 等还进一步强调, 他们的攻击方式经过稍许修改也可以使用汉明距离模型.

Mayer-Sommer[MS00] 讨论了在一个会泄漏操作数汉明重量的特定微控制器中, MOV 指令的信息泄露. 她得出如下结论：如果微控制器工作于低频率、高电压的环境下, 那么可以通过 SPA 攻击获得操作数的汉明重量. 此外, 她还观测到信息泄露主要由数据在总线上传输时产生. Bertoni 等 [BZB+05] 概要地介绍了一种对 AES 的攻击, 该攻击基于对能量迹中 cache 失效的识别.

Mangard[Man03a] 讨论了对 AES 密钥编排实施 SPA 攻击, 可参见 5.3.5 小节.

轮廓构造 在前面讨论过的一些示例中, 均假设攻击者能够从能量迹中识别出特定的部分. 也就是说, 假设密码算法实现的特定部分都可以映射为能量迹中的相应部分. 这称为 "轮廓构造". 我们已经证实, 对微控制器上的 AES 实现而言, 假定攻击者知道实现的所有细节, 通过对能量迹进行直观分析就可以完成轮廓构造. 然而, 有人认为攻击者可能不了解如此详细的信息. 而正常的情况是攻击者可能拥有一个或者几个与攻击目标相同的设备, 用以完成轮廓构造.

Biham 和 Shamir[BS99] 首次给出了一种轮廓构造方法, 该方法能够确定出能量迹中与密钥编排相对应的部分. 他们的轮廓构造方法需要对多个密码设备使用不同输入数据进行加密, 并对加密过程进行能量消耗测量, 这些设备分别拥有一个独属的唯一密钥. 首先, 他们只对一个设备的测量数据进行评估. 通过研究能量迹的变化, 可以确定出能量迹中的数据依赖部分. 能量迹中发生明显变化的部分依赖于数据, 因为数据在各次执行中发生变化; 能量迹中变化小的部分则依赖于密钥, 因为对同一设备中的所有加密而言, 密钥保持不变; 接着, 他们对获取自多个密钥设备的能量迹中与数据不相关的部分进行比较. 能量迹中不依赖于数据的细微变化均与密钥相关, 因为不同设备拥有的密钥各异.

Fahn 和 Pearson[FP99] 也讨论了类似的情形: 攻击者首先进行轮廓构造, 然后在后续的攻击中利用所构造出的轮廓推断出密钥. 他们将这种方法称为推理能量分析 (inferential power analysis). 与 Biham 和 Shamir 的方法不同, 这种方法在轮廓构造时无需多个设备. 他们扩展了轮廓构造, 事实上, 他们对设备的特征进行了刻画. Fahn 和 Pearson 并没有比较不同的密钥编排的能量消耗, 而是对同一次密钥编排中不同轮的能量消耗进行了比较. 通过这种比较, 他们确定出对密钥比特进行处理的位置. 确定出对密钥比特进行处理的精确位置之后, 他们还研究了能量迹与密钥比特逻辑值的对应关系. 换言之, 他们首先对设备进行轮廓构造, 而后构造出了密钥比特模板.

模板和碰撞攻击 Chari 等 [CRR03] 首次观测到使用多元统计可以进行更强大的攻击. 他们将之命名为 "模板攻击", 并展示了如何将之应用于一种 RC4 实现. 他们还讨论了这种技术与标准的信号处理技术之间的联系. 特别地, 他们指出, 就最小化错误判定的概率而言, 可将模板方法视为一种最优化方法.

Rechberger 和 Oswald[RO04] 对模板攻击的实际问题进行了讨论. 他们指出, 一种简单而有效的寻找特征点的方法是对设备实施 DPA 攻击. 他们同时还提出了特征点数量对攻击成功率影响的一些见解.

Agrawal 等 [ARRS05] 阐述了模板攻击同样也可以挫败掩码方案, 我们将在 10 章中讨论这种方法.

碰撞攻击的思想最初由 Wiemers 提出 [Wie01], 但 Schramm 等 [SWP03] 首次在公开的文献中对碰撞攻击进行了讨论. 他们指出, 若攻击者具有识别出能量迹中产生碰撞的能力, 则使用很少的能量迹就可以破解 DES 实现. 在他们给出的攻击中, 需要首先构造轮廓, 以确定中间值可能发生碰撞的部分. 在此后的攻击中, 需要从单条能量迹中识别出碰撞. Schramm 等 [SLFP04] 指出, 这种方法也适用于 AES.

在文献 [SLFP04] 中, 他们使用简化模板来识别碰撞. 通过采用所谓的 "近乎碰撞", Ledig 等 [LMV04] 扩展了 Schramm 等的工作, 并给出了一种对 Feistel 结构的密码算法实施碰撞攻击的一般性框架.

对非对称密码系统的 SPA Kocher 等 [KJJ99] 指出, 如果可以在能量迹中区分平方和乘法操作, 那么采用 "平方–乘算法" 实现的模指数运算就很容易遭受 SPA 攻击. 模指数运算用于多种公钥密码和签名方案. 例如, RSA 解密和 RSA 签名的生成均需使用私钥进行模指数运算. 所以, 任何 RSA 的简易实现都容易遭受 SPA 攻击.

尽管应用中国剩余定理 (CRT) 可以快速地实现 RSA 解密, 但这种实现也可能会遭受 SPA 攻击. 能量迹配对分析可以很自然地应用于对众多这种实现的攻击. 这种实现往往首先需要检查输入的消息是否比模数 p(或 q) 大. 如果输入的消息大于模数, 就进行约减. 这种条件约减操作可以在能量迹中观测到, 并且依赖于消息. 因此, 使用能量迹配对分析方法, 通过选择长度不同的消息, 并观测它们是否会导致约减操作, 就可以找到系统性的依赖关系. 通过这种方式, 攻击者可以连续选择越来越接近于未知模数的消息. 事实上, 在每一步分析中, 攻击者都可以确定出模数的更多比特, 并最终导致恢复出整个模数.

Novak[Nov02] 给出了如何利用 Garner 算法 (CRT 的一个流行版本) 中的条件加法操作的方法, 以便确定必然包含素数 p 的某个小区间. 一旦 p 确定, 就很容易确定另一个素因子 q, 也就可以计算出私钥. Novak 给出的攻击是一种选择明文攻击. Fouque 等 [FMP03] 讨论了 Novak 方法的一个扩展方案, 该方案只需消息已知. 不过, 他们假定 RSA 的素数 p 和 q 稍微有些不平衡, 即它们的比特长度不等. 与 Novak 的方法类似, 他们也采用 SPA 确定出导致 Garner 算法中执行条件加法的那些输入. 不过, 他们使用信息的方式不同. 他们首先尽可能地选取一些具有这些性质的消息, 然后利用格基约化技术 (lattice reduction) 来确定 RSA 素数.

Coron[Cor99] 认识到, 椭圆曲线密码体制 (ECC) 同样包含易遭受 SPA 攻击的操作. 例如, 椭圆曲线数字签名算法 (ECDSA) 需要执行椭圆曲线上点的标量乘法. 标量乘法通常由一系列倍点–点加算法实现. 在简易实现中, 倍点操作序列和点加操作序列分别对应于某个临时密钥的中的 0 和 1. Örs 等 [OOP03] 使用这种实现验证了对 FPGA 实施能量分析攻击的可行性. 获得了关于临时密钥的知识, 就可以很容易地推导出私钥.

对于所有针对公钥密码系统的攻击而言, 有一个事实尤为重要: 对大多数公钥密码系统而言, 仅仅知道临时密钥和私钥的一小部分信息, 通过少量的计算代价往往就可以确定出整个密钥. 所以, 即便 SPA 仅能恢复出少量的密钥比特, 这种攻击方式也是一种严重的威胁. 其他的密钥比特可以通过其他的密码分析手段获得. May 的博士论文 [May03] 给出了一个很好的关于这类 RSA 破译技术的概述. 还有一些文献介绍了破译 (EC)DSA 的有关技术, 可参见文献 [NS02, NS03, HGS01, RS01].

模板构建原理　模板攻击中一个很重要的实际问题就是模板构建. 回想一下, 模板攻击的一般描述均假设攻击者可以完全控制一个与被攻击设备十分类似的设备. 利用这样一个类似设备, 可以很容易地构建模板. 不过, 同样也需要考虑构建模板的其他场景.

一种可能是攻击者使用另外一种 (非模板) 能量分析攻击破译了某个设备. 那么, 利用已获得的密钥, 攻击者就可以对设备进行刻画, 并可以利用这些信息去攻击同类型的其他设备.

另外一种可能是攻击者拥有类似的设备, 但是却没有运行于目标设备上算法的程序代码. 在这种情况下, 攻击者可以构建可能在目标设备实现中执行的不同指令的模板, 如 MOV 指令和 XOR 指令等. 然后, 只需把模板映射到目标设备能量迹的适当位置即可. 对于一个能够产生良好能量迹的软件实现 (示例见 5.2 节) 来说, 这种映射工作并非十分困难.

还有一种可能是攻击者基于已知明文 (或密文) 刻画被攻击设备. 通常, 在第一轮加密开始时, 需要将明文移到累加器中. 所以, 可以基于明文对设备的 MOV 指令的特征进行刻画. 分组密码中的很多操作通常使用 MOV 指令, 因此, 可以利用基于已知明文构建的模板来攻击密码的其他部分.

第6章　差分能量分析

差分能量分析 (DPA) 攻击是最流行的能量分析攻击, 这源自如下事实: DPA 攻击者无须了解关于被攻击设备的详细知识. 此外, 即使所记录的能量迹中饱含噪声, 这类攻击仍然可以恢复出设备中的密钥.

与 SPA 攻击相比, 实施 DPA 攻击需要大量的能量迹. 因此, 为了实施 DPA 攻击, 攻击者通常需要在一段时间内拥有一台实际的密码设备. 例如, 考虑一位电子钱包的拥有者. 通过从钱包中转入和转出少量的金额, 拥有者可以记录下大量的能量迹. 此后, 这些能量迹可以用于恢复出该电子钱包所使用的密钥.

本章将对 DPA 攻击进行全面的介绍. 讨论和比较不同类型的 DPA 攻击, 并使用若干攻击示例佐证相关结论. 为此, 使用了附录 B 中所描述的 AES 的软件实现和硬件实现. 此外, 还将详细阐述 DPA 攻击仿真技术以及成功实施 DPA 攻击所需能量迹数量的计算方法.

6.1　概　　述

DPA 攻击的目标是记录密码设备对大量不同数据分组进行加密或解密操作时的能量迹, 并基于能量迹恢复出密码设备中的密钥. 较之 SPA 攻击, DPA 攻击的主要优点在于无须知道关于密码设备的任何详细知识. 事实上, 对于实施 DPA 攻击而言, 获知设备中所执行的为何种密码算法通常就足够了.

SPA 攻击与 DPA 攻击的另外一个重要区别是, 它们使用不同的方法对所记录的能量迹进行分析. SPA 攻击主要沿时间轴来分析设备的能量消耗. 攻击者试图在单条能量迹中找到某种模式或与模板进行匹配. 在 DPA 攻击中, 沿时间轴的能量迹的形状并非如此重要. DPA 攻击分析固定时刻的能量消耗与被处理数据之间的依赖关系. 因此, DPA 攻击仅仅关注能量迹的数据依赖性.

> DPA 攻击利用密码设备能量消耗的数据依赖性. 这种攻击使用大量的能量迹来分析固定时刻设备的能量消耗, 并将能量消耗视作被处理数据的函数.

现在对 DPA 进行详细的讨论. 与 SPA 攻击不同, DPA 攻击存在一种一般性的攻击策略. 该策略包括 5 个步骤.

第 1 步: 选择所执行算法的某个中间值. DPA 攻击的第 1 步是选择被攻击设

备所执行密码算法的一个中间值. 这个中间值必须是一个函数 $f(d, k)$, 其中, d 是已知的非常量数据, 而 k 应是密钥的一小部分. 满足这个条件的中间值可用于恢复 k. 在大部分攻击场景中, d 不是明文就是密文.

第 2 步：测量能量消耗. DPA 攻击的第 2 步是测量密码设备在加密或解密 D 个不同数据分组时的能量消耗. 密码设备每次执行这样的加密或解密操作时, 攻击者都需要知道相应的数值 d, 该数值用于第 1 步中对中间值的计算过程. 将这些已知的数值记作向量 $\boldsymbol{d} = (d_1, \cdots, d_D)'$, 其中, d_i 表示第 i 次加密或解密操作对应的数据值.

在每一次设备运行期间, 攻击者都会记录一条能量迹. 将对应于数据分组 d_i 的能量迹记作 $\boldsymbol{t}'_i = (t_{i,1}, \cdots, t_{i,T})$ 其中, T 表示该能量迹的长度. 对于 D 个数据分组中的每一个, 攻击者分别测量一条能量迹, 因此, 这些能量迹可记为一个大小为 $D \times T$ 的矩阵 $\boldsymbol{T}$. 对于 DPA 攻击而言, 正确地对齐测量获得的能量迹尤为重要. 这意味着, 矩阵 $\boldsymbol{T}$ 中每一列 $\boldsymbol{t}_j$ 的能量消耗值必须是由相同操作引起的. 为了获得对齐的能量迹, 示波器的触发信号必须使得在每一次设备加解密运行中, 示波器能够记录完全一致的操作序列的能量消耗. 如果这样的触发信号不可用, 则需要使用 8.2.2 小节中所描述的技术来对能量迹进行对齐.

第 3 步：计算假设中间值. 攻击的下一步是对于每一个可能的 k 值, 计算对应的假设中间值 (hypothetical intermediate value). 将这些可能的值记为向量 $\boldsymbol{k} = (k_1, \cdots, k_K)$, 其中, K 表示 k 所有可能值的数量. 在 DPA 攻击中, 该向量的各元素通常称为密钥假设 (key hypotheses). 给定数据向量 $\boldsymbol{d}$ 和密钥假设 $\boldsymbol{k}$, 对于所有 D 次加密运行和所有 K 个密钥假设, 攻击者可以很容易地计算出假设中间值 $f(d, k)$. 计算式 (6.1) 可以得到一个大小为 $D \times K$ 矩阵 $\boldsymbol{V}$. 图 6.1 的第一部分说明了该计算步骤.

$$v_{i,j=f(d_i, k_j)}, \quad i = 1, \cdots, D, j = 1, \cdots, K \tag{6.1}$$

$\boldsymbol{V}$ 的第 j 列包含了基于密钥假设 k_j 所计算出的中间值. 显然, $\boldsymbol{V}$ 的每一列包含了设备 D 次加密或解密运行期间所计算出的中间值. 记住, $\boldsymbol{k}$ 中包括 k 的所有可能的值. 因此, 设备实际使用的值只是 $\boldsymbol{k}$ 中的一个元素, 将该元素的索引记为 ck, 即 k_{ck} 是该设备的密钥. DPA 攻击的目标是找出设备在 D 次加密或解密运行期间处理的是 $\boldsymbol{V}$ 的哪一列, 从而确定 k_{ck}.

第 4 步：将中间值映射为能量消耗值. DPA 攻击的下一步是将假设中间值 $\boldsymbol{V}$ 映射为假设能量消耗值 (hypothetical power consumption value) 矩阵 $\boldsymbol{H}$, 如图 6.1 所示. 为此, 攻击者需要使用已在 3.3 节中讨论过的仿真技术. 通过使用一种具体的仿真技术, 对每一个假设中间值 $v_{i,j}$ 所导致的设备能量消耗进行仿真, 从而获得假设能量消耗值 $h_{i,j}$.

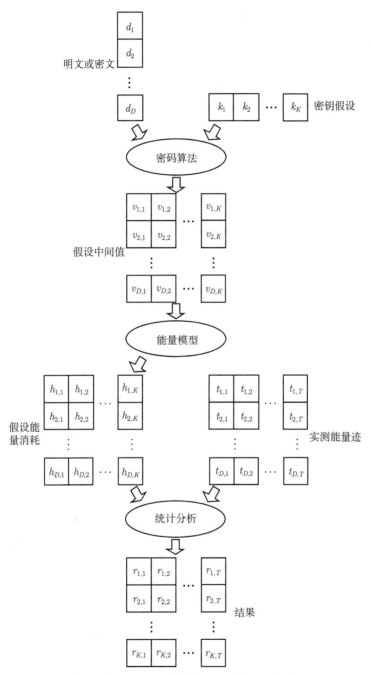

图 6.1　阐释 DPA 攻击第 3~5 步的原理图

仿真质量的优劣主要依赖于攻击者对被攻击设备的了解程度. 攻击者的仿真与

设备的实际能量消耗特征匹配度越高, DPA 攻击就越有效. 用于将 V 映射为 H 的最常见的能量模型是汉明距离模型和汉明重量模型. 但是, 正如 3.3 节所指出的, 还有许多其他的方法可以用于实现该映射.

第 5 步: 比较假设能量消耗值和能量迹. 将 V 映射为 H 后, 即可执行 DPA 攻击的最后一步. 这一步对矩阵 H 的每一列 h_i 和矩阵 T 的每一列 t_j 进行比较, 即攻击者将每一个密钥假设对应的假设能量消耗值与在每一个位置所记录的能量迹进行比较. 比较的结果是一个大小为 $K \times T$ 的矩阵 R, 它的每一个元素 $r_{i,j}$ 包含了列 h_i 和 t_j 的比较结果. 该比较过程基于将在本章中稍后讨论的一些算法. 所有的算法都具有如下特性: $r_{i,j}$ 值越大, 列 h_i 与 t_j 的匹配度就越高. 因此, 基于如下观察, 就可以恢复出被攻击设备中的密钥:

当设备使用不同的数据输入执行密码算法时, 所采集到的能量迹对应于设备的能量消耗. 第 1 步中所选择的中间值是该算法的一部分, 因此, 在算法的不同执行期间, 设备需计算出不同的中间值 v_{ck}, 从而在能量迹的某个位置上, 所记录的能量迹依赖于这些中间值. 把能量迹的这个位置记作 ct, 即列 t_{ct} 包含了所有依赖于中间值 v_{ck} 的能量消耗值.

基于 v_{ck}, 攻击者仿真出了假设能量消耗值 h_{ck}, 因此, 列 h_{ck} 和 t_{ct} 紧密相关. 事实上, 这两列导致了 R 中最大值的出现, 即矩阵 R 中的最大值是值 $r_{ck,ct}$. R 中所有其他的值都比较小, 这是因为 H 和 T 的其他列相关性不强. 因此, 通过简单地查找矩阵 R 中的最大值, 攻击者就可以确定出正确密钥索引 ck 以及时刻 ct. 该最大值的索引就是 DPA 攻击的结果.

> 矩阵 R 中最大值的索引揭示了对所选择中间值进行处理的位置 (即能量迹的对应位置) 以及设备所使用的密钥.

但是有必要指出, 实际中另外一种可能情况是 R 中的所有值都大致相等. 这种情况通常是由于攻击者没有测量足够多的能量迹用于估计 H 和 T 的各列之间的关系. 测量的能量迹越多, H 和 T 中列的元素就越多, 攻击者就能够越精确地确定列之间的关系. 换言之, 测量次数越多, 就可以识别出列之间越微的关系.

6.2 基于相关系数的攻击

相关系数是确定数据间线性关系的最普遍方法. 因此, 实施 DPA 攻击时, 这就是一种很好的选择. 现有的相关系数理论十分完善, 可用于对 DPA 攻击的统计特性进行建模. 此外, 该理论也使得对不同类型的攻击进行比较变得非常简单.

已经在第 4 章中讨论了相关系数的基础知识, 4.4.1 小节给出了相关系数的定义, 参见式 (4.14) 以及估算相关系数值的公式 (4.15), 估计量的采样分布已经在

4.6.5 小节中讨论过.

在 DPA 攻击中, 使用相关系数确定列 h_i 和 t_j 之间的线性关系 (其中, $i = 1, \cdots, K$, $j = 1, \cdots, T$). 这些相关系数构成了矩阵 $\boldsymbol{R}$. 基于列 h_i 的 D 个元素和 t_j 的 D 个元素估计每一个值 $r_{i,j}$. 使用前节中所使用过的记号, 可以把式 (4.15) 重写为式 (6.2). 在式 (6.2) 中, 值 $\bar{h}_i$ 和 $\bar{t}_j$ 表示列 h_i 和 t_j 的均值.

$$r_{i,j} = \frac{\sum\limits_{d=1}^{D} (h_{d,i} - \bar{h}_i) \cdot (t_{d,j} - \bar{t}_j)}{\sqrt{\sum\limits_{d=1}^{D} (h_{d,i} - \bar{h}_i)^2 \cdot \sum\limits_{d=1}^{D} (t_{d,j} - \bar{t}_j)^2}} \tag{6.2}$$

为了说明基于相关系数的 DPA 攻击的工作原理, 现在讨论几个攻击示例. 首先, 介绍对 AES 软件实现的攻击, 随后, 介绍对硬件实现的攻击.

6.2.1 对软件实现的攻击示例

第一个 DPA 攻击的对象是在附录 B.2 中所描述的 AES 软件实现. 我们已经在微控制器上运行了该实现, 并通过使用 3.4.4 小节中给出的配置, 对微控制器的能量消耗进行了测量. 在该配置中, 微控制器通过 RS-232 接口接收明文, 对其进行加密, 并返回相应的密文. 作为设备的攻击者, 可以获得明文和对应的密文. 因此, 在 DPA 攻击的第 1 步中就可以相当灵活地选择一个 AES 中间值. 可以任意地选择中间值, 只需满足该中间值是明文或密文与少量密钥比特的函数即可.

在具体的攻击中, 决定选择第一轮中第一个 AES S 盒的输出字节. 该中间值是明文第一个字节和密钥第一个字节的函数. 选择了这个中间值后, 记录了在 AES 第一轮执行期间, 微处理器加密 1000 个不同明文时的能量消耗. 通过实施 DPA 攻击的第 2 步得到了一个能量消耗值矩阵 $\boldsymbol{T}$. 接着, 在第 3 步中, 基于 1000 个已知明文计算出假设中间值. 这意味着已经计算了值 $v_{i,j} = S(d_i \oplus k_j)$, 其中, $d_1, \cdots, d_{1000}$ 表示这 1000 个明文的第一个字节, $k_j = j - 1 (j = 1, \cdots, 256)$. 因此, 矩阵 $\boldsymbol{V}$ 的大小为 1000×256.

DPA 攻击的第 4 步是将 $\boldsymbol{V}$ 映射为假设能量消耗值矩阵 $\boldsymbol{H}$. 在当前的攻击中, 决定使用一个非常简单的能量模型来进行映射. 仅考虑 $\boldsymbol{V}$ 中各个值的最低有效位 (LSB). 因此, 将 $h_{i,j} = \mathrm{LSB}(v_{i,j})$ 用作能量模型. 然后, 基于 $\boldsymbol{H}$ 执行 DPA 攻击的最后一步, 计算 $\boldsymbol{H}$ 中所有列与所记录能量消耗值矩阵 $\boldsymbol{T}$ 中所有列之间的相关系数, 其结果就是相关系数矩阵 $\boldsymbol{R}$.

实际上, 可以通过多种方法对矩阵 $\boldsymbol{R}$ 进行可视化处理, 其中一种方法是在不同的图中显示该矩阵的每一行. 这种情形下, 每一个图对应于一个密钥假设. 例如, 图 6.2 显示了当前攻击中密钥假设 223~226 的图形. 可以看出, 在密钥假设 225 对应的图形中出现了很高的尖峰. 事实上, 这些尖峰是整个矩阵 R 中最高的, 其他的值小得多. 密钥假设为 225 时出现了这些尖峰, 而且第一个尖峰出现在 $13.8\mu s$, 这些事实均给攻击者提供了大量的信息.

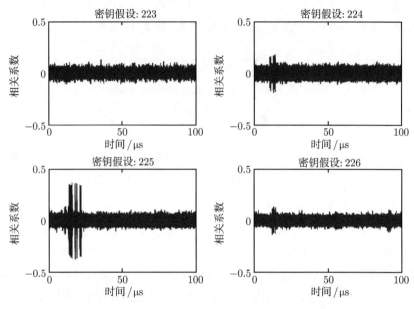

图 6.2   对应于密钥假设 223, 224, 225 和 226 的矩阵 R 的行

首先, 这些尖峰显示出微控制器所用密钥的第一个字节是 225. 其次, 在所记录能量迹中 $13.8\mu s$ 的位置, 微控制器计算第一个 AES S 盒的输出. 此外, 从图形中尖峰的数量也可以得知, 这个中间值被用于多个指令中, 对于软件实现来说, 这种情况非常典型. 被攻击中间值的计算完成之后, 通常要将它从寄存器转移到内存中; 然后, 作为算法中随后指令的操作数, 该结果会被重新载入寄存器. 微控制器每完成一次与该中间值相关的操作, R 中就会出现至少一个尖峰, 这就是密钥假设 225 对应的图中出现多个尖峰的原因.

密钥假设 225 对应的图中, 尖峰最明显. 但是, 仔细观察图 6.2 中的图形后, 也可以在其他图中观察到一些小尖峰. 这些尖峰出现的原因是, H 中的所有列不完全是独立的. 这意味着当 H 中的某一列产生较高的相关系数时, 其他列也会导致一定的相关性. 但是, 这种相关性通常小得多. 因此, 设备密钥可以被很容易地识别出来. 事实上, 除了密钥假设 225 之外, 其他所有密钥假设的图形看起来都非常相似, 这也可从图 6.3 中看出. 图 6.3 为所有密钥假设在不同时刻的相关性的叠加图. 密钥假设 225 对应的图形用黑色绘制, 而所有其他密钥假设对应的图形则用灰色绘制. 灰色部分没有出现明显的尖峰 —— 只有密钥假设 225 对应的黑色部分包含高的尖峰.

实施 DPA 攻击时的一个重要问题是, 为了在矩阵 $\boldsymbol{R}$ 中获得明显的尖峰, 需要多少能量迹. 图 6.4 给出了该问题的一个初步答案, 该图显示了密钥假设 225 对应的图形中第一个尖峰 (如图 6.3 中位于 13.8μs 处的尖峰) 的区分度如何随能量迹的数量变化. 密钥假设 225 再次用黑色绘制, 而在 13.8μs 时的所有其他密钥假设的相关性则用灰色绘制. 图 6.4 很好地说明了所估计出的相关系数 $r_{k,13.8}$ 收敛于 $\rho_{k,13.8}$ 的过程, 其中, $k = 1, \cdots, K$. 所使用的能量迹越多, 对相关性的估计就越准确, 参见 4.6.5 小节. 值 $r_{225,13.8}$ 收敛于 0.35 左右, 而所有其他的相关系数则收敛于小于 0.2 的值. 使用 160 条或更多的能量迹时, 密钥假设 225 导致最高相关系数的出现. 因此, 作为第一个估计, 可以认为一次成功的攻击大约需要 160 条能量迹, 更精确的估计将在 6.4 节中给出.

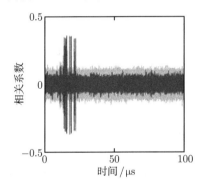

图 6.3 $\boldsymbol{R}$ 的所有行, 密钥假设 225 用黑色绘制, 其余则用灰色绘制 $\rho(H_i, P_{\mathrm{exp}})$

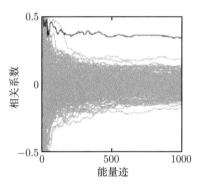

图 6.4 能量迹的数量不同时 $\boldsymbol{R}$ 中位于 13.8μs 处的列

密钥假设 225 用黑色绘制

使用汉明重量模型的 DPA 攻击

在前文针对微控制器的 DPA 攻击中, 使用比特模型 $h_{i,j} = \mathrm{LSB}(v_{i,j})$ 来估计能量消耗. 但是由第 4 章已经得知, 微控制器的能量消耗与所处理数据的汉明重量成反比. 因此, 可以利用该知识来改进针对 S 盒输出的 DPA 攻击. 现在给出一个改进 DPA 攻击的结果, 它与之前的 DPA 攻击均使用了相同的能量迹. 但是, 在第 4 步中, 用汉明重量模型来代替比特模型, 即令 $h_{i,j} = \mathrm{HW}(v_{i,j})$.

图 6.5 显示了该攻击的结果, 密钥假设 225 对应的图形再次包含了最高的尖峰. 但是, 这些尖峰与之前结果中的尖峰相比要高得多. 在基于汉明重量模型的攻击中, 值 $r_{225,13.8}$ 收敛于 0.95 左右, 而不是 0.35. 因此, 使用较少的能量迹就可以检测出该尖峰. 图 6.6 显示经过 20 条能量迹后, 在 13.8μs 时, $r_{225,13.8}$ 就已经明显大于其他的相关系数. 因此, 如果使用汉明重量模型, 针对微控制器的 DPA 攻击则

会需要较少的能量迹. 这是因为较之比特模型, 汉明重量模型能够更好地刻画微控制器的能量消耗.

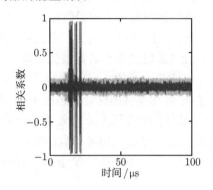

图 6.5 R 的所有行

密钥假设 225 用黑色绘制, 其余则用灰色绘制

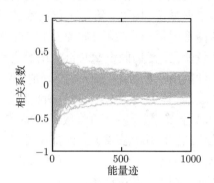

图 6.6 能量迹的数量不同时 R

中位于 13.8μs 处的列

密钥假设 225 用黑色绘制

> 攻击所使用的能量模型对被攻击设备的刻画越精确, 则实施 DPA 攻击所需要的能量迹就越少.

到目前为止, 介绍过的 DPA 攻击已成功恢复出微控制器所使用密钥的第一个字节. 现在给出对剩余密钥字节进行 DPA 攻击的结果. 为了恢复出这些密钥字节, 对所有 16 个密钥字节进行如前所述的相同攻击, 这意味着总共完成了 16 次 DPA 攻击. 基于汉明重量模型, 每一次 DPA 攻击都针对 AES 第一轮中不同的 S 盒输出. 所有的攻击都使用相同的能量迹.

图 6.7 显示了该攻击的结果, 图中的 16 个图形中的每一个都对应于相应攻击中的正确密钥假设. 因此, 第一个图与图 6.5 中的一样. 基于图 6.7 的 16 个图, 可以得到一些重要的观察结果. 首先, 所有 16 个 DPA 攻击都成功了, 而且对于正确的密钥假设, 均得到了相似的相关系数. 这是由于微控制器对所有 S 盒查表操作使用了相同的指令. 因此, 所有 S 盒的输出也出现了相似的信息泄漏. 第二个重要的观察结果是, S 盒查表操作是顺序执行的. 软件实现在完成一个 S 盒查找后执行下一个, 因此, 首先使用某一个密钥字节, 而后再使用下一个密钥字节. 基于图 6.7 所示的能量迹, 易见微控制器按照以下的次序执行 S 盒查找: 1, 5, 9, 13, 2, 6, 10, 14, 3, 7, 11, 15, 4, 8, 12, 16. 由此可见, 微控制器逐行地处理 AES 状态, 参见附录 B. 注意, 在附录 B 中, 状态字节由 0~15 计数.

最后一个有趣的观察是, 一些密钥字节对应的图形中出现的尖峰比其他密钥字节的要多. 特别地, 字节 1 和字节 16 在图形中有更多的尖峰. 这是由于软件实现对相应的 S 盒输出执行了额外的指令. 图中的每一个尖峰都有其成因, 攻击者通过分析这些尖峰可以了解关于设备的很多信息. 事实上, 基于所观察的尖峰来对某种实现实施逆向工程通常是可能的.

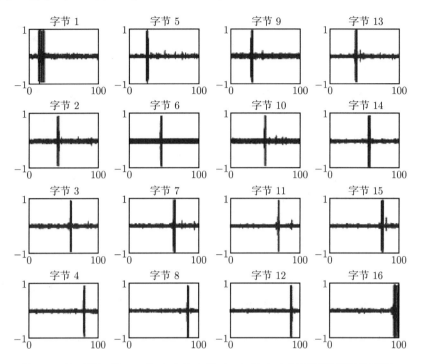

图 6.7 针对第一轮 16 个 S 盒输出的 DPA 攻击中正确密钥假设的图形

y 轴表示相关性, x 轴表示以 μs 为单位的时间

6.2.2 对硬件实现的攻击示例

前一节中所介绍的针对软件实现的 DPA 攻击非常有效. 使用汉明重量模型, 已经可以使用大约 20 条能量迹恢复出 AES 实现的全部密钥. 现在来研究针对更具挑战性目标的 DPA 攻击. 本节所介绍攻击的目标是在附录 B.3 中所描述的 AES ASIC 实现. 使用 3.4.4 小节中所描述的测量配置, 已经对这种芯片执行了多次 DPA 攻击.

基于这种配置, 获得了明文和密文. 因此, 仍然可以非常灵活地为 DPA 攻击选择一个合适的中间值. 这一次, 决定选择最后一轮 AES 的 S 盒输入. 这些 S 盒的每一个输入字节均与 AES 最后一个轮密钥的每一个字节相关. 因此, 需要 16 次 DPA 攻击来恢复出全部密钥. 就像前面的攻击一样, 首先攻击第一个字节.

为攻击选择了一个中间值后, 记录 AES ASIC 实现在加密 100000 个随机明文时的能量消耗. 基于所得到的 100 000 个密文, 计算假设中间值 $v_{i,j} = S^{-1}(d_i \oplus k_j)$.

所得矩阵 $\boldsymbol{V}$ 的大小是 100000×256. DPA 攻击的下一步是将 $\boldsymbol{V}$ 映射为假设能量消耗值矩阵 $\boldsymbol{H}$. 较之前面的攻击, 在对硬件实现进行攻击的情形下, 这一步要重要得多. 这就是现在才开始更加详细地讨论不同能量模型及相应影响的原因.

使用比特模型或汉明重量模型的攻击

首先, 使用比特模型来实施 DPA 攻击. 但是, 与前面的攻击相比, 并没有仅仅考虑 $v_{i,j}$ 的 LSB, 而是对 $v_{i,j}$ 中 8 个比特的每一个比特分别实施攻击. 图 6.8 给出了使用比特模型攻击第 3 比特时的 DPA 攻击结果. 在矩阵 $\boldsymbol{R}$ 的图形中, $0.5\mu s$ 和 $1\mu s$ 间存在明显的尖峰. 但是, 正确密钥假设的图形 (用黑色绘制) 没有导致最高的尖峰. 几个产生更高尖峰的密钥假设也能在图 6.8 中结果的放大视图里观察到, 如图 6.9 所示. 除了攻击第 6 比特的情况, 对于所攻击的其余 7 比特都得到了相似的结果. 在攻击第 6 比特时, 正确的密钥假设产生了 $\boldsymbol{R}$ 中的最高尖峰, 图 6.10 和图 6.11 给出了该 DPA 攻击的结果.

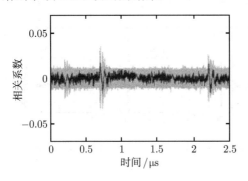

图 6.8　使用第 3 比特作为能量
模型的 DPA 攻击结果

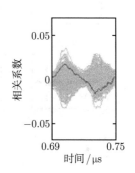

图 6.9　DPA 攻击结果放大视图

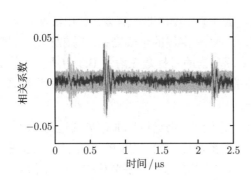

图 6.10　使用第 6 比特作为能量
模型时 DPA 攻击结果

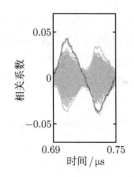

图 6.11　DPA 攻击结果放大视图

对于其他 15 个字节, 重复相同的攻击. 这意味着攻击最后一轮 AES 中每一个

S 盒的每一个输入比特. 这些攻击的结果都非常相似. 对于所攻击的比特而言, 大部分并没有恢复出正确的密钥, 仅仅对于少数比特, 正确的密钥假设导致了 $\boldsymbol{R}$ 中的最高尖峰. 因此, 基于比特模型的 DPA 攻击结果, 尚无法得出正确的结论.

因此, 改用汉明重量模型. 使用汉明重量模型, 再次攻击最后一轮中每一个 S 盒的 16 个输入字节. 改进后攻击的结果要优于之前的结果. 但是, 结论仍然不确定. 在 16 次 DPA 攻击中, 仅有 8 次正确的密钥假设导致了 $\boldsymbol{R}$ 中最高尖峰产生. 因此, 只有一半的 DPA 攻击是成功的.

乍一看, 使用比特模型和汉明重量模型的 DPA 攻击结果可能令人惊讶. 但是, 并不是所有攻击都能够成功, 原因解释如下: 正如已在 3.3 节中讨论过的, 比特模型和汉明重量模型通常不能很好地刻画 CMOS 电路的能量消耗. 所处理数据的比特和汉明重量确与能量消耗存在相关性. 但是, 通常来说, 这种相关性并不显著. 前一节中所攻击的微控制器是个例外, 这是由于它使用了预充电总线.

在 ASIC 实现的情形下, 比特模型和汉明重量模型并不合适. 如果使用这类能量模型, 则假设能量消耗矩阵 $\boldsymbol{H}$ 中各列间的相关性会大于 $\boldsymbol{H}$ 和 $\boldsymbol{T}$ 各列间的相关性. 这种情形下, 所有的密钥假设导致 $\boldsymbol{R}$ 中相似尖峰的产生, 因此, 为确定出正确密钥假设就需要大量的能量迹. 6.3 节将详细阐述关于这个问题的更多细节. 现在转而考虑选用更适合 AES ASIC 实现的能量模型, 并再次实施 DPA 攻击.

使用汉明距离模型的攻击

3.3 节中已经证明, 刻画 CMOS 电路的能量消耗时, 汉明距离模型要远远优于汉明重量模型. 但是, 为了使用汉明距离模型, 攻击者需要获知一些关于被攻击设备的额外知识. 从本质上讲, 攻击者需要知道处理所攻击中间值之前或之后电路中的元件状态, 参见 3.3.1 小节.

在 AES 的 ASIC 实现中, 由附录 B.3 可以得知, 在最后一轮中, S 盒的输入和密文均被储存在相同的寄存器中. 最后一轮开始时, 该寄存器储存了 S 盒的输入, 而最后一轮结束时它储存了密文. 基于这一点, 就可以很容易为攻击建立一个合适的汉明距离模型. 在本节开始, 已经计算出了矩阵 $\boldsymbol{V}$, 该矩阵包含最后一轮 AES 加密中第一个 S 盒的各个输入所对应的假设值. 向量 $\boldsymbol{d}$ 储存了相应的密文字节. 因此, 可以使用式 (6.3) 计算假设能量消耗值. 每一个值 $h_{i,j}$ 等于最后一轮中储存在该寄存器里的各个值间的汉明距离.

$$h_{i,j} = \mathrm{HD}(v_{i,j}, d_i) = \mathrm{HW}(v_{i,j} \oplus d_i) \tag{6.3}$$

图 6.12 和图 6.13 给出了针对第一个 S 盒输入实施 DPA 攻击的结果. 正确的密钥假设导致了比以往更高的相关性. 此外, 该相关性可以轻易地与其他密钥假设的相关性区分开来. 因此, 这个攻击恢复出第一个 S 盒所使用的密钥字节. 我们

也基于汉明距离模型对所有其他的密钥字节实施了 DPA 攻击, 所有攻击均获成功.
因此, 最后一轮子密钥的全部 16 个字节均被成功地恢复出来. 图 6.14 给出了正确
密钥假设对应的图形. 攻击不同密钥字节所获得的尖峰有明显的高度差. 然而, 每
一个正确密钥假设对应的尖峰高于其他密钥假设对应的尖峰.

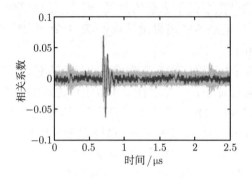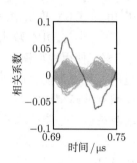

图 6.12　对第 1 个字节使用汉明　　　　图 6.13　DPA 攻击结果放大视图
距离模型时 DPA 攻击结果

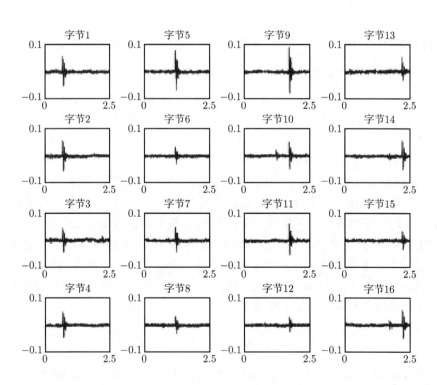

图 6.14　针对最后一轮 16 个 S 盒输入的 DPA 攻击中正确密钥假设的图形

y 轴表示相关性, x 轴表示以 μs 为单位的时间

当把图 6.14 的结果与针对软件实现 DPA 攻击的结果 (图 6.7) 进行比较时, 可以得出一些重要的观察结果. 在软件实现中, S 盒查找是顺序执行的, 这与硬件实现有所不同. 由图 6.14 中可以观察到, 一个时钟周期内的 4 个 S 盒查找是并行执行的. 例如, 在第一个时钟周期内处理字节 1, 字节 2, 字节 3 和字节 4. 这种并行处理极大地减小了 DPA 攻击中的相关系数. 在微控制器情形下, 观察到的相关性几乎为 1; 而在硬件实现情形下, 最高尖峰的值约为 0.1.

这两个攻击结果间的另一个重要差异是, 在对软件实现的攻击中, 所有 16 个密钥的相关性均近似相同, 而在硬件实现的情形下则存在明显差异. 这种差异的产生是由于 AES 芯片中有 4 个 S 盒, 每一个 S 盒使用具有不同寄生效应的元件, 因此, 其能量消耗的特征也不尽相同. 此外, 在 AES ASIC 实现的情形下, 在执行 S 盒查找的 4 个时钟周期内, 不同操作是并行执行的.

使用零值模型的攻击

基于汉明距离模型的 DPA 攻击已经非常成功. 这是由于 S 盒输入和密文均被储存在相同的寄存器, 而汉明距离模型很好地刻画了储存密文时 AES 芯片的能量消耗. 但是, 在给出的 AES 芯片实现的情形下, 也有可能利用最后一轮 S 盒计算所引起的能量消耗.

在选用的 AES 芯片中, S 盒是基于复合域运算实现的, 参见附录 B.3. 这样的实现具有如下属性: 如果 S 盒的输入为零, 则其消耗的能量远小于所有其他输入情形下的能量消耗. 这可以解释为在输入为零的情况下, 本质上 S 盒中的所有乘法都与零相乘. 这种乘法需要的能量消耗通常远远小于其他乘法所需的能量消耗. 因此, 通过使用所谓的 "零值模型"(zero-value model), 可以在针对 S 盒输入的 DPA 攻击中利用上述事实.

> 零值 (ZV) 模型假设处理数据值 0 所需的能量消耗小于处理所有其他值的能量消耗. ZV 模型的形式化定义由以下方程给出:
>
> $$h_{i,j} = \mathrm{ZV}(v_{i,j}) = \begin{cases} 0, & v_{i,j} = 0 \\ 1, & v_{i,j} \neq 0 \end{cases} \tag{6.4}$$

使用 ZV 模型意味着对于每一个为 0 的假设 S 盒输入, 令其假设能量消耗也为 0; 而在所有其他情形下, 均令假设能量消耗为 1. 已经使用 ZV 模型对最后一轮中 S 盒的所有 16 个输入字节成功实施了 DPA 攻击, 并基于 ZV 模型恢复出全部密钥. 图 6.15 中的最后两个图形显示了该 DPA 攻击的结果. 为了对本节中提出的所有攻击进行比较, 也在图 6.15 中加入了其他结果. 图 6.15 显示了本节所讨论过的所有攻击的结果, 这些攻击是针对最后一轮中 S 盒输入的前两个字节进行的.

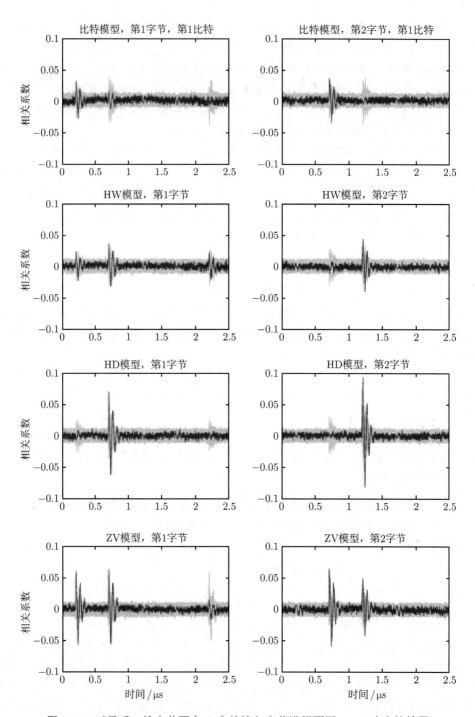

图 6.15   对最后一轮中前两个 S 盒的输入字节进行不同 DPA 攻击的结果

通过观察可知, 比特模型和汉明重量模型仅仅得到较小的相关系数, 而汉明距离模型和零值模型得到的相关系数则大得多. 此外, 还可以观察到, 在大部分攻击中, 尖峰出现在至少两个连续的时钟周期内 (一个时钟周期需要 $0.5\mu s$). 这种现象可以解释如下: 在第一个时钟周期内, 处理被攻击中间值的元件从一些先前状态转换到被攻击的中间值状态; 在随后的一个时钟周期, 该中间值被一些新值覆盖了. 这两个操作 —— 从先前状态转换到被攻击的中间值状态, 以及从中间值状态转换到新值 —— 均产生了依赖于中间值的能量消耗. 至于这两个时钟周期中的哪一个时钟周期会导致最高的相关系数, 则依赖于所采用的能量模型.

在汉明距离模型情形下, 显然只有第二个时钟周期可以导致高相关性. 在第一个时钟周期内, 执行 S 盒操作; 而在第二个时钟周期开始时, 密文被储存在包含 S 盒输入的寄存器中. 汉明距离模型刻画了由这些储存操作所引起的能量消耗, 因此, 尖峰出现在第二个周期内.

6.3　相关系数的计算与仿真

6.2 节已经讨论了针对 AES 软件实现和硬件实现的 DPA 攻击. 在每一种攻击中, 都基于相关系数来估计矩阵 $\boldsymbol{H}$ 的列与矩阵 $\boldsymbol{T}$ 的列之间的线性关系. 出现在相关系数矩阵 $\boldsymbol{R}$ 中的尖峰可以揭示出被攻击设备所使用的密钥. 在软件实现情形下, 产生这些尖峰的相关系数非常大; 而在硬件实现情形下, 产生这些尖峰的相关系数却相当小.

本节将介绍相关系数的估值技术, 这种估值方法无须实施实际的攻击. 对于密码设备的设计者和攻击者来说, 估计相关系数的技术很有价值. 对于设计者而言, 掌握这种方法可以无需实施实际的攻击就能确定设备的抗攻击能力; 而对于攻击者而言, 这种技术则可以帮助他们估计攻击的效果以及更好地了解设备的内部组成.

首先分析 4.3 节中定义的 SNR 与 DPA 攻击中相关系数之间的关系, 并以此开始相关讨论. 问题是: 基于位置 j 处能量迹的 SNR, 如何计算列 $\boldsymbol{h}_i$ 与列 $\boldsymbol{t}_j$ 之间的相关性. 为了回答这个问题, 按照式 (4.8) 对能量消耗进行建模, 也就是使用随机变量 P_{total} 表示设备在位置 j 处的能量消耗. 此外, 使用随机变量 H_i 表示 $\boldsymbol{H}$ 中列 i 的假设能量消耗值. 因此, $\boldsymbol{h}_i$ 的每一个元素均是随机变量 H_i 的一个样本. 使用记号 $\rho(H_i, P_{\text{total}})$ 表示相关性, 其计算如式 (6.5) 所示. 这个等式可以化简, 因为 P_{const} 没有影响相关系数, 并且噪声 $P_{\text{noise}} = P_{\text{sw.noise}} + P_{\text{el.noise}}$ 在统计上独立于 P_{exp}.

$$\begin{aligned} \rho(H_i, P_{\text{total}}) &= \rho(H_i, P_{\text{exp}} + P_{\text{sw.noise}} + P_{\text{el.noise}} + P_{\text{const}}) \\ &= \rho(H_i, P_{\text{exp}} + P_{\text{sw.noise}} + P_{\text{el.noise}}) \\ &= \rho(H_i, P_{\text{exp}} + P_{\text{noise}}) \end{aligned}$$

$$= \frac{E(H_i \cdot (P_{\mathrm{exp}} + P_{\mathrm{noise}})) - E(H_i) \cdot E(P_{\mathrm{exp}} + P_{\mathrm{noise}})}{\sqrt{\mathrm{Var}(H_i) \cdot (\mathrm{Var}(P_{\mathrm{exp}}) + \mathrm{Var}(P_{\mathrm{noise}}))}}$$

$$= \frac{E(H_i \cdot P_{\mathrm{exp}} + H_i \cdot P_{\mathrm{noise}}) - E(H_i) \cdot (E(P_{\mathrm{exp}}) + E(P_{\mathrm{noise}}))}{\sqrt{\mathrm{Var}(H_i) \cdot \mathrm{Var}(P_{\mathrm{exp}})} \sqrt{1 + \dfrac{\mathrm{Var}(P_{\mathrm{noise}})}{\mathrm{Var}(P_{\mathrm{exp}})}}}$$

$$= \frac{\rho(H_i, P_{\mathrm{exp}})}{\sqrt{1 + \dfrac{1}{\mathrm{SNR}}}} \tag{6.5}$$

基于 $\rho(H_i, P_{\mathrm{exp}})$ 和 SNR, 相关性 $\rho(H_i, P_{\mathrm{total}})$ 可以计算如下:

$$\rho(H_i, P_{\mathrm{total}}) = \frac{\rho(H_i, P_{\mathrm{exp}})}{\sqrt{1 + \dfrac{1}{\mathrm{SNR}}}}$$

由式 (6.5) 得出的结果非常好. 正如 4.3 节所讨论的那样, SNR 描述了给定攻击场景下设备的信息泄漏. 攻击者使用能量模型来利用这种信息泄漏, 但 SNR 却独立于能量消耗. 如何在特定攻击中利用信息泄露可由 $\rho(H_i, P_{\mathrm{exp}})$ 来刻画, 它是攻击者假设的能量消耗值与设备的可利用能量消耗值之间的相关性. 本质上, 这种相关性刻画依赖于攻击者采用的能量模型对处理被攻击中间值所引起的能量消耗进行描述的准确度.

在很多场景中, 通过实施仿真 DPA 攻击, 可以很容易地确定相关性 $\rho(H_i, P_{\mathrm{exp}})$. 其基本思想如下: 首先, 生成向量 $\boldsymbol{d}$, 该向量包含了被攻击中间值的所有可能的数据输入; 而后, 基于数据输入 $\boldsymbol{d}$, 设备所使用的密钥和一个合适的能量模型, 对设备的可利用能量消耗值进行仿真. 仿真的结果是一个矩阵 $\boldsymbol{S}$, $\boldsymbol{S}$ 的每一行包含了一条可利用的能量消耗的仿真能量迹. 接下来, 利用矩阵 $\boldsymbol{S}$ 实施 DPA 攻击. 这意味着基于攻击者的能量模型来生成所有密钥的假设能量消耗值; 最后, 计算 $\boldsymbol{H}$ 中的每一列与 $\boldsymbol{S}$ 中的每一列之间的相关性, 获得相关系数矩阵 $\boldsymbol{R}$.

使用这种方法生成的矩阵 $\boldsymbol{R}$ 的优点是, 该矩阵的每一个元素 $r_{i,j}$ 都等于 $\rho_{i,j}$. 这是因为当基于所有的数据输入计算相关系数 r 时有 $r = \rho$ 成立. 因此, 仿真 DPA 攻击的结果对应于同样发生在真实攻击中的相关性 $\rho(H_i, P_{\mathrm{exp}})$.

需要注意的是, 实施仿真 DPA 攻击的实体角色常在设计者和攻击者间来回转换. 对于第 1 步 (也就是生成仿真能量迹 $\boldsymbol{S}$) 来说, 假设密钥已知, 这是从设计者的角度进行考虑. 对于随后执行的 DPA 攻击而言, 假设密钥未知, 这是从攻击者角度进行考虑. 为了快速确定不同场景中的 $\rho(H_i, P_{\mathrm{exp}})$, 仿真 DPA 攻击非常有用. 因为整个攻击是一个仿真, 所以可以轻易地改变设备的能量消耗特征以及攻击者的能量模型, 并可以立即分析各种改变所导致的后果. 现在使用仿真 DPA 攻击和式 (6.5) 所示的关系式来估计前节所提到的攻击中的相关系数.

6.3.1 软件示例

6.2.1 小节已经讨论了针对微控制器的 DPA 攻击, 这些攻击的对象是第一轮中 S 盒的输出, 通过使用汉明重量模型和比特模型完成了这些攻击.

汉明重量模型

首先分析使用汉明重量模型的 DPA 攻击. 在该 DPA 攻击中, 可利用的能量消耗 P_{exp} 对应于由处理 S 盒输出所引起的依赖数据的能量消耗 P_{data}. 为了确定攻击中产生的相关系数 $\rho(H_i, P_{\text{exp}})$, 执行了一次仿真 DPA 攻击. 这意味着生成了一个向量 d, 该向量包含了所攻击 S 盒的所有输入值, 即 $d = (0, \cdots, 255)'$. 随后, 根据式 (6.6) 把这些输入值映射为仿真能量消耗值.

$$s_{i,\text{ct}} = \text{HW}(S(d_i \oplus k_{\text{ck}})) \tag{6.6}$$

可以使用汉明重量模型来产生仿真能量迹, 因为这个模型非常精确地刻画了微控制器依赖于数据的能量消耗. 特别地有 $\rho(H_i, P_{\text{exp}}) = \rho(H_i, P_{\text{data}}) = \rho(H_i, s_{\text{ct}})$ 成立. 在当前的攻击示例中, 仅仅对处理 S 盒输出时刻的能量消耗进行仿真, 即在位置 ct 处的能量消耗. 因此, 矩阵 S 仅由列 s_{ct} 组成. 位置 ct 处的能量消耗泄漏的可利用信息最多. 因此, 这是能量迹中具有最大相关性的位置.

对 s_{ct} 进行了仿真后, 就可以对这一列实施 DPA 攻击. 这意味着基于汉明重量模型为所有可能的密钥假设生成了假设能量消耗值. 随后, 确定矩阵 H 的每一列与 s_{ct} 之间的相关性. 这个仿真 DPA 攻击生成了一个大小为 256×1 的矩阵 R, 图 6.16 给出了该攻击的结果.

图 6.16 中所绘制的 256 个值对应于在使用汉明重量模型攻击第一轮 S 盒输出的 DPA 攻击中出现的相关性 $\rho(h_i, t_{\text{ct}})(i = 1, \cdots, 256)$. 为了把这些相关性映射为 6.2.1 小节中观察到的相关性 $\rho(h_i, t_{\text{ct}})$, 还必须考虑实际攻击中出现的噪声.

由 4.3.2 小节可知如果使用汉明重量模型, 那么针对微控制器的 DPA 攻击中的 SNR 为 22.89. 将该 SNR 值代入式 (6.5) 中, 可知仿真生成的相关性缩小为实际相关性的 0.98 倍, 即 $\rho(h_i, t_{\text{ct}}) = \rho(h_i, t_{\text{ct}}) \cdot 0.98$, 这是由于存在电子噪声所致.

正如图 6.16 所示, 在仿真攻击中, 正确密钥假设 ($k_{\text{ck}} = 225$) 的相关性为 1, 因此, 实际攻击的相关系数为 0.98, 而所有其他的相关系数均小于 0.2. 这证实了由图 6.6 所得出的观察结论. 图 6.6 中的估计相关系数收敛于图 6.16 所示的相关系数 $\rho(h_i, t_{\text{ct}})$.

为了说明相关系数 $\rho(\boldsymbol{h}_i, \boldsymbol{t}_{\mathrm{ct}})$ 也可以呈现出与图 6.16 中的相关系数完全不同的形式, 现在简要介绍该攻击的一个变形. 该变形攻击对 S 盒的输入进行 DPA 攻击, 而不攻击 S 盒的输出. 再次令 $\boldsymbol{d} = (0, \cdots, 255)'$, 使用能量模型 $s_{i,\mathrm{ct}} = \mathrm{HW}(d_i \oplus k_{\mathrm{ck}})$, 可以很容易地仿真这种攻击. 对所有密钥假设, 计算 S 盒输入的汉明重量并生成仿真能量迹, 对这些仿真能量迹实施 DPA 攻击, 可以生成如图 6.17 中所绘制的矩阵 $\boldsymbol{R}$. 图 6.16 中仅有一个明显的尖峰, 而图 6.17 中的相关系数与设备所使用的密钥和密钥假设间的汉明距离成反比. 正确密钥假设对应的相关系数与其他密钥假设对应的相关系数间的差别小得多, 因此, 为了在实际中检测到这个差别, 攻击者需要测量更多能量迹.

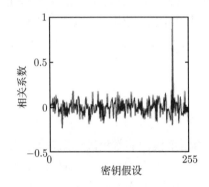 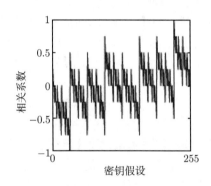

图 6.16　使用汉明重量模型攻击
第一轮中 S 盒输出的 DPA 攻击中
出现的相关系数 $\rho(H_i, P_{\exp})$

图 6.17　使用汉明重量模型攻击
第一轮中 S 盒输入的 DPA 攻击中
出现的相关系数 $\rho(H_i, P_{\exp})$

由这个简单的仿真攻击, 攻击者可以获知非线性组件 (如 S 盒) 实际上使得 DPA 攻击更加有效. S 盒输入中一个比特的不同导致了输出中多个比特的不同. 因此, 即使密钥假设只错了一个比特, S 盒的输出也会出现多个不同的比特. 攻击 S 盒的输出时, 所有错误密钥假设的相关性都会远远小于正确密钥假设的相关性. 因此, 对 AES 最有效攻击的实施既可以选择第一轮 S 盒的输出作为中间值, 也可以选择最后一轮 S 盒的输入作为中间值.

比特模型

在 6.2.1 小节一开始, 给出了一个 DPA 攻击, 该攻击使用了比特模型来攻击第一轮中 S 盒的输出. 现在将使用式 (6.5) 通过仿真来确定该攻击中出现的相关系数.

乍一看, 人们可能会试图假设在该攻击中, $P_{\exp}$ 对应于仅由 S 盒输出的最低有效位 LSB 所引起的能量消耗. 但是, S 盒输出的 8 个比特并不相互独立. 因此, 除 LBS 之外的 7 个比特不能刻画为转换噪声, 而应该刻画为 $P_{\exp}$ 的一部分. 只有独立于被攻击中间值的那部分能量消耗才可以刻画为转换噪声, 参见 4.3.1 小节.

使用与前面非常相似的方法,可以确定出当前攻击中的相关系数 $\rho(H_i, P_{\exp})$. 首先, 令 $\boldsymbol{d} = (0, \cdots, 255)'$. 基于 $\boldsymbol{d}$, 密钥 k_{ck} 和汉明重量模型, 计算出仿真能量迹 $\boldsymbol{S}$, 该仿真能量迹与在使用汉明重量模型实施攻击的情形下所得到的能量迹一样. 但是, 与之相比, 现在使用汉明重量模型来计算 $\boldsymbol{S}$, 而使用比特模型来计算 $\boldsymbol{H}$. 通过计算 $\boldsymbol{H}$ 中的 256 列和 $\boldsymbol{s}_{ct}$ 之间的相关性, 可以获得如图 6.18 所示的结果.

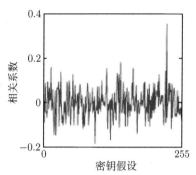

图 6.18 使用比特模型攻击第一轮中 S 盒输出的 DPA 攻击中出现的相关系数 $\rho(H_i, P_{\exp})$

正确密钥假设$(k_{ck} = 225)$的相关系数再次高于所有其他的相关系数. 但是, 现在它的值为0.35, 而不是 1. 考虑电子噪声意味着需要再次用因子 0.98 乘以 $\rho(H_i, P_{\exp})$. 对图 6.18 与图 6.4 进行比较, 可以观察到, 仿真攻击中的相关系数再次很好地吻合了在实际攻击中得到的相关系数. 图 6.4 中估计的相关系数收敛于仿真攻击中的相关系数 $\rho(H_i, P_{\exp}) \cdot 0.98$.

仿真攻击的结果如此吻合实际攻击, 是因为对微控制器和 S 盒的能量消耗进行了很精确的建模. 如果令 $P_{\exp}$ 为 S 盒输出的 LSB 的能量消耗, 则会得到如图 6.19 所示的结果. 该结果中, 错误密钥假设的相关系数远远小于图 6.18 中的相关系数, 这显然与实际不符.

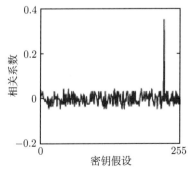

图 6.19 将除 LSB 之外的 7 个比特作为转换噪声时的相关系数 $\rho(H_i, P_{\exp})$

令 $\boldsymbol{d} = (0, \cdots, 255)'$, 然后使用比特模型而非汉明重量模型来计算列 $\boldsymbol{s}_{ct}$, 生成了图 6.19. 使用与前面相同的矩阵 $\boldsymbol{H}$ 来攻击 $\boldsymbol{s}_{ct}$, 可获得结果 $\boldsymbol{R}$. 把除 LSB 之外的其他 7 个输出比特刻画为转换噪声, 即令 SNR 为 1/7. 把该 SNR 值代入式 (6.5) 中, 则矩阵 $\boldsymbol{R}$ 会缩小. 随后, 考虑电子噪声, 采用因子 0.98 把矩阵 $\boldsymbol{R}$ 进一步成比例缩小, 这就会导致如图 6.19 所示的结果.

图 6.18 与图 6.19 间的差别说明了对 DPA 攻击进行仿真时, 采用合适模型对 $P_{\exp}$ 进行正确刻画的重要性. $P_{\exp}$ 不仅由直接储存被攻击中间值的那部分电路引起, 也由储存与被攻击中间值相关数据的那部分电路引起, 牢记这一点很重要. 当攻击硬件实现而非软件实现时, 更需注意这一事实.

6.3.2   硬件示例

本节讨论的方法用于对 AES 硬件实现实施 DPA 攻击时的相关系数进行估计. 对这种攻击进行建模和分析要远远难于针对软件实现的攻击. 原因是多方面的. 首先, 与软件实现相比, AES 的硬件实现在每一个时钟周期中将会执行更多的操作, 这就使得对能量消耗的仿真复杂得多. 须记, 在实际中通常不能分别测量发生在同一个时钟周期内的多个操作的能量消耗, 参见 3.5 节. 因此, 一个时钟周期的所有操作均会对能量迹中的同一个点产生影响, 这些操作看似并行执行. 为了精确地仿真一个时钟周期内的能量消耗, 就需要考虑所有的操作.

但是, 在硬件实现的情况下, 并不仅仅是这种并行特性会使得相关系数的估计变得更加困难. 硬件实现中各逻辑元件之间连线的电容负载差异明显, 注意到这一事实同样重要. 因此, 每一条连线对全部能量消耗的影响不同. 此外, 连线上信号转换动作并不独立, 在一个时钟周期内处理的数据是部分相关的. 在 AES 硬件实现的情形下, AddRoundKey, SubBytes 和 MixColumn 操作全部在同一个时钟周期内执行. 另外, 这些操作的结果被储存在一个寄存器中. 计算 SubBytes 操作输出元件的能量消耗与执行 MixColumn 操作元件的能量消耗紧密相关. 而且, 由 MixColumn 操作输出所引起的能量消耗与用于储存结果元件的能量消耗相关.

对于上述所有问题, 考虑到毛刺的影响同样也很重要. 正如 3.1.3 小节指出的, 组合元件的转换动作强烈地依赖于输入信号的时序特性. 在每一个时钟周期内, CMOS 电路中的每一个元件都有可能多次发生 (输出) 状态转换.

总之, 必须面临如下情形: 只能测量发生在一个时钟周期内所有操作的全部能量消耗, 该时钟周期内操作所处理的数据部分相关, 而且由于连线电容负载的差异, 每一个数据信号对能量消耗的影响不同. 此外, 元件输出的转换动作依赖于相关输入信号的时序特性. 在 3.3 节中讨论过的能量仿真技术不适合于仿真密码算法整个硬件实现的能量消耗. 因此, 攻击者只能粗略估计对这种实现实施 DPA 攻击时的相关系数.

密码设备的设计者可以得到芯片的网表和布局图, 所以只有他们才有可能对相关系数进行精确的计算. 现在讨论对硬件实现的攻击者如何粗略地估计 DPA 攻击中的相关系数. 随后, 将使用设计者所采用仿真技术来分析针对 AES ASIC 的 DPA 攻击, 该攻击已经在 6.2.2 小节中给出.

适用于攻击者的估计技术

根据式 (6.5), DPA 攻击中的最高相关系数是 $\rho(H_{ck}, P_{exp})$ 和 SNR 的函数. 对于攻击者而言, 这两个因素均难以确定. 但是, 当作出补充假设时, 式 (6.5) 可以简化为一个更适合于攻击者的等式. 第一个假设是正确密钥假设与 P_{exp} 之间的相关性为 1, 即 $\rho(H_{ck}, P_{exp}) = 1$; 第二个假设是电路的所有连线均具有相同的电容负载;

第三个假设则是所有连线的转换动作独立且同分布.

当然, 这些假设非常极端. 但是由于缺乏有关设备的信息, 攻击者通常没有更好的选择. 基于这些假设, 可以将式 (6.5) 简化为式 (6.7). 在式 (6.7) 中, a 表示处理被攻击中间值中一个比特的连线的数量, 而 n 表示处理统计独立比特的连线的数量. 注意, $\mathrm{SNR} = a/n$ 成立, 因为所有连线独立且同分布. 例如, 如果设备在寄存器中储存了 32 个独立且均匀分布的比特, 那么对 LSB 使用完美能量模型实施攻击的相关系数即为 $\sqrt{1/32} = 0.18$. 这种情况下, $a = 1$ 且 $n = 31$.

$$\rho(H_{\mathrm{ck}}, P_{\mathrm{total}}) = \frac{\rho(H_{\mathrm{ck}}, P_{\mathrm{exp}})}{\sqrt{1 + \dfrac{1}{\mathrm{SNR}}}} = \sqrt{\frac{\dfrac{a}{n}}{\dfrac{a}{n} + 1}} = \sqrt{\frac{a}{a + n}} \tag{6.7}$$

式 (6.7) 是一个很好的工具, 可用于估计相关系数的上限. 例如, 当在一个 32 比特 AES 体系结构中攻击中间值的某一个比特时, 显然, 不得不期望相关系数小于 0.18. 实际上, 相关系数将很有可能远远小于 0.18, 因为一个 32 比特体系结构通常会在同一个时钟周期内执行多个操作. 这意味着会有远远多于 32 个比特的操作在能量迹中的某一点混淆. 对于那些缺乏被攻击设备详细信息的攻击者而言, 式 (6.7) 提供了关于 $\rho(H_{\mathrm{ck}}, P_{\mathrm{total}})$ 的粗略估计. 如果可用的信息更多, 也可以应用下面的技术.

适用于设计者的仿真技术

密码设备的设计者对设备能量消耗的仿真远远比攻击者所做的仿真精确, 参见 3.2 节. 因此, 他们就可以更精确地确定 DPA 攻击中的相关系数. 但是, 有必要指出, 对整个芯片能量消耗的精确仿真非常耗时. 因此, 密码设备的设计者通常基于一定的假设来加速仿真过程.

现在讨论一种基于 S 盒反向注解网表的仿真, 该 S 盒是 AES ASIC 实现的一部分. 通过简单地计算发生在该电路中转换的数量, 可以对 S 盒的能量消耗进行建模, 参见 3.2.2 小节. 对这一小部分电路的仿真结果可以解释在 6.2.2 小节中所观察到的攻击结果.

为了刻画 S 盒硬件实现的转换活动的特征, 对每一个输入转换执行一次仿真. S 盒有 8 比特输入, 因此就有 2^{16} 个不同的输入转换. 图 6.20 给出了当输入由 10_{hex} 变为 $\mathrm{FF}_{\mathrm{hex}}$ 时, S 盒输出的转换. 由图 6.20 可以观察到, S 盒的大部分输出比特不只转换了一次: 输出比特和 S 盒的内部连线上均出现了很多毛刺.

计算出由 2^{16} 个输入转换导致的输出转换后, 可以计算由 S 盒的 256 个输入值导致的输出转换的平均数量. 输入 0 的转换的平均数量是由输入转换 $0 \to 0, 1 \to$

$0, \cdots, 255 \rightarrow 0$ 引起的输出转换数量的平均值. S 盒所有 256 个输入值转换的平均数量如图 6.21 所示. 可以看出, 如果 S 盒的输入为 0, 则平均转换数量最少, 这就是 6.2.2 小节中基于 ZV 模型的 DPA 攻击非常有效的原因. 显然, 对于输入 0, S 盒元件的转换要少得多.

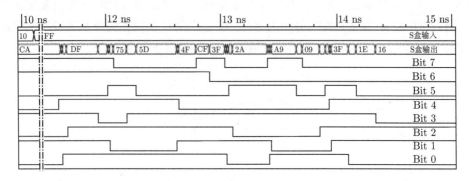

图 6.20   输入由 10_{hex} 变为 FF_{hex} 时, 发生在 AES S 盒输出中的转换仿真

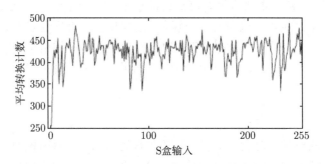

图 6.21   对于 256 个输入值, 出现在 S 盒中的转换的平均值

仿真产生的转换计数也可以用于确定 DPA 攻击中的相关系数. 由 6.2.2 小节可知, 采用比特模型或汉明重量模型对 S 盒输入的攻击并不成功. 为了解释 6.2.2 小节中的结果, 现在把 2^{16} 个转换计数用作 DPA 攻击仿真中的矩阵 $\boldsymbol{S}$. 基于汉明重量模型和比特模型, 进行了 DPA 攻击仿真. 注意, 2^{16} 个输入转换是发生在 S 盒输入内的所有转换. 因此, 对于结果 $\boldsymbol{R}$ 中的每一个元素有 $r_{i,j} = \rho_{i,j}$ 成立. 攻击结果如图 6.22 和图 6.23 所示.

在这两张图中, 正确密钥假设导致了最高尖峰. 但是, 其他密钥假设也导致了具有相似高度的尖峰. 在图 6.22 中, 最高尖峰和次高尖峰间的差别仅为 0.018; 而在图 6.23 中, 这种差别为 0.025. 为了检测出这种很小的差别, 需要大量的能量迹. 这解释了为什么在 6.2.2 小节中并非全部攻击都可以成功的原因. 在这些攻击中, 正确密钥假设的相关性 ρ 与其他密钥假设的相关性非常接近. 因此, 能量迹的数量还不足以精确估计相关性并观察到这种差异.

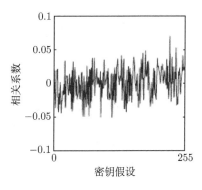

图 6.22　使用汉明重量模型
对 S 盒的仿真转换计数进行
DPA 攻击时的相关系数

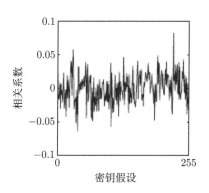

图 6.23　使用比特模型对 S 盒
的仿真转换计数进行 DPA
攻击时的相关系数

基于反向注解网表的能量仿真使用了很多假设, 参见 3.2.2 小节. 然而, 基于图 6.22 和图 6.23 所示的结果可以得到一个重要的结论. 仿真证实了攻击者的能量模型有时并没有很好地刻画所攻击电路的能量消耗. 在这种情况下, 正确密钥假设的相关系数没有导致明显的尖峰. 取而代之的是, 许多密钥假设在相同时间点上均导致了尖峰的出现. 观察到这个现象的攻击者可以从中得知该设备确实可以被攻击, 但所使用的能量模型并不合适. 在 AES ASIC 的情况中, 比特模型和汉明重量模型不适用于攻击 S 盒的输入, 而 ZV 模型可以得到不错的结果.

6.4　能量迹数量估算

在 DPA 攻击中, $\boldsymbol{H}$ 和 $\boldsymbol{T}$ 各列间的相关系数可以基于这些列中的 D 个元素来估计. 矩阵的列越长, 即攻击者获得的能量迹越多, 则矩阵 $\boldsymbol{R}$ 中的估计相关系数 $r_{i,j}$ 与实际相关性 $\rho_{i,j}$ 的匹配就越精确. 6.2 节已经给出了多种不同的 DPA 攻击, 也已知 $r_{i,j}$ 逼近 $\rho_{i,j}$ 的方式. 对于软件实现中, 不执行实际的攻击也能够确定相关性 $\rho_{i,j}$, 参见 6.3 节.

但是, 在 DPA 攻击中, 最重要的问题实际上并不是攻击者可以多精确地估计出 $\rho_{i,j}$, 而是为了确定出设备所使用的密钥, 攻击者需要多少能量迹. 在使用相关系数的攻击中, 这意味着为了找出 $\boldsymbol{H}$ 中的哪一列与 $\boldsymbol{T}$ 中的某一列具有最强的相关性, 需要多少条能量迹? 虽然乍一看这个问题非常简单, 但是给出一个精确的答案并不容易. 事实上, 仅可以基于以下假设提供一个经验法则.

第一个假设是如果在 $\boldsymbol{R}$ 中的 ck 行存在明显的尖峰, 那么 DPA 攻击就成功了.

行 $r'_{\rm ck} = (r_{\rm ck,1}, \cdots, r_{\rm ck,T})$ 是基于正确密钥假设计算得出的. 而在实际中, 对于大部分攻击而言, 如果尖峰在行 $r'_{\rm ck}$ 出现, 那么就可以表明成功揭示出了 $k_{\rm ck}$. 一个例外是基于不适用被攻击设备能量消耗的能量模型而实施的那些 DPA 攻击, 参见 6.2.2 小节. 在这种情况下, R 中的许多行均会出现尖峰, 正确的密钥通常不能被识别出来. 我们的经验法则不考虑这类攻击, 因为对于大部分设备而言, 存在合适的能量模型.

第二个假设是在行 $r'_{\rm ck}$ 中观察到尖峰所需要的能量迹的数量仅仅依赖于 $\rho_{\rm ck,ct}$. 从统计学的观点来说, 可以对 $r'_{\rm ck}$ 的计算进行如下建模: 每一个估计相关系数都服从 4.6.5 小节中讨论的采样分布. 这个采样分布由实际的相关系数 ρ 和能量迹的数量 n 来定义. 在大多数攻击中, 与处理被攻击中间值的时间间隔相比, 所记录的能量迹非常长. 在完全独立于被攻击中间值的记录期间, 设备通常执行许多操作. 因此, 在实际中, 大多数相关性 $\rho_{\rm ck,1}, \cdots, \rho_{\rm ck,T}$ 通常为 0. 故可以将 $r'_{\rm ck}$ 中是否有尖峰的问题视为能否确定相关系数 $\rho_{\rm ck,ct}$ 是否为 0 的问题.

6.4.1 经验法则

经验法则是 DPA 攻击所需能量迹数量为以置信度 $\alpha = 0.0001$ 把 $\rho_{\rm ck,ct}$ 的估计相关系数与 $\rho = 0$ 的估计相关系数进行区分所必需的能量迹的数量. 4.6.6 小节已经讨论了区别两个相关系数 ρ_1 和 ρ_0 估计量所需要的能量迹的数量. 因此, 式 (4.44) 可以直接用于估计在 DPA 攻击中所需能量迹的数量. 如表 4.3 所示, 分位点的值是 $z_{0.9999} = 3.719$.

> 作为经验法则, 实施一次成功 DPA 攻击所需要的能量迹的数量 n 可以计算如下:
>
> $$n = 3 + 8 \frac{z_{1-\alpha}^2}{\ln^2 \dfrac{1 + \rho_{\rm ck,ct}}{1 - \rho_{\rm ck,ct}}} \tag{6.8}$$

为了说明 $\rho_{\rm ck,ct}$ 与根据式 (6.8) 计算得到的能量迹数量之间的关系, 表 6.1 给出了部分计算结果. 当关注 $\rho_{\rm ck,ct} \leqslant 0.2$ 情况下的数量时, 可以观察到 $\rho_{\rm ck,ct}$ 和 n 之间本质上存在一种二次关系. 将 $\rho_{\rm ck,ct}$ 减少到原来的 1/10 意味着能量迹的数量需要增加到原来的 100 倍. 事实上, 当 $\rho_{\rm ck,ct} \leqslant 0.2$ 时, 可以化简式 (6.8). 对于这些小的相关系数而言有 $n \approx 28 / \rho_{\rm ck,ct}^2$ 成立. 实际上, 许多 DPA 攻击都会产生小于 0.2 的相关系数, 这就是现在要总结这些攻击中 SNR, $\rho_{\rm ck,ct}$ 和 n 之间关系的原因. 如式 (6.9) 所示的关系式可以从式 (4.10), 式 (6.5) 和式 (6.8) 得到. 注意, $\rho_{\rm ck,ct}^2 \sim$ SNR 仅对小的 SNR 成立.

表 6.1 对于不同的 $\rho_{\mathrm{ck,ct}}$，计算所得的能量迹的数量 n

$\rho_{\mathrm{ck,ct}}$	$n_\alpha = 0.0001$	$\rho_{\mathrm{ck,ct}}$	$n_\alpha = 0.0001$	$\rho_{\mathrm{ck,ct}}$	$n_\alpha = 0.0001$
0.900	16	0.090	3400	0.009	341493
0.800	26	0.080	4307	0.008	432206
0.700	40	0.070	5630	0.007	564519
0.600	61	0.060	7668	0.006	768378
0.500	95	0.050	11049	0.005	1106471
0.400	157	0.040	17273	0.004	1728870
0.300	292	0.030	30720	0.003	3073559
0.200	676	0.020	69140	0.002	6915526
0.100	2751	0.010	276606	0.001	27662152

对于 $|\rho_{\mathrm{ck,ct}}| \leqslant 0.2$ 和小的 SNR 有如下关系式成立：

$$n \approx \frac{28}{\rho_{\mathrm{ck,ct}}^2} \sim \frac{1}{\mathrm{SNR}} = \frac{\mathrm{Var}(P_{\mathrm{sw.noise}} + P_{\mathrm{el.noise}})}{\mathrm{Var}(P_{\mathrm{exp}})} \tag{6.9}$$

- 将 $\rho_{\mathrm{ck,ct}}$ 减半意味着所需要的能量迹数量将增至原来的 4 倍.
- 噪声的总量加倍，则 $\rho_{\mathrm{ck,ct}}$ 降至 $\rho_{\mathrm{ck,ct}}/\sqrt{2}$，因此，使所需要的能量迹数量加倍.
- 减半处理被攻击中间结果的连线的电容将使得 P_{exp} 减半，使得 SNR 变为原来的 1/4，因此，能量迹的数量变为原来的 4 倍.

6.4.2 示例

现在来估算在 6.2 节中提出的两个 DPA 攻击所需的能量迹的数量. 首先关注针对 AES 软件实现的基于比特模型的 DPA 攻击，攻击对象是第一轮 S 盒的输出. 正如在图 6.3 中所观察到的以及在 6.3.1 小节中所计算的那样，该攻击中 $\rho_{\mathrm{ck,ct}}$ 为 $0.34(= 0.35 \cdot 0.98)$. 因此，根据式 (6.8)，所需能量迹的数量大约为 224.

第二个攻击是使用汉明距离模型攻击 AES ASIC 实现的最后一轮 S 盒输入的 DPA 攻击. 已经在 6.2.2 小节中基于 100000 条能量迹实施了该攻击. 在如图 6.12 所示的结果中，所观察到的最大相关系数是 0.065. 该值只是对 $\rho_{\mathrm{ck,ct}}$ 的一个估计. 但是当使用 100000 条能量迹来估计大约为 0.065 的相关系数时，估算值已经非常接近实际的相关性，参见 4.6.5 小节. 因此，可以使用 $\rho_{\mathrm{ck,ct}} = 0.065$ 来计算所需要的能量迹，计算结果为 6532 条.

完成这些计算之后，再次实施这两个 DPA 攻击. 第一个攻击基于 224 条能量迹，而第二个攻击则基于 6532 条能量迹. 攻击结果如图 6.24 和图 6.25 所示. 在这两个结果中，正确密钥假设所导致的尖峰均清晰可见.

审视这些图时，一个有趣的观察是以灰色绘制的点形成了一条 "带". 灰色点是 255 个不正确密钥假设的相关系数. 这些点位于黑色尖峰前后位置附近，它们本质

上对应于当 $\rho = 0$ 时的估计量. 因此, 就可以很容易解释为什么所有这些点几乎都位于一个特定的区间内. 由式 (4.36) 和式 (4.37) 可知, 当 $\rho = 0$ 时的估计量服从以 $\mu = 0$ 和 $\sigma = 1/\sqrt{n-3} \approx 1/\sqrt{n}$ 的正态分布. 此外, 由 4.2.1 小节可知, 正态分布中的样本以 99.99% 的概率位于 $\pm 4 \cdot \sigma$ 内, 这可以解释为什么几乎所有的灰点都位于 $\pm 4/\sqrt{n}$ 的区间内.

图 6.24 中的区间为 $\pm 4/\sqrt{224} = 0.27$, 而第二个攻击的区间则为 $\pm 4/\sqrt{6532} = 0.05$. 正如在图 6.24 和图 6.25 中所观察到的那样, 计算得到的区间很好地符合了所绘制的结果. 当然, 对于尖峰前后的黑点, 计算所得的界同样正确, 在这些位置同样有 $\rho = 0$. 要特别注意的是, 对于所有的 DPA 攻击, $\pm 4/\sqrt{n}$ 总成立. 该区间可以在本书给出的所有攻击结果中观察到.

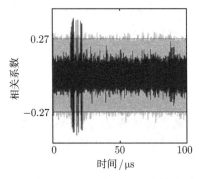 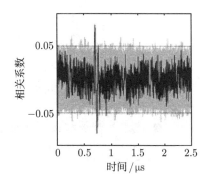

图 6.24　使用 224 条能量迹时,
对微控制器的 DPA 攻击结果

图 6.25　使用 6532 条能量迹时, 对
AES ASIC 实现的 DPA 攻击结果

除了对被攻击的中间结果进行处理的点之外, 所有其他点相关系数的估计量基本上均位于区间 $\pm 4/\sqrt{n}$ 内.

图 6.24 和图 6.25 中的黑色尖峰清晰可见, 这是因为它们的尖峰值在区间 $\pm 4/\sqrt{n}$ 之外. 对于根据式 (6.8) 计算出 n 以及 $\rho_{ck,ct} \leqslant 0.2$ 的攻击, 尖峰幅度的期望值大约比 $4/\sqrt{n}$ 高 30%. 这是选择置信度 α 的方法所造成的后果. 当期望得到不同的比值时, 就必须选择不同的 α 值. 置信度越高, 尖峰就越明显. 如果目标是为了计算出以高置信度进行成功攻击所需的能量迹的数量, 可以发现选择 $\alpha = 0.0001$ 是一种可行方案.

6.5　相关系数的替代方法

在关于 DPA 攻击的第一篇文章 [KJJ99] 中, 使用了所谓的 "均值差" 方法代替相关系数来比较 $\boldsymbol{H}$ 和 $\boldsymbol{T}$ 的列, 这种方法是确定两个矩阵列之间关系的另一种途径. 本节将简要讨论这种方法, 同时也将描述其他一些用于确定 H 和 T 之间关系的替代方法.

基于这些替代方法的 DPA 攻击与前文所描述的 DPA 攻击的工作原理非常类似. 事实上, 这些攻击中的第 $1 \sim 3$ 步 (见 6.1 节) 与之前所述攻击的各相应步骤完全相同. 第一个差异出现在第 4 步: 把矩阵 V 映射为 H. 在相关系数的情形下, 对这个映射没有特殊的约束, 而在替代方法的情形中则只能应用二元模型, 这意味着需要以满足 $h_{i,j} \in \{0,1\}(\forall i,j)$ 的方式来选择能量模型. 例如, 不能直接使用汉明重量模型. 在基于这些替代方法实施 DPA 攻击之前, 必须将汉明重量模型简化为二元模型. 例如, 当 $\mathrm{HW}(v_{i,j}) \geqslant 4$ 时, 令 $h_{i,j} = 1$; 当 $\mathrm{HW}(v_{i,j}) < 4$ 时, 令 $h_{i,j} = 0$, 这样就可以完成简化工作. 但是, 用这样一个二元模型来刻画被攻击设备的能量消耗显然没有非二元模型精准. 这也是基于替代方法实施 DPA 攻击通常没有基于相关系数实施 DPA 攻击更有效的主要原因.

当然, 除了对能量模型有不同的要求之外, 基于替代方法的攻击在第 5 步中也存在差异. 矩阵 R 的计算并非基于相关系数, 而是基于一些其他的统计方法. 在使用所有替代方法的情形下, 所计算出的矩阵 R 的大小与使用相关系数生成的矩阵完全相同, 但是矩阵 R 的值不同且具有不同的意义.

6.5.1 均值差

均值差方法已经用于 1.3 节所给出的例子中, 其基本思想是基于以下考虑来确定 H 和 T 各列之间的关系. 攻击者构造一个二元矩阵 H, 并假设对于某个特定的中间值, 它的能量消耗与所有其他值的能量消耗均不同. H 的每一列中的 0/1 序列是输入数据 d 和密钥假设 k_i 的函数. 为了检验密钥假设 k_i 正确与否, 攻击者可以根据 h_i 将矩阵 T 的行分成两组, 即两个能量迹子集. 第一个子集中包含了 T 中那些索引值等于向量 h_i 中 0 的索引的行, 第二个子集则包含了 T 中所有剩余的行. 随后, 计算各行的均值. 向量 m'_{0i} 表示第一个子集中行的均值, m'_{1i} 表示第二个子集中行的均值. 如果在某个时间点上, m'_{0i} 和 m'_{1i} 之间具有了明显的差异, 则认为密钥假设 k_i 正确.

m'_{0i} 和 m'_{1i} 之间的差异表明了 h_{ck} 和 T 的一些列之间存在相关性. 就像前面攻击一样, 这个差异发生在处理对应于 h_{ck} 的中间值的那个时刻. 而在所有的其他时刻, 向量之间的差异本质上应为 0. 如果密钥假设错误, 则 m'_{0i} 和 m'_{1i} 之间的差异在所有时刻几乎都为 0. 基于均值差方法的 DPA 攻击的结果是一个矩阵 R, R 中的每一行对应于一个密钥假设的均值向量 m'_{0i} 和 m'_{1i} 之间的差. 式 (6.10)~ 式 (6.14) 给出了根据均值差方法计算 R 的公式. 在这些式子中, n 表示 H 中行的数量, 即攻击中所需要的能量迹数量.

$$m_{1i,j} = \frac{1}{n_{1i}} \cdot \sum_{l=1}^{n} h_{l,i} \cdot t_{l,j} \tag{6.10}$$

$$m_{0i,j} = \frac{1}{n_{0i}} \cdot \sum_{l=1}^{n} (1 - h_{l,i}) \cdot t_{l,j} \tag{6.11}$$

$$n_{1i} = \sum_{l=1}^{n} h_{l,i} \tag{6.12}$$

$$n_{0i} = \sum_{l=1}^{n} (1 - h_{l,i}) \tag{6.13}$$

$$\boldsymbol{R} = \boldsymbol{M}_1 - \boldsymbol{M}_0 \tag{6.14}$$

为了给出一个基于该方法的攻击示例, 重新实施一次 DPA 攻击, 攻击对象是运行在微控制器上 AES 软件实现的 S 盒输出. 事实上, 实施了与第 1 章中提到的攻击相似的 DPA 攻击. 但是, 这次选择攻击 LSB, 而并非 MSB, 即 $h_{i,j} = \text{LSB}(v_{i,j})$. 该模型属于二元模型, 因此, 它可以用于均值差方法且不需要任何修改. 基于 1000 条能量迹计算出的攻击结果如图 6.26 和图 6.27 所示. 可以观察到, 正确的密钥假设 $k_{\text{ck}} = 225$ 能够很容易地被再次识别出来.

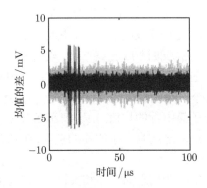

图 6.26　$\boldsymbol{R}$ 的所有行

密钥假设 225 用黑色绘制, 所有其他密钥假设则用灰色绘制

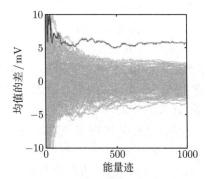

图 6.27　能量迹的数量不同时, 位于 $13.8\mu s$ 处 $\boldsymbol{R}$ 的列

密钥假设 225 用黑色绘制

但是, 需要注意的是, 均值差方法只考虑了值的差, 而没有考虑相应的方差. 通过式 (6.2) 可以看出, 相关系数同时考虑了差和方差. 因此, 基于均值差方法的 DPA 攻击比基于相关系数的 DPA 攻击需要更多的能量迹. 通过对比图 6.27 和图 6.4 也可以观察到这两种方法之间的差异.

6.5.2 均值距

均值距方法是均值差方法的一种改进, 因为这种方法考虑了方差. 均值距方法基于一个普遍使用的假设检验来确定两个分布是否具有相同的均值, 4.6.4 小节已讨论过这种检验方法.

在基于均值距方法的 DPA 攻击中, 对于每一个密钥假设, 矩阵 $\boldsymbol{T}$ 被分成两个包含若干行的子集, 这与前节所述完全一样. 这两种方法的差异在于, 现在是根据均值距来比较两个集合的均值, 而不是仅仅基于均值差. 因此, 可以如式 (6.15) 所示计算矩阵 $\boldsymbol{R}$ 的元素, 其中, $s_{i,j}$ 是根据式 (4.32) 得到的两个集合不同分布的标准差.

$$r_{i,j} = \frac{m_{1i,j} - m_{0i,j}}{s_{i,j}} \tag{6.15}$$

基于式 (6.15), 再次攻击微控制器上 AES 实现的第一个 S 盒输出的 LSB. 攻击结果如图 6.28 和图 6.29 所示. 该攻击所需的能量迹数量与基于相关系数的攻击所需的能量迹数量大致相同. 如果基于相关系数的方法使用二元能量模型, 那么这两种方法本质上将导致相同的结果. 但是, 正如前面已经指出的, 均值距方法的缺点是它不能用于非二元能量模型.

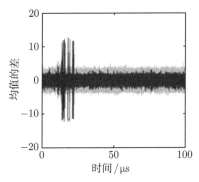

图 6.28 $\boldsymbol{R}$ 的所有行

密钥假设 225 用黑色绘制, 所
有其他密钥假设则用灰色绘制

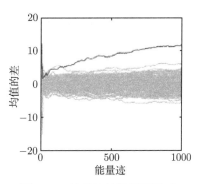

图 6.29 能量迹的数量不同时
位于 13.8μs 处 $\boldsymbol{R}$ 的列.

密钥假设 225 用黑色绘制

6.5.3 广义极大似然检验

实施 DPA 攻击的另一种方法由 Agrawal 等在文献 [ARR03] 中给出. 这种方法基于广义极大似然检验的统计概念, 参见文献 [Kay98]. 在 Agrawal 等给出的方法中, 通过增加一列 $\boldsymbol{h}_{K+1}$ 来扩展矩阵 $\boldsymbol{H}$. 该列中包含了一个随机的 0/1 序列, 称作原假设. 在 DPA 攻击的第 5 步中, 把初始的 K 个密钥假设与原假设 $\boldsymbol{h}_{K+1}$ 作比较. 式 (6.16) 给出了比较方法. 为了计算 $r_{i,j}$, 需要用到式 (6.10)～ 式 (6.13) 中给出的公式. 此外, $s_{0i,j}$ 和 $s_{1i,j}$ 表示那些用于计算相应均值 $m_{0i,j}$ 和 $m_{1i,j}$ 的行中各点的标准差. 关于式 (6.16) 的详细描述, 可以查阅文献 [ARR03].

$$r_{i,j} = \frac{((m_{1i,j} - m_{0i,j}) - (m_{1K+1,j} - m_{0K+1,j}))^2}{\dfrac{s_{0K+1,j}}{n_{0K+1}} + \dfrac{s_{1K+1,j}}{n_{1K+1}}} - \ln\left(\frac{\dfrac{s_{0i,j}}{n_{0i}} + \dfrac{s_{1i,j}}{n_{1i}}}{\dfrac{s_{0K+1,j}}{n_{0K+1}} + \dfrac{s_{1K+1,j}}{n_{1K+1}}}\right) \quad (6.16)$$

为了给出一个基于这种度量方法的攻击示例, 再次攻击 AES 软件实现的第一个 S 盒输出的 LSB, 图 6.30 和图 6.31 给出了相应的结果. 显然, Agrawal 等的方法很容易地恢复出密钥 k_{ck}. 图 6.31 也再次表明, 均值距方法和相关系数方法所需能量迹的数量是相似的. 但是, 由于原假设 h_{K+1} 是随机生成的, 因此, Agrawal 等的方法是非确定性方法. 此外, 它也只能用于二元能量模型.

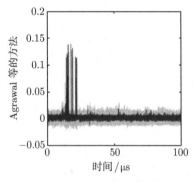

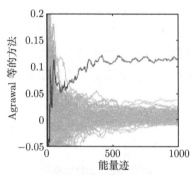

图 6.30　R 的所有行
密钥假设 225 用黑色绘制, 而所有其他
密钥假设则用灰色绘制

图 6.31　能量迹的数量不同时,
位于 13.8μs 处 R 的列
密钥假设 225 用黑色绘制

6.6　基于模板的 DPA 攻击

在前面的章节中, 假设攻击者只拥有少量关于被攻击设备能量消耗特征的知识, 并且使用了很简单的能量模型把 V 映射成 H, 如比特模型、汉明重量模型、汉明距离模型或 ZV 模型. 但是, 很明显, 能量模型与实际能量消耗越匹配, 则攻击就越有效.

本节将假设攻击者能够基于模板刻画设备的能量消耗特征, 这就是所谓的 "基于模板的 DPA 攻击", 它是最强大的一种 DPA 攻击. 基于模板的 DPA 攻击最早由 Agrawal 等在文献 [ARR03] 中给出, 所给出的攻击本质上是基于模板的 SPA 攻击的扩展. 这些基于模板的 SPA 攻击已在 5.3 节中讨论过.

模板是描述设备能量消耗特征的最优方法. 在确定设备所使用的密钥时, 基于模板的 DPA 攻击可以把确定设备密钥时发生错误的可能性减到最小. 因此, 在这个意义上, 基于模板的 DPA 攻击是最优的. 但是, 必须指出, 这种最优性只适用于多元高斯分布 (见 4.4.2 小节) 以及给定特征点的情况下, 而选择特征点的最优策略一般不存在.

6.6.1 概述

开始描述基于模板的 DPA 攻击. 首先只考虑一条能量迹, 即 T 的某一行 t_i'. 在这种情况下, 攻击者本质上对回答以下问题感兴趣: 给定能量迹 t_i', 设备密钥等于 k_j(其中, $j = 1, \cdots, K$) 的概率是多大? 使用贝叶斯定理, 可以计算出这个条件概率 $p(k_j|t_i')$, 参见文献 [Kay98]. 基于先验概率 $p(k_l)$ 与概率 $p(t_i'|k_l)(l = 1, \cdots, K)$, 使用贝叶斯定理, 可以计算概率 $p(k_j|t_i')$, 参见式 (6.17).

$$p(k_j|t_i') = \frac{p(t_i'|k_j) \cdot p(k_j)}{\sum\limits_{l=1}^{K} (p(t_i'|k_l) \cdot p(k_l))} \tag{6.17}$$

先验概率是不考虑能量迹 t_i' 时不同密钥的概率. 因此, 本质上可以将贝叶斯定理视为概率更新函数. 该函数的输入为不考虑 t_i' 的先验概率 $p(k_l)$, 而其输出则为考虑了 t_i' 的后验概率 $p(k_j|t_i')$. 注意, 先验概率的和与后验概率的和总均为 1, 即 $\sum\limits_{l=1}^{K} p(k_l) = \sum\limits_{l=1}^{K} p(k_l|t_i') = 1$.

只给定一条能量迹 t_i', 对设备所用密钥的最佳猜测是导致最高概率 $p(k_j|t_i')$ 的密钥 k_j. 基于这种策略猜测密钥的方法称为极大似然方法. 极大似然方法可以将错误的概率减少到最小, 所以从这种角度讲, 它是最优的, 参见 5.3.1 小节. 然而, 尽管这种方法是最优的, 但是基于单一能量迹的攻击并不总能够成功. 通常, 在单条能量迹中并没有足够的可用信息来揭示出设备密钥. 这就是现在要把这种方法扩展到多条能量迹的原因, 即转而对确定概率 $p(k_j|T)$ 感兴趣. 也就是说, 给定能量迹矩阵 T 时, 设备使用密钥 k_j 的概率. 用 D 来表示 T 中行数.

把 $p(k_j|t_i')$ 扩展到 $p(k_j|T)$ 不会很难. 因为各能量迹统计独立, 因此, 可以将不同能量迹所对应的概率相乘并把积代入式 (6.17) 中, 参见式 (6.18). 得到该公式的另一种方法是迭代应用贝叶斯准则. 这意味着如果在计算 $p(k_j|t_i')$ 时令先验概率 $p(k_j)$ 为 $p(k_j|t_{i-1}')$, 则有 $p(k_j|T) = p(k_j|t_D')$.

$$p(k_j|T) = \frac{\left(\prod\limits_{i=1}^{D} p(t_i'|k_j)\right) \cdot p(k_j)}{\sum\limits_{l=1}^{K} \left(\left(\prod\limits_{i=1}^{D} p(t_i'|k_l)\right) \cdot p(k_l)\right)} \tag{6.18}$$

式 (6.18) 是基于模板的 DPA 攻击的基础, 它得到了可用于基于极大似然方法猜测设备密钥的概率 $p(k_j|\boldsymbol{T})(j = 1, \cdots, K)$. 到目前为止, 仍没有回答的一个重要问题是, 攻击者如何能够确定出计算 $p(k_j|\boldsymbol{T})$ 所需的所有概率 $p(k_j)$ 和 $p(\boldsymbol{t}_i'|k_j)$. 确定先验概率 $p(k_j)$ 的方法很简单. 典型地, 所有的密钥值均等概率分布, 即 $p(k_j) = 1/K$. 概率 $p(\boldsymbol{t}_i'|k_j)$ 较难确定, 但是这正是模板发挥作用的地方. 以下讨论基于模板来确定 $p(\boldsymbol{t}_i'|k_j)$ 的不同方法.

使用模板来确定 $p(\boldsymbol{t}_i'|k_j)$

为了确定概率 $p(\boldsymbol{t}_i'|k_j)$, 本质上可以采用在实施基于模板的 SPA 攻击中所采用的方法, 参见 5.3.2 小节. 这意味着既可以应用数据密钥对模板, 也可以使用中间值模板. 首先, 关注后一种方法.

使用中间值模板时, 攻击者首先需要选择一个中间值, 其选取准则与前文所述 DPA 攻击中的准则相同, 参见 6.1 节. 然后, 需要刻画该中间值的能量消耗特征. 这意味着对于所有中间值 v, 需要分别建立一个模板 $\mathfrak{h}_v$.

为所有被攻击中间值建立了模板之后, 攻击者执行标准 DPA 攻击的第 2 步和第 3 步, 即测量能量迹 $\boldsymbol{T}$ 并计算 $\boldsymbol{V}$. 接着, 基于 $\boldsymbol{T}$ 和 $\boldsymbol{V}$ 并根据式 (6.19) 计算概率 $p(\boldsymbol{t}_i'|k_j)$, 其中, $i = 1, \cdots, D, j = 1, \cdots, K$. 随后, 对于所有 $j = 1, \cdots, K$, 应用这些概率并根据式 (6.18) 计算 $p(k_j|\boldsymbol{T})$. 最后, 基于极大似然准则, 使用产生最高概率 $p(k_j|\boldsymbol{T})$ 的密钥 k_j 来猜测设备所使用的密钥.

$$p(\boldsymbol{t}_i'|k_j) = p(\boldsymbol{t}_i'; \mathfrak{h}_{v_{i,j}}) \tag{6.19}$$

在建立数据密钥对模板的情形中, 基于模板的 DPA 攻击的工作原理几乎完全相同. 首先, 需要为每一个数据输入 d_i 和密钥 k_j 组合分别建立一个模板 $\mathfrak{h}_{d,k}$, 其中, $i = 1, \cdots, D, j = 1, \cdots, K$. 在实施攻击期间, 令概率 $p(\boldsymbol{t}_i'|k_j)$ 为 $p(\boldsymbol{t}_i'; \mathfrak{h}_{d_i,k_j})$. 注意, 在这种情况下, 不需要计算假设中间值的矩阵 $\boldsymbol{V}$, 而是直接将数据输入 $\boldsymbol{d}$ 和密钥假设 $\boldsymbol{k}$ 视为模板参数.

6.6.2   对软件实现的攻击示例

为了说明基于模板的 DPA 攻击的效果, 再次攻击微控制器上的 AES 软件实现, 并给出基于模板的 DPA 攻击的两个攻击示例. 在这两个攻击中, 为了确定 $p(\boldsymbol{t}_i'|k_j)$, 对第一轮 S 盒的输出使用了模板.

第一个攻击考虑了 S 盒的所有 8 比特输出. 因为已经知道微控制器会泄漏它所处理的数据的汉明重量, 为 S 盒输出的 9 个汉明重量分别建立模板, 参见 5.3.2 小节. 可以把这些模板称为 $h_{0, \cdots, 8}$, 并令 $p(\boldsymbol{t}_i'|k_j) = p(\boldsymbol{t}_i'; \mathfrak{h}_{\mathrm{HW}}(v_{i,j}))$. 基于上述考虑建立模板后, 可根据式 (6.18) 实施 DPA 攻击, 攻击结果如图 6.32 所示.

图 6.32 说明了概率 $p(k_j|\boldsymbol{T})$(其中, $j = 1, \cdots, 256$) 作为能量迹数量的函数并随之改变而变化的规律. 在 7 条能量迹之后, 正确的密钥假设已经导致了几乎为 1 的概率. 与前文中的攻击相比, 这个数量非常小. 但是, 图 6.32 所示的图形强烈依赖于能量迹所使用的输入值. 对于某些输入值而言, 甚至使用更少的能量迹就能够确定出正确的密钥; 而对于某些输入值而言, 所需的能量迹会多达 10 条. 然而, 平均而言, 该攻击的能力仍然强于前文所讨论的攻击.

第二个攻击示例中, 只使用 S 盒输出的 LSB 来建立模板. 显而易见, 如果攻击者有机会基于字节值建立模板, 则模板的建立不会仅基于 LSB. 但是, 这个攻击示例说明了如果能量迹中存在更多噪声, 基于模板的 DPA 攻击的效果会怎样变化. 为实施这一攻击, 建立了两个模板 h_0 和 h_1, 并令 $p(\boldsymbol{t}'_i|k_j) = p(\boldsymbol{t}'_i; \mathfrak{h}_{\mathrm{LSB}(v_{i,j})})$. 攻击结果如图 6.33 所示, 大约需要 110 条能量迹就可以使得正确的密钥假设具有最高的概率. 平均而言, 成功实施该攻击所需的能量迹少于 150 条.

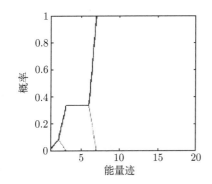

图 6.32   基于 HW.$p(k_j|\boldsymbol{T})$ 使用
模板时, 作为能量迹数量函数的
概率 $p(k_j|\boldsymbol{T})$ 以黑色绘制

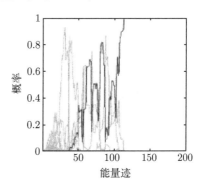

图 6.33   基于 LSB.$p(k_j|\boldsymbol{T})$ 使用
模板时, 作为能量迹数量函数的
概率 $p(k_j|\boldsymbol{T})$ 以黑色绘制

6.7   注记与补充阅读

DPA 攻击需要考虑的事项   DPA 攻击包括多个步骤, 每一个步骤都必须考虑一些事项. 6.1 节已经列举了其中最重要的事项. 现在再次回顾这些步骤, 并对更多的问题加以讨论.

第 1 步: 在 DPA 攻击的第 1 步中, 攻击者选择算法的一个中间值, 该中间值必须是一些已知的非常量数据和一部分密钥的函数.

实际上, 攻击者通常可以获知明文或密文, 有时候甚至两者皆知. 但是, 对大多数对称密码算法而言, 仅仅知道明文 (或密文) 意味着只允许攻击出现在第一轮加密之后 (或最后一轮加密之前) 的中间值. 如果攻击者可以选择明文或密文, 那么就可以针对更多的中间值, 甚至更多的轮实施攻击. 这依赖于密码算法的结构. 文献 [Jaf06b] 讨论了选择明文攻击的一个攻击示例, 该攻击允许选择 AES 中 MixColumn 操作之后的中间值进行攻击.

对非对称算法而言, 情况类似. 给定明文或密文, 攻击者可以选择出现在密码操作第一步或最后一步中的中间值实施攻击.

第 2 步: 在 DPA 攻击的第 2 步中, 攻击者测量密码设备的能量消耗. 密码设备执行的密码算法使用未知常量密钥对已知明文进行加密.

在实际攻击中, 攻击者通常会试图仅仅测量与目标中间值相关的能量消耗. 这意味着如果明文已知, 攻击者把 PC 向示波器传送明文作为触发信号, 触发示波器记录一小段时间内的能量消耗. 如果密文已知, 攻击者把密码设备向 PC 发送密文作为终止信号, 终止示波器对能量消耗的记录. 因此, 第 1 步和第 2 步中的决策相互依赖. 后一种触发方式有时更方便, 因为触发由设备发起的通信通常能得到对齐得更好的能量迹, 参见 8.2 节.

第 3 步: 在 DPA 攻击的第 3 步中, 攻击者计算假设中间值. 这意味着对所有密钥和所有明文 (或者密文), 分别计算相应的中间值.

乍一看, 这个步骤似乎在计算上不可行, 因为必须要使用所有可能的密钥值. 但是, 由于密码算法设计的特点, 为了计算目标中间值, 攻击者只需要猜测密钥的一小部分. 例如, 在 AES 中, 把密钥和明文进行混合的第一个操作是轮密钥加操作, 该操作是逐位进行的. 因此, 基于明文的一个比特和密钥的一个比特就可以计算出 AddRoundKey 操作之后中间值的一个比特. 甚至在下一个操作 ——SubBytes 后, 中间值也仅依赖于密钥的 8 个比特. 同样, 在非对称密码算法中, 也仅仅是密钥的一小部分与明文进行混合. 例如, 在典型的 RSA 实现中, 密钥或者是逐位使用的 (平方-乘算法), 或者是逐块使用的 (窗口算法), 参见文献 [MvOV97].

总之, 在实际的攻击中, 对于大部分类型的密码算法而言, 选择仅仅依赖于一小部分密钥的中间值是可能的.

第 4 步: 在 DPA 攻击的第 4 步中, 攻击者将假设中间值映射为假设能量消耗值. 该映射需要基于一个合适的能量消耗模型.

在实际的攻击中, 攻击者通常会在汉明重量模型、汉明距离模型和 ZV 模型之间作出选择. 如果攻击者不知道哪一个模型更合适, 则可以简单地尝试所有模型. 攻击组合逻辑元件通常更加困难, 在这种情况下, 通常需要通过仿真来确定能量模型, 参见 3.3 节. 如果能量模型可由特征刻画确定, 则可以实施基于模板的 DPA 攻击.

第 5 步: 在 DPA 攻击的第 5 步中, 攻击者对假设能量消耗值和能量迹进行比较. 这项比较工作通过统计检验完成. 最后这一步可以恢复出密钥.

有时候, 在处理目标中间值的时候, 对于很多甚至全部的密钥假设, DPA 攻击都会产生较高的相关系数. 导致这种情况出现的原因有两个. 首先, 可能是能量迹的数量不足; 其次, 能量模型可能是错误的. 如果能量模型错误, 那么与假设能量消耗值与能量迹之间的相关性相比, 假设能量消耗间的相关性会占支配地位. 但是, 即使能量模型正确, 也可能发生几个密钥假设都会导致高相关系数的情况. 这些错误密钥的高相关性尖峰有时被称为 "假峰"(ghost peaks). 但是, 这些尖峰的成因并不神秘, 正是由于假设中间值之间的相关性所致. 这种相关性的大小依赖于被攻击的中间值. 例如, 在 AES 中, 对于不同的密钥假设, S 盒的输出值之间只存在较小的相关性, 但是, AddRoundKey 操作的输出值之间则存在较大相关性. 因此, 对 S 盒进行攻击比对轮密钥加进行攻击通常更容易确定出密钥. 与 AES 不同, DES 使用了其他的 S 盒. DES 的 S 盒输出较之 AES 的 S 盒输出具有更大的相关性. 因此, 在对 DES 的 S 盒实施攻击时, 通常会有更多的密钥假设具有高相关系数.

基本的 DPA 技术　Kocher 等 [KJJ99] 提出了 DPA 的概念. 这篇文章使用均值差方法阐释了对 DES 的 DPA 攻击, 同时也指出可以使用标准统计模型. 此外, Kocher 等还暗示, 他们已经在发展 "高阶 DPA" 和 "模板 DPA". Coron 等在文献 [CKN01] 中讨论了多个标准统计检验在能量分析攻击中的应用.

Messerges 等 [MDS99a] 同样研究了对 DES 实现的 DPA 攻击. 他们指出也可以对寻址信息实施 DPA 攻击. Chari 等 [CJRR99a] 讨论了对 AES 候选算法的 DPA 攻击. 他们是最早明确使用术语 "能量模型" 的人, 此外, 他们还将协方差用作统计手段. Akkar 等 [ABDM00] 分析了一些在智能卡环境中普遍使用的能量模型. Brier 等 [BCO04] 观察到相关系数也可用作统计方法. Bevan 和 Knudsen[BK03] 建议对 DPA 攻击的结果使用最小二乘法检验, 他们的思想可以简述如下: 除了实际的 DPA 攻击之外, 攻击者还可以对 DPA 攻击中所选择的中间值实施 DPA 攻击仿真. 对于所有的密钥, 攻击者进行 DPA 攻击仿真, 并比较确定其中哪一个 DPA 攻击仿真可以最好地匹配对真实能量迹的 DPA 攻击, 最匹配的攻击即给出正确密钥. 该匹配通过最小二乘法进行.

DPA 攻击的命名约定　DPA 攻击的概念独立于统计检验或被攻击数据的类型, 明白这一点很重要. 换言之, 不管使用哪一种统计检验和针对哪一种数据, 对应于 6.1 节中定义的所有攻击都属于 DPA 攻击. 在科技文献中, 针对那些与标准 DPA 攻击存在很小变化的攻击引入新名称变得很流行, 实际上有的攻击仅仅使用了其他的统计检验手段而已. 本书避免引入这些新名称.

高级 DPA 技术　Agrawal 等 [ARR03] 在能量分析攻击中引入了广义极大似然检验的概念, 参见 6.5 节. 另外, 他们还应用了广义模板攻击的概念, 这个概念由 Chari 等 [CRR03] 提出.

Schindler 等 [SLP05] 引入了随机模型的概念. 在这个概念中, 攻击者基于一些合适的函数对能量消耗进行建模. 例如, 适用于微控制器的随机模型可能包含一个带有 8 个未知变量的线性函数 $f(x) = \sum_{i=1}^{8} c_i x_i$, 每一个未知变量 x_i 代表微控制器的一个比特. 权重 c_i 由刻画设备的特征获得. 这个概念在很多方面都等同于模板攻击. 但是, 模板估计了描述能量消耗概率分布的参数, 与之相比, 随机模型则估计了描述能量消耗的某个预定义函数的参数. 模板提供了关于设备能量消耗 "最佳" 描述 (假设能量迹上的点服从多元正态分布以及给定一个特征点的集合). 随机模型需要攻击者选择某个描述能量消耗的函数. 因此, 当函数可以极好地描述能量消耗时, 随机模型效果会最佳, 它与模板攻击同样强大.

高阶 DPA 攻击是结合了数个中间值的 DPA 攻击. 将在第 10 章中对其进行讨论.

面向对称密码系统的 DPA 攻击   与基本的 DPA 技术相关的大部分文章都是针对 DES 的实现, 见本节的第一段. 只有很少一部分文章讨论如何针对未保护的 AES 实现. Örs 等 [OGOP04] 讨论了对 AES 硬件实现的 DPA 攻击. 目前, 这种攻击还没有相应的对策. Jaffe[Jaf06b] 讨论了针对混合列变换操作结果的 DPA 攻击.

Lemke 等 [LSP04] 提出了对 IDEA, RC6 和 HMAC 结构实现的 DPA 攻击. Ha 等 [HKM+05] 提出了对 ARIA 的 DPA 攻击. Yoo 等 [YKH+04] 提出了对 SEED 的 DPA 攻击. Lano 等 [LMPV04] 提出了对同步流密码的 DPA 攻击.

Prouff[Pro05] 给出了 S 盒确实有助于实施 DPA 攻击的数学证明. 换言之, 如果选择 S 盒之后的中间值实施攻击, 则 DPA 攻击将更加成功.

面向非对称密码系统的 DPA 攻击   讨论如何攻击未受保护的非对称密码系统实现的文章很少. Messerges 等 [MDS99b] 讨论了针对 RSA 实现的 DPA 攻击, 并给出了不同的变形攻击方法, 其中, 一些变形攻击可以看成扩展的 SPA 攻击 (按能量迹进行分析), 而另一种变形攻击则是在 6.1 节中所描述的经典 DPA 攻击. Jaffe 等 [Jaf06b] 给出了针对 RSA 的 DPA 攻击的综述, 它可能是迄今为止最全面的综述.

Coron[Cor99] 讨论了针对 ECC 实现的 DPA 攻击. Oswald[Osw05] 综述了对 ECC 实现的最新能量分析攻击研究现状.

Page 和 Vercauteren[PV04] 提出了对基于配对 (pairing) 的密码系统实现的 DPA 攻击. 此外, Page 和 Stam[PS04] 讨论了针对 XTR 实现的 DPA 攻击.

利用电磁泄露的 DPA 攻击   通过能量消耗而泄露的信息同样也会通过设备的电磁场泄露. 但是, 设备的电磁场通常也会包含一些其他的信息. 正如 3.5.2 小节中所指出的那样, 依附于电源网格的寄生元素相当于一个滤波器, 它可以对位于电源管脚处可被测量的能量消耗信号进行滤波. 因此, 尤其是在高频时, 设备的电磁场通常包含更多的信息. 使用宽带接收器和示波器, 可以利用这些信息. 本质上, 在示波器记录 DPA 攻击所需要的能量消耗之前, 接收器进行了调制和滤波, 参见文献 [AARR03].

已报道的第一个通过利用电磁泄露并成功实施攻击的是 Gandolfi 等 [GMO01] 以及 Quisquater 和 Samyde[QS01]. Mangard[Man03b] 也提出了使用电磁泄露的 DPA 攻击的实现.

各种 DPA 攻击的比较　DPA 攻击无论何时在文献中发表, 都会被用来与之前发表的攻击进行比较. 这些比较很重要, 因为这可以用于评价某一些攻击是否优于另外一些攻击. 因此, 具有一些客观的准则很重要, 它们让比较变得公平和有意义.

第一, 比较 DPA 攻击时, 需要了解所比较的攻击属于哪一种类型. 例如, 不能简单地对一个 DPA 攻击和一个基于模板的 DPA 攻击进行比较, 因为两者所基于的假设完全不同. 第二, 也需要考虑所使用的能量模型. 比特模型、汉明重量模型和所有其他的模型之间存在很大的差异. 第三, 比较被攻击设备的类型也很重要. 例如, 一个 8 位微控制器上的 AES 软件实现所具有的并行组件要远远少于 32 位体系结构上 AES 硬件实现的并行组件.

> 对 DPA 攻击进行比较时, 必须考虑 DPA 攻击的类型、能量模型、目标设备和实现方式.

即使对同一种 DPA 攻击, 对可比较设备上的可比较实现进行比较, 尚存在另外一个问题: 选择什么参数进行比较. 在大部分文章中, 所选用的参数都是 (一个成功的攻击所需要的) 能量迹的数量. 但是获得这个数量的方法有多种. 然而, 本书介绍了两种方法. 第一种方法很直观, 使用递增数量的能量迹来反复执行 DPA 攻击. 已经绘制出最高相关系数随能量迹数量变化的图线, 如图 6.31 所示. 导致最高相关系数的能量迹的数量被视为成功攻击所需要的能量迹的数量. 必须清楚的一点是, 使用这种方法获得能量迹的数量主观性很强. 第二种方法是将 $\rho_{\text{ck,ct}}$ 映射为样本数量的经验法则, 参见 6.4 节. 该经验法则基于一些在我们看来属合理的化简. 但是, 这种方法主观性也很强. 唯一客观的参数是相关系数矩阵 $\boldsymbol{R}$ 以及 $\rho_{\text{ck,ct}}$, 特别是 $\rho_{\text{ck,ct}}$.

> 建议基于相关系数对 DPA 攻击进行比较.

量化泄露　本书将 SNR 视为信息泄露的度量. 根据前文的讨论, 基于 $\rho(H_i, P_{\text{exp}})$ 和 SNR 可以计算出 $\rho(H_i, P_{\text{total}})$. 因此, SNR 非常适用于 DPA 攻击.

但是, 对于基于模板的 DPA 攻击而言, SNR 并不适用. 回忆一下, 在基于模板的 DPA 攻击中, 模板匹配导致了条件概率 $p(\boldsymbol{t}_i'|k_j)$, 它用于计算密钥概率 $p(k_j|\boldsymbol{t}_i')$. 因此, 在基于模板的 DPA 攻击中, 必须通过条件概率来量化泄露. Standaert 等

[SPAQ06] 发表了讨论该问题的第一篇文章.

SPA, DPA 和模板攻击的分类方法   不同的研究使用不同的方法来区别 SPA, DPA 和模板攻击. 最有用的两种方法如下: 第一种方法基于对攻击者的假设来区别能量分析攻击. 这意味着不需要考虑攻击者需要的能量迹数量的多少, 也无须考虑攻击者是否能够刻画设备的特征.

第二种方法区别所利用的信息泄露的类型. 可利用的信息泄漏有两类, 分别为 SPA 泄露和 DPA 泄露. 根据 Jaffe[Jaf06a] 的观点, SPA 泄露是 "一种使用直观分析就可以很容易地从少量能量迹中观察到的泄露", 而 DPA 泄露则是一种 "需要使用统计分析" 和 "仅使用直观分析不足以破解设备" 的泄露. 换句话说, SPA 泄露是一种非常强的、可以从能量迹中直接观察出的泄露, 而 DPA 泄露很小且不能直接从能量迹中看出.

表 6.2 给出了迄今为止已经讨论过的不同能量分析攻击的类型与第一种分类方法的联系, 也给出了它们所利用的信息泄露的类型. 根据表 6.2, 把所有基于少量能量迹的攻击称为 SPA 攻击. 如果攻击者不能刻画设备的特征, 则攻击实际上只利用了 SPA 泄漏. 如果攻击者能够刻画设备的特征, 则将该攻击称为基于模板的 SPA 攻击. 这些基于模板的 SPA 攻击实际上利用了 DPA 泄露. 把使用很多能量迹的攻击称为 DPA 攻击. 所有的 DPA 攻击都利用 DPA 泄露. 把那些攻击者刻画了设备特征的 DPA 攻击称为基于模板的 DPA 攻击.

表 6.2   能量分析攻击的区别和被利用的信息泄露类型

	无特征	具有特征
很少能量迹	SPA (SPA 泄漏)	基于模板的 SPA (SPA 泄漏)
很多能量迹	DPA (DPA 泄漏)	基于模板的 DPA (DPA 泄漏)

第7章　隐藏技术

能量分析攻击实施的依据是密码设备的能量消耗依赖于设备所执行的密码算法的中间值. 因此, 如果试图抵御这种攻击, 就要降低甚至消除这种依赖性. 隐藏技术的目标即切断被处理的数据值与设备能量消耗之间的联系. 所以, 尽管采用了隐藏技术的密码设备与未加保护的设备均执行同样的操作, 甚至会产生同样的中间值, 但是隐藏技术使攻击者难以从能量迹中获得可利用的信息.

本章首先对隐藏技术进行概述. 接下来, 分析隐藏技术在密码设备中的体系结构级实现方式. 特别地, 将讨论密码算法软硬件实现中的隐藏对策示例. 最后, 分析元件级隐藏技术, 并讨论各种推荐用于抵御能量分析攻击的逻辑结构.

7.1　概　述

隐藏对策的目标是消除密码设备的能量消耗与设备所执行的操作和所处理的中间值之间的相关性. 实质上, 可以通过两种途径实现这一目标. 第一种方法是使用特殊的方式构建密码设备, 使其能量消耗随机化. 这意味着设备在各个时钟周期的能量消耗随机分布. 第二种方法是使设备对于所有操作和所有操作数均具有同样的能量消耗, 即设备在各个时钟周期的能量消耗相等.

> 当密码设备满足下列属性之一时, 其能量消耗与所执行的操作和所处理的中间数据之间无依赖关系:
> - 设备在各个时钟周期的能量消耗随机分布.
> - 设备在各个时钟周期的能量消耗相等.

使得能量消耗完全随机或者严格相等过于理想化, 然而, 依然存在一些可以接近这些目标的方法. 这些方法可以分为两大类. 第一类方法通过在密码算法的每一次执行中, 改变操作的执行时刻来造成能量消耗的随机化. 这种方法仅仅在时间维度上改变了能量消耗的特征. 第二类方法则采取了不同的方式, 它们直接改变设备所执行操作的能量消耗特征, 使其能量消耗随机或相等. 可见, 第二种方法在振幅维度改变了能量消耗的特征.

7.1.1　时间维度

我们曾指出在 DPA 攻击的第 2 步 (见 6.1 节) 中, 需要将采集到的能量迹进

行正确的对齐才能实施有效的攻击. 这意味着需要将每一个操作的能量消耗定位在
各条能量迹的相同位置. 如果这个条件不满足, 则 DPA 攻击所需要的能量迹数量
将会急剧增大. 这种现象激发了密码设备的设计者对密码算法的执行序列采取随机
化处理, 即改变每一次密码算法执行过程中操作的执行时刻. 这就使得设备的能量
迹对于攻击者而言具有一定的随机性. 算法执行的随机性越强, 对设备的攻击就越
困难. 在随机化密码算法执行序列的技术中, 最广泛使用的是插入伪操作或乱序操作.

> 在密码算法的每一次执行过程中改变操作执行的时刻, 即可随机化
> 密码设备的能量消耗. 这可以通过随机插入伪操作或打乱操作顺序来
> 实现.

7.1.1.1　随机插入伪操作

该技术的基本思想是在密码算法执行前后以及执行中随机插入伪操作. 每一次
执行密码算法时, 均需要生成随机数, 并根据这些随机数来确定在不同位置插入伪
操作的数量. 需要注意的是, 每一次算法执行中插入的伪操作数量应该相同, 因为
这样攻击者便无法通过测量算法的执行时间来推断出插入伪操作的数量.

在一个采用此种方法进行保护的实现中, 每一个操作的执行时间均取决于在该
操作之前插入的伪操作的数量. 在算法的各次执行中, 该数量随机变化; 变化越大,
能量消耗的随机性就越强. 然而, 同样明显的一点是, 插入的伪操作越多, 这种实
现的数据吞吐量就越低. 这也是在现实中必须要对于每一种实现做出适当折衷的
原因.

7.1.1.2　乱序操作

一种不同于随机插入伪操作的方法是乱序操作. 这种方法的基本思想是, 在某
些密码算法中, 特定操作的执行顺序可以任意改变, 因而可以通过改变这些操作的
执行顺序来引入随机性. 以 AES 为例, 算法的每一轮都需要执行 16 次 S 盒查表操
作. 这些查表操作相互独立, 所以可以任意地改变这些操作的执行顺序. 打乱这些
操作的顺序意味着在每一次 AES 执行中, 需要生成随机数用来确定 16 个 S 盒查
表操作的执行顺序.

通过乱序操作来实现能量消耗随机化的方式与随机插入伪操作类似. 但是, 乱序
操作并没有像随机插入伪操作那样严重地影响数据吞吐量. 乱序操作的缺点是
它只能针对特定的操作执行. 在密码算法中, 可以被任意改变执行顺序的操作是有
限的, 这取决于算法本身以及算法实现的体系结构. 在现实中, 乱序操作经常与随
机插入伪操作组合使用.

7.1.2　振幅维度

可以通过使各个时钟周期的能量消耗相等或者随机化, 来使得密码设备具有

防御能量分析攻击的能力. 前文讨论了对算法执行实现随机化的方法. 接下来, 将描述直接改变操作能量消耗特征的技术. 该技术通过降低操作执行时的信噪比 (SNR)(见 4.3.2 小节) 来降低密码设备的信息泄漏. 理想的情况是将 SNR 降至 0, 这可以通过使 $\mathrm{Var}(P_{\mathrm{exp}}) = 0$ 或者 $\mathrm{Var}(P_{\mathrm{sw.noise}} + P_{\mathrm{el.noise}}) = \infty$ 来实现. 为了将 $\mathrm{Var}(P_{\mathrm{exp}})$ 降低到 0, 需要使得设备的能量消耗对于所有操作和操作数完全相同; 将 $\mathrm{Var}(P_{\mathrm{sw.noise}} + P_{\mathrm{el.noise}})$ 增加到无穷大意味着需要无限增大噪声的振幅.

事实上, 上述两种方法都只能在一定程度上实施, 也就是说, $\mathrm{Var}(P_{\mathrm{exp}})$ 只可能降低到一个相对较小的值, 而 $\mathrm{Var}(P_{\mathrm{sw.noise}} + P_{\mathrm{el.noise}})$ 则只可能增加到一个相对较大的值. 并没有任何一种对策能够理想化地将 SNR 降低到 0. 现将一些已有的能够有效降低信噪比的方法简述如下:

> 可以通过增加噪声或者降低信号这两种方法来降低一个操作的 SNR, 即降低操作的信息泄漏.
> ■ 增加噪声: 目标是构造出一个能量消耗取决于随机转换行为的设备.
> ■ 降低信号: 目标是构造出一个对于所有操作种类和所有操作数均具有同等能量消耗的设备.

增加噪声

增加操作噪声最简单的一种方法是并行执行多个不相关操作. 密码设备的数据通路越宽, 其抵抗能量分析攻击的能力就越强. 例如, 同样是攻击 AES 实现中的 1 比特数据, 针对 128 位体系结构的攻击比针对 32 位体系结构的攻击难度更大.

另外一种增加噪声的途径是使用专用噪声引擎. 噪声引擎执行随机转换活动, 并与实际的有效操作并行执行, 这样便可以通过增加 $\mathrm{Var}(P_{\mathrm{sw.noise}})$ 来降低 SNR.

降低信号

乍一看, 构建一个对于所有操作和所有操作数均具有同样能量消耗的设备并不困难. 但是当着眼于该任务的更多细节时, 就会发现这并非想象中的那么简单. DPA 攻击基于大量的能量迹, 所以这种攻击能够利用到能量迹中非常微小的差异. 只有对所有操作和所有操作数, 能量消耗严格相等的设备, 才能对 DPA 攻击产生完美的防御效果. 在现实中, 有两个途径来实现此目标.

最广泛使用的策略就是在密码设备的元件中采用专用逻辑结构. 正如 3.1 节中讨论过的, 密码设备的总能量消耗是其所有元件的能量消耗之和. 如果各个元件的能量消耗均恒定, 则设备的总能量消耗也是恒定的. 第二种实现 $\mathrm{Var}(P_{\mathrm{exp}}) = 0$ 的策略是对密码设备的能量消耗进行滤波, 其基本思想是通过滤波器过滤能量消耗中所有依赖于操作种类或操作数的信号分量.

7.1.3   隐藏技术的实现方法

隐藏对策的目标是使得密码设备的能量消耗与设备所执行的操作和所处理的数据之间无依赖关系. 在现实中, 实现这一目标可以通过三种方式. 第一种方式是通过随机改变操作顺序使能量消耗呈现出随机的特点. 在这种情况下, 各个操作的能量消耗特征无需发生变化. 这种方法仅在时间维度上对能量消耗产生影响. 第二种方式是通过执行与正常指令并行的随机转换活动来使得能量消耗随机化. 这样做的目的是提高 $\mathrm{Var}(P_{\mathrm{sw.noise}})$. 第三种方式是力求使得设备在各个时钟周期消耗同等的能量. 这意味着所执行操作的信号分量, 即 $\mathrm{Var}(P_{\mathrm{exp}})$ 将降低. 表 7.1 对采用隐藏技术保护密码设备的各种方式进行了总结. 除了乱序操作外, 其他所有的技术都与密码设备中实现的密码算法和协议无关.

表 7.1   使密码设备的所有时钟周期均具有相等或随机能量消耗的隐藏对策

	等能量消耗	随机能量消耗
时间维度	—	伪操作, 乱序操作
振幅维度	信号消减	增加噪声

在现实中, 实现这些隐藏对策的途径多种多样. 令人吃惊的是, 到目前为止, 只有少量的科学文献介绍隐藏技术的具体实现. 看起来隐藏技术在工业界的流行程度要远远高于学术界. 这种局面的一个例外是, 最近出现了一些关于抵御能量分析攻击的逻辑结构的文章.

7.2   体系结构级对策

把体系结构级的隐藏对策分为两大类, 分别面向密码算法的软件实现和硬件实现. 首先, 介绍面向密码算法软件实现的隐藏对策, 接着将讨论一些只能通过硬件方法实现的隐藏对策.

7.2.1   软件实现

能够用于改变密码设备能量迹的软件方法很有限. 设备执行某一条指令的能量消耗由设备的硬件设计决定. 然而, 通过软件方式也可以实现某些隐藏技术.

时间维度

最广泛采用的面向软件实现的隐藏对策是随机化算法的执行. 随机插入伪操作或乱序操作可以很容易地通过软件实现. 然而, 必须指出的是, 这些对策均需要使用随机数, 而随机数则需要在密码设备中生成. 一般来说, 插入伪操作和乱序操作并不能提供针对能量分析攻击的高级别保护.

振幅维度

密码设备各个指令的能量消耗特征由设备的硬件设计决定. 然而, 软件实现决定了密码算法执行过程中具体采用何种指令. 在现实中, 密码算法的软件实现方式并不唯一. 通过选择密码算法实现所采用的指令, 有可能改变设备的能量迹, 这一特点可以用来抵御 SPA 攻击, 如对能量迹的视觉检测. 然而, 一般认为这种方式不能够充分抵御 DPA 攻击. 接下来, 给出用于降低设备信息泄漏的软件方法的一个简短列表.

- **指令选择** 一般来说, 密码设备的各个指令关于操作数和执行结果的信息泄漏是不同的. 因此, 需要非常仔细地选择用于实现密码算法的软件指令, 应该选用那些泄漏信息较少的指令.
- **程序流程** 对能量迹进行视觉检测可用于检测出程序流程的改变, 参见 5.2 节. 事实上, 攻击者可以容易地识别出条件跳转指令和重复的指令序列. 因此, 程序员应该避免使用与密钥直接或间接相关的条件跳转指令. 指令的执行序列应该独立于密钥.
- **内存地址** 正如密码设备会泄漏操作数的信息, 密码设备也会泄漏内存地址信息. 因此, 算法执行时使用的内存地址不能依赖于密钥. 当必须采用依赖密钥的内存地址时, 需要最小化设备泄露的信息量. 例如, 当设备泄漏内存地址的汉明重量时, 应当仅使用汉明重量相同的地址.
- **并行操作** 减少密码设备信息泄漏的途径不仅包括降低 $\mathrm{Var}(P_{\exp})$, 还包括增加噪声. 程序员可以在密码算法执行期间并行执行其他操作来增加噪声. 为此, 可以采用协处理器或通信接口等部件.

7.2.2 硬件实现

通过软件方式实现的隐藏对策对密码设备提供的保护有限, 而采用硬件方式保护密码设备却有多种选择. 本节将简述可在体系结构级实现的硬件对策. 同样, 也将这些对策分为两大类, 分别为影响能量消耗的时间维度和振幅维度.

时间维度

实质上, 采用硬件方式改变密码设备操作执行时间的途径有两种. 第一种与前文中提到的软件对策类似. 这些对策的目的是随机插入伪操作 (或时钟周期) 或打乱操作顺序.

- **随机插入伪操作和打乱操作顺序** 实质上, 随机插入伪操作和乱序操作的实现方法与在软件对策中的实现方法相同. 这意味着要利用随机数来确定插入伪操作的位置. 同样, 也需要使用随机数来决定密码算法的指令执行序列.

■ **随机插入伪时钟周期**   这种方法是随机插入伪操作的一种变形. 伪操作需要占用多个时钟周期, 而这种方法的目的仅仅是插入单个时钟周期. 为此, 通常需要复制一组受保护密码设备的寄存器. 原始寄存器组用来保存密码算法执行的中间结果, 而复制寄存器组则用于保存随机数. 可以使用如下方式插入伪周期: 密码算法执行期间的每一个时钟周期内均生成一个随机数, 该随机数决定是否将该时钟周期视为伪周期. 如果视为伪周期, 则设备使用储存在复制寄存器组中的随机数执行操作; 否则, 设备将继续执行密码算法.

第二类方法则影响时钟信号. 这些方法随机地改变时钟信号频率, 从而使得对能量迹的对齐更加困难. 最常用的控制密码设备时钟信号的方法有如下几种:

■ **随机过滤时钟脉冲**   这种方法的基本思想是在时钟信号的通道上加入一个滤波器. 该滤波器随机地过滤掉供给密码设备的时钟脉冲. 至于需要过滤掉哪些时钟脉冲, 则由随机数决定.

■ **随机改变时钟频率**   这种方法与随机过滤时钟脉冲的方法原理类似, 但实现方式不同. 该方法直接在密码设备中生成随机改变频率的时钟信号. 例如, 可以通过随机数来改变内部晶振的频率, 从而改变密码设备的执行频率.

■ **多时钟域**   在这种情况下, 密码设备生成多个时钟信号. 通过随机地在这些时钟信号中进行切换来破坏能量迹的对齐.

对于所有这些影响能量消耗时间维度的方法而言, 至关重要的一点是, 需要保证攻击者无法识别出对策的种类. 这意味着攻击者必须无法检测出是插入了伪周期 (伪操作), 还是执行了乱序操作, 抑或是对时钟信号进行了处理.

振幅维度

与采用软件方法相比, 采用硬件方法更易于改变密码设备的能量消耗特征. 在体系结构级, 通过对能量消耗进行滤波, 就可以实现处理各种操作和所有数值均具有相同的能量消耗的目标. 此外, 还可以在能量迹中加入噪声来抵抗能量分析攻击.

■ **滤波**   这种方法的目标是过滤掉能量消耗中可利用的信号分量. 这意味着需要在密码设备的电源引脚与执行密码算法的电路间插入一个滤波器. 在现实中, 可以通过使用开关电容、恒流电源以及其他各种调节能量消耗的电路来对能量消耗进行滤波.

■ **噪声引擎**   除滤波之外, 另一种方法是在执行密码算法时并行产生噪声. 噪声引擎的构造一般基于随机数发生器. 为了对能量消耗产生较大的影响, 需要将随机数发生器与一个大电容构成的网络相连. 该网络的随机充放电可以增加能量消耗中的噪声分量, 从而增大实施能量分析攻击的难度.

在体系结构级实现各种对策时, 必须考虑到 SNR 不只依赖于密码设备, 也依赖于攻击所采用的测量配置. 一种对策能够针对某一种测量配置降低 SNR, 并不表明该对策对其他的测量配置也具有同样的效果. 例如, 如果通过电阻测量能量消耗, 则对能量消耗的滤波就会使得攻击更加困难. 但是, 对于通过测量电磁泄漏来实施攻击的攻击者而言, 这一对策并不会产生实质性影响. 出于同样的原因, 需要将噪声引擎产生的噪声扩散到整个设备, 而不仅仅是设备的某一局部.

7.3　元件级对策

在能量分析攻击公开之后, 半导体业界作出的第一个反应就是采用元件级对策来进行防御. 而在学术界, 第一个元件级对策的发布要迟得多. 最近几年, 出现了几种用于抵御能量分析攻击的逻辑结构. 很多逻辑结构的设计均基于隐藏的思想.

在元件级采用隐藏技术意味着通过电路中逻辑元件的结构来保证设备的能量消耗独立于设备处理的数据和执行的操作. 一般而言, 这种独立性可以通过使逻辑元件在设备的各个时钟周期, 保持处理所有逻辑值的能量消耗恒定来实现. 这种恒定是指各个时钟周期的瞬时能量消耗相等. 这种行为的后果是逻辑元件在每一个时钟周期的能量消耗总达到峰值. 这样, 密码设备的总能量消耗就可以实现恒定, 并且不依赖于所执行的操作及处理的数据.

具有恒定能量消耗的逻辑结构可以抵御 SPA 攻击和 DPA 攻击. 然而, 一般称这类逻辑结构为 "抗 DPA 逻辑结构", 因为它们的主要应用目标是抵御 DPA 攻击. 该逻辑结构通常使用一种称为 "双栅预充电"(dual-rail precharge, DRP) 的技术实现. 本节将概要介绍 DRP 逻辑结构, 并讨论它们实现能量消耗恒定的原理. 此外, 还将讨论 DRP 逻辑结构在半定制化电路设计中的应用方法.

7.3.1　DRP 逻辑结构概述

DRP 逻辑结构融合了双栅 (dual-rail, DR) 逻辑和预充电逻辑的概念. 这种实现的功能特点可以保证元件在各个时钟周期的能量消耗相等. 此外, 为了实现能量消耗恒定, DRP 元件之间的导线也需要以一种特殊的平衡方式进行布线.

> 密码设备采用 DRP 逻辑结构的目的是使得设备中的逻辑元件在各个时钟周期均的能量消耗相等. 这意味着逻辑元件的能量消耗总达到峰值.

双栅逻辑

在单栅 (single-rail, SR) 逻辑中, 逻辑值 a 在一条导线上传输; 而在 DR 逻辑中, 需要使用两条导线来实现一个逻辑值的传输, 一条导线总传输正相信号 a, 而另

一条导线则总传输反相信号 (互补信号) $\bar{a}$. 这种编码类型也称为差分编码. 在这种
情况下, 只有两条导线传输互补值时, 才会出现一个有效的逻辑信号, 即当一条导
线被置 1 时, 另一条需被置 0. DR 导线对的两条导线通常称为互补导线对. 将这两
条导线所表达的逻辑值放在括号内来表示出现在 DR 导线对上的逻辑值, 如 $(0,1)$.
这个示例表明传输正相信号的导线被置 0, 而传输反相信号的导线则被置 1.

图 7.1 给出了一个 2 路输入的 SR 元件和对应的 2 路输入 DR 元件. 在 SR 元
件中, 输入信号 a, b 和输出信号 q 分别在单条导线上传输. 而在 DR 元件中, 输入
信号和输出信号在互补导线对上传输.

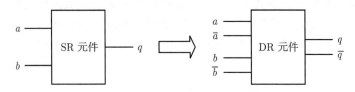

图 7.1   2 路输入的 SR 元件和对应的 2 路输入的 DR 元件

注意, DR 电路和 DRP 电路都不需要反相器. 逻辑信号的翻转可以简单地通
过交换互补导线对来获得.

预充电逻辑

在预充电电路中, 所有的信号均在所谓的 "预充电值" 和 "逻辑值" 之间交替
变化. 预充电值可以是 0 或 1. 将电路中的所有信号置为预充电值的过程称为预
充电阶段 (precharge phase), 而将所有信号置为当前逻辑值的阶段称为计算阶段
(evaluation phase).

预充电阶段和计算阶段的时序通常由时钟信号控制. 在绝大多数情况下, 时钟
信号的逻辑值决定了电路处于哪个阶段. 这意味着在一个时钟周期内, 电路要根据
既定的时钟信号逻辑值 (0/1) 与电路状态 (预充电阶段/计算阶段) 之间的映射来
对其信号执行预充电和计算.

双栅预充电逻辑

DR 逻辑和预充电逻辑组合形成了 DRP 电路. 在这种电路中, 所有逻辑信号
均基于互补导线对编码. 在计算阶段, 根据所传输数据的逻辑值将互补导线对上的
值设置为 $(0,1)$ 或 $(1,0)$. 当电路切换到预充电阶段时, 互补导线对上的值被设置为
预充电值, 即 $(0,0)$ 或 $(1,1)$. 注意, 在预充电阶段, 电路中 DR 导线对上不会出现
互补值.

假设预充电值为 0, 时钟周期的前一半对应计算阶段, 则 DRP 元件的一个互
补输出在一个时钟周期内会出现 $0 \to 1 \to 0$ 的变化, 而另一个互补输出则保持为

0. 这意味着 DRP 元件在每一个时钟周期内总会进行同样的状态转换. 依赖于输入值和 DRP 的功能, 这种转换可能在 q 输出或在 $\bar{q}$ 输出上发生. 这种行为使得 DRP 元件具有恒定的能量消耗值.

DRP 触发器

DRP 电路中的触发器由两级构成, 如图 7.2 所示. 当第二级和组合 DRP 元件处于计算阶段时, 第一级处于预充电阶段. 在计算阶段中, DRP 触发器的第二级为 DRP 组合元件提供了所储存的逻辑值, 而组合 DRP 元件则根据该输入值计算输出值. 在 DRP 触发器的第二级和组合 DRP 元件被预充电之前, DRP 触发器的第一级储存该输出值. 这个流程保证了 DRP 电路中所有元件在一个时钟周期内都会完成预充电, 并且待处理的逻辑值在预充电阶段不会丢失.

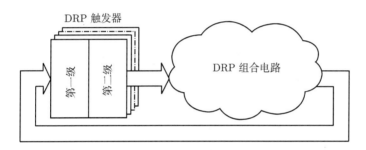

图 7.2 DRP 触发器由交替进行预充电的两级构成

7.3.2 DRP 逻辑结构的恒定能量消耗

如前面章节中讨论过的那样, DRP 元件的互补输出在每一个时钟周期内都会发生同样的状态转换, 该转换在 q 或 $\bar{q}$ 上发生. 根据 3.1 节所述, 逻辑元件的能量消耗正比于发生状态转换的输出端的电容大小. 因此, 要使能量消耗恒定, 首先需要保证 DRP 元件互补输出电容的平衡, 这保证了 DRP 元件在每一个时钟周期内对相等的电容充电. 此外, 还需要保证在各个时钟周期内, DRP 元件内部节点充电和放电的能量消耗相等.

DRP 电路中的毛刺可能对保持各个时钟周期的能量消耗恒定产生负面影响. 因此, 需要避免毛刺, 而这种要求在 DRP 电路中容易满足. 接下来, 将详细讨论如何平衡 DRP 元件互补输出和内部节点的能量消耗.

平衡互补输出

使用 C_q 和 $C_{\bar{q}}$ 来表示 DRP 元件互补输出的电容. C_q 和 $C_{\bar{q}}$ 均由三部分构成: DRP 元件的输出电容 C_o, 与后继元件连接的导线电容 C_w, 以及这些后继元件输入电容的和 C_i. 图 7.3 给出了一个 DRP 元件的两个输出 q 和 $\bar{q}$ 分别连接到另一个 DRP 元件的两个输入 a 和 $\bar{a}$ 的情况. 为了平衡 C_q 和 $C_{\bar{q}}$, 需要分别对这些电容中的三个部分进行平衡处理.

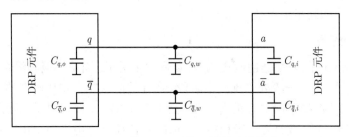

图 7.3   一个 DRP 元件互补输出的电容

就最新的数字电路工艺技术而言, C_w 通常对逻辑元件输出电容的影响最大. 因此, 平衡 $C_{q,w}$ 和 $C_{\bar{q},w}$ 是首要任务, 这项工作在 DRP 元件的布线阶段完成. 实现互补导线对的电容平衡有多种方法, 其中两种分别为差分布线 (differential routing) 和后端复制 (backend duplication). 7.3.3 小节将会对这两种方法进行简要介绍.

> DRP 元件能量消耗恒定的程度主要取决于互补导线对的电容平衡性.

通过对 DRP 元件进行仔细的设计, 可以实现 $C_{q,o}$ 和 $C_{\bar{q},o}$ 的平衡. 这意味着需要使用同等数量且具有同样参数 (如宽度) 的晶体管来驱动两个元件的输出. 此外, 元件内部与互补输出相连的导线也需要有相同的电容. $C_{q,i}$ 和 $C_{\bar{q},i}$ 的平衡同样可以在 DRP 元件的设计过程中保证. 输入的互补导线对需要与等量且同参数的晶体管栅极相连, 元件内的输入导线的电容需要相等.

注意, 为了实现 DRP 元件瞬时能量消耗的恒定, 也需要像对电容进行平衡那样, 用同样的方式对 C_q 和 $C_{\bar{q}}$ 充电和放电电路的电阻进行平衡. 幸运的是, 一般而言, 电容的平衡设计可以产生一定的电阻平衡效果.

平衡元件内部能量消耗

在每一个时钟周期内, 因为内部节点的充放电, DRP 元件也要消耗少量的能量. 在 DRP 元件的设计过程中, 必须保证各个时钟周期的内部能量消耗相等. 这个要求可以通过保证 DRP 元件的所有内部节点在每一个时钟周期内都会被充电和放电来实现.

7.3.3 半定制化设计与 DRP 逻辑结构

一种非常通用的密码设备实现方式是采用基于标准元件的半定制化电路设计 (参见 2.2.2 小节). 半定制化电路设计可以独立于算法和采用的电路体系结构, 故也可以用于 DRP 逻辑结构. 因此, 密码设备的高层设计可以不考虑 DRP 逻辑结构, DRP 逻辑结构可以在后续设计步骤中被自动采用.

设计采用 DRP 逻辑结构实现的密码设备时, 需要考虑一个重要的因素: 必须确保密码设备不输出密码算法的任何一个敏感中间值. 这里, 必须假设所有与密码设备输出相连接的电路并没有采取针对能量分析攻击的保护措施, 这类电路一般是 SR 电路. 此外, 由于 DRP 逻辑结构会导致芯片面积和能量消耗的大幅增加, 并不是所有密码设备的组成部件都采用这种实现. 所以, 从安全组件输出的任何敏感中间值都有可能导致设备对能量分析攻击的脆弱性.

使用 DRP 逻辑结构时, 需要对图 7.4 中介绍的标准半定制化设计流程进行扩展. 这主要是由于三方面的原因. 首先, 逻辑综合一般不能直接使用 DRP 元件. 绝大多数逻辑综合器专门针对 SR 元件 (如 CMOS 元件), 而不支持 DRP 元件. 解决这个问题的一般方案是采用 SR 元件库进行高层设计的逻辑综合, 再将所得到的 SR 元件网表转换为 DRP 元件网表. 这个过程称为 "逻辑结构转换"(logic style conversion). 扩展设计流程的第二个原因是在大多数情况下, 需要将 SR 接口添加到 DRP 电路中. 最后一个原因是必须在设计阶段满足互补导线对的平衡要求. 标准半定制化设计流程的扩展在图 7.4 中用灰色部分表示. 下文将对 DRP 电路的半定制化设计流程进行更详细的讨论.

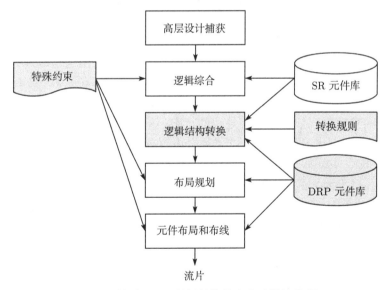

图 7.4　使用 DRP 逻辑结构的半自动设计流程

- **高层设计捕获**　高层设计阶段的主要问题是需要保证敏感的中间数据不能从使用 DRP 逻辑结构的密码设备组件中输出.
- **逻辑综合**　逻辑综合通常不能直接使用 DRP 逻辑结构. 所以, 逻辑综合一

般通过使用一个合适的 SR 元件库来完成. 为了保证只采用存在对应 DRP
元件的 SR 元件, 逻辑综合须满足特殊的约束条件.

- **逻辑结构转换**　逻辑结构转换阶段的主要步骤包括元件替换、信号网匹配
以及向 DRP 电路中添加 SR 接口. 在元件替换阶段, 所有的 SR 元件均被
对应的 DRP 元件替代. DRP 元件的逻辑功能、时序特性和布局均由 DRP
元件库提供. SR 元件与 DRP 元件之间的映射由转换原则定义. 注意, 因为
其功能在 DRP 电路中可以简单地通过交换两条互补导线对来实现, 所以需
要移除 SR 反相器. 第 2 步, 通过复制 SR 电路的信号来获得互补线路. 根
据转换原则, 额外线路将连接到 DRP 元件合适的输入输出上. 这种复制会
在除专用 SR 信号 (如时钟信号和异步复位信号) 之外的所有 SR 电路的信
号网上进行. 此外, 如果必要的话, 所有的组合 DRP 元件都要被连接到时
钟树上. 在逻辑结构转换过程的第 3 步中, 通常会向 DRP 电路中添加一
个 SR 接口. 这个接口用以保证所有进入 DRP 电路的 SR 信号被预充电并
转换为 DR 信号. 此外, SR 接口消除了反相信号, 也消除了预充电阶段在
DRP 电路互补输出信号上的影响. 在逻辑结构转换阶段的最后, 必须保证
每一个 DRP 元件的输出负载均小于 DRP 元件库中定义的最大值.

- **布置, 布局和布线**　在半定制化设计流程的这个阶段中, 必须保证互补导线
对的电容和电阻相等. 这主要通过在这些步骤上加入特殊的限制来实现. 然
而, 实现互补导线对的完美平衡在现实中是不可能的, 因为在设计中无法得
知最终所选芯片电容和电阻的确切值. 使用的电路模型经常会引入不确定
性. 此外, 导线的电容不仅出现于该导线与电源线 (V_{DD} 和 GND) 之间, 也
会出现在该导线与其相邻的导线之间, 后者也称为交叉耦合电容. 所以, 导
线的有效电容依赖于邻接导线的状态, 这意味着它具有数据依赖性. 不幸
的是, 在现代工艺技术中, 交叉耦合电容越来越成为供电线路上电容的主要
成分.

以平衡方式对 DRP 电路进行布局和布线的建议方法有两种：差分布
线 [TV04B] 和后端复制 [GHMP05]. 在差分布线方法中, 互补线路并行布
置. 使用这种方法实现的原型芯片在 [THH$^+$05] 中给出. 在后端复制方法中,
两个电路用同样的布局产生, 其中一个电路总是处理另一个电路的互补信
号. 一般而言, 与 SR 电路相比, DRP 电路的布线过程更加复杂, 因为导线
的数目事实上加倍了.

7.4　DRP 逻辑结构示例

接下来, 将详细介绍两种在抗 DPA 电路中使用的 DRP 逻辑结构. 一种是基于

灵敏放大器的逻辑 (SABL), 另一种是波动差分逻辑 (WDDL). 将分别讨论这两种逻辑结构的元件与电路的属性和功能. 另外, 还将详细介绍一种组合元件 (NAND) 和一种时序元件 (D 型触发器).

一般而言, 抗 DPA 逻辑结构可以分为两大类: 一类是基于已有 SR 标准元件库构造出的逻辑结构, 另一类则基于全新的设计来构造. 已有的标准元件库由半导体工厂提供并维护. 第一类逻辑结构的优点是逻辑元件的功能和布局完全可以定制. 第二类逻辑结构的优点是设计成本很低, 对已有处理过程的修改非常简单, 但是所设计出的逻辑元件的抗 DPA 能力较差.

7.4.1 基于灵敏放大器的 DRP 逻辑

Tiri 等在文献 [TAV02] 中对 SABL 进行了介绍. SABL 的特殊设计使其具有不依赖于被处理逻辑值的恒定内部能量消耗. 为了实现这种特性, SABL 经过了特殊设计. 此外, 组合 SABL 元件采用了计算时间 (time-of-evaluation, TOE) 独立于数据的设计方式, 仅当所有的输入信号被置为互补值之后, SABL 元件才进行计算. 由于设计的特殊性, SABL 元件需要彻底重新实现.

SABL 电路的一个特性是所有 SABL 元件都与时钟信号相连, 并且同时进行预充电. 因此, 预充电阶段就会出现很高的电流尖峰, 而计算阶段的电流尖峰则较低, 因为组合 SABL 元件不会同时进行计算. 由于组合 SABL 元件只有在所有输入信号被置为互补值之后才进行计算, 各个元件的计算散布在整个计算阶段中. 平衡 SABL 电路中, 每一对互补导线对的发散延迟完全相同. 由于组合 SABL 元件的 TOE 独立于被处理的数据, 所以计算通常发生在每一个时钟周期内的固定时刻.

SABL 电路的面积至少要两倍于对应的 CMOS 电路, 而最高时钟频率则通常减半. SABL 电路的能量消耗也会急剧增长, 但是无法给出一个一般性的增长系数. 其原因是能量消耗的增加由多方面原因导致, 如电路规模、组合元件和时序元件的比例 (决定了与 CMOS 电路相比, 时钟树的增大倍数)、电路体系结构以及输入数据的统计特性 (这二者决定了电路中包含毛刺在内的转换活动). SABL 电路的抗 DPA 能力很强 (如果对所有互补导线对均进行了足够平衡的话), 这是由于 SABL 元件的内部能量消耗是恒定的, 而且总是在每一个 CPU 时钟内的固定时刻进行计算. SABL 电路的实例及其特点已在文献 [TAV03, TV03] 中给出.

SABL 电路的一般性描述

图 7.5 给出了通用 n 型 SABL 元件的晶体管原理图. 为了使得元件的输出 out 和 $\overline{\text{out}}$ 在各个时钟周期内发生相同数量的转换, 这种 n 型 SABL 元件由差分下拉网络 (differential pull-down network, DPDN) 和交叉耦合反相器 (cross-coupled inverter)I_1 和 I_2 构成. DPDN 基于 NMOS 晶体管构造, 所以称该 SABL 元件为 n

型元件. 如果 DPDN 的输入信号 in_1, $\overline{in_1}$, $\cdots$, in_z, $\overline{in_z}$ 被置为互补值, 则 n_1 和 n_2 中的一个节点必定与 n_3 和 n_4 中的一个节点导通. 具体哪两个节点被导通取决于 DPDN 的结构. 该结构定义了 n 型 SABL 元件的逻辑功能. 反相器 I_1 和 I_2 称为交叉耦合, 因为一个反相器的输出与另一个反相器的输入相连, 反之亦然. 因此, 如果一个反相器的输出信号发生转换, 则另外一个反相器的输出也将发生转换. 这种结构也称为灵敏放大器 [RCN03].

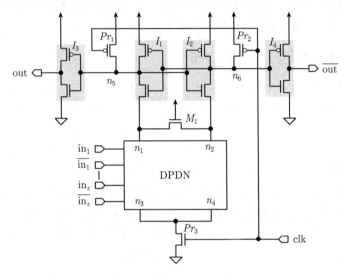

图 7.5   通用 n 型 SABL 元件的晶体管原理图

当时钟信号为 1 时, n 型 SABL 元件处于计算阶段. 在该阶段中, DPDN 的输入信号 in_1, $\overline{in_1}$, $\cdots$, in_z, $\overline{in_z}$ 置为互补值, 并且 MOS 晶体管 Pr_3 导通. 这样, 交叉耦合反相器 I_1 和 I_2 的输出 n_5 和 n_6 以及元件的输出 out 和 $\overline{out}$ 就会依次转换为互补值. 当时钟信号为 0 时, n 类 SABL 元件处于预充电阶段. 在该阶段中, MOS 晶体管 Pr_1 和 Pr_2 保证了 n 型 SABL 元件的所有内部节点均被置 1. 结果, 反相器 I_3 和 I_4 会在 n 型 SABL 元件的互补输出中产生预充电值 (0,0). 如果 n 型 SABL 元件是级联的, 则必须产生这样的预充电值, 它能保证下一级 n 型 SABL 元件 DPDN 中的 NMOS 晶体管不会偶然地在下一个计算阶段与 GND 导通. 这种级联预充电元件的实现方式称为多米诺结构 (Domino style)[RCN03].

同理, 也存在使用差分上拉网络 (differential pull-up network, DPUN) 的 p 型 SABL 元件. DPUN 基于 PMOS 晶体管构造. 一个 SABL 元件完全由 n 型元件或 p 型元件构成. 对 n 型 SABL 元件的分析结论同样适用于 p 型 SABL 元件. 接下来, 将更加详细地讨论 n 型 SABL 元件在一个时钟周期内 (即计算阶段以及随后的预充电阶段) 的行为.

计算阶段

在预充电阶段的最后, n 型 SABL 元件的所有内部节点均已被置 1. 此外, DPDN 的输入信号 $in_1, \overline{in_1}, \cdots, in_z, \overline{in_z}$ 都被预充电为 0. 在计算阶段开始时 (时钟信号由 0 变为 1), PMOS 晶体管 Pr_1 和 Pr_2 截止 (漏极和源极之间的连接切断), NMOS 晶体管 Pr_3 导通 (漏极和源极之间的连接导通). 这样, DPDN 的节点 n_3 和 n_4 被置为 0. 由于 DPDN 的输入信号 $in_1, \overline{in_1}, \cdots, in_z, \overline{in_z}$ 仍为 0, DPDN 的 NMOS 晶体管仍然关闭. 节点 n_1 和 n_2 都没有通过 DPDN 与 0 相连, 并且 n 型 SABL 元件的内部, 除 n_3 和 n_4 之外的所有节点均保持为 1.

一旦 n 型 SABL 元件的输入信号 $in_1, \overline{in_1}, \cdots, in_z, \overline{in_z}$ 置为互补值, 上述情况即刻发生改变. 输入信号置为互补值发生在上级 n 型 SABL 元件计算出其输出值之后. 现在, 根据输入信号和 DPDN 的实际结构, 节点 n_1 或 n_2 通过 DPDN 与 0 相连. 如果 n_1 被置为 0, 则反相器 I_1 被激活. 由于反相器 I_1 的输入信号 n_6 仍然为 1, 所以输出信号 n_5 转换为 0. 注意, 节点 n_5 同时作为反相器 I_2 的输入, 所以, 反相器 I_2 的输出信号 n_6 保持为 1, 交叉耦合反相器被置为一个特定的状态: $n_1 = 0 \Rightarrow n_5 = 0, n_6 = 1$. 如果 n_2 通过 DPDN 被置为 0, 则会出现相反的状态: $n_2 = 0 \Rightarrow n_5 = 1, n_6 = 0$. NMOS 旁路晶体管 M_1 相当于一个电阻, 可确保当两个节点 n_1 和 n_2 中的一个通过 DPDN 被置为 0 时, 这两个节点最终都被置为 0. M_1 漏极和源极之间的电阻需要足够大, 以保证交叉耦合反相器转换到正确的状态. 使用旁路电路 M_1 的原因将在下文中详细解释. 当交叉耦合反相器被置为一个特定状态之后, SABL 元件已完成计算, 并且元件的输出已经被置为互补值. 注意, SABL 元件输出端的两个反相器 I_3 和 I_4 只改变了 n_5 和 n_6 中的互补值, 所以, 输出信号 out 和 $\overline{out}$ 中仍为互补值.

预充电阶段

当预充电阶段开始时, 时钟信号由 1 变为 0. NMOS 晶体管 Pr_3 截止, 切断了节点 n_3 和 n_4 与 GND 之间的连接. 同时, PMOS 晶体管 Pr_1 和 Pr_2 导通. 因此, 节点 n_5 和 n_6 被置为 1. 结果, 输出信号 out 和 $\overline{out}$ 就被置为预充电值 0. 通过导通的 NMOS 晶体管 I_1 和 I_2, 节点 n_1 和 n_2 被置为 1. 此外, 由于输入信号 in_1, $\overline{in_1}, \cdots, in_z, \overline{in_z}$ 仍被置为互补值, DPDN 到节点 n_3 或 n_4 的一条路径仍然会导通. 输入信号值保持互补的原因是相连的 SABL 元件输入和输出之间的延迟以及所有的 SABL 元件被同时预充电这一事实. 所以, 当 SABL 元件转换为预充电状态时, 输入信号 $in_1, \overline{in_1}, \cdots, in_z, \overline{in_z}$ 将会短暂地保持互补状态. 在这段时间内, 节点 n_3 和 n_4 通过 DPDN 的导通路径被置为 1. 然后, 输入信号 $in_1, \overline{in_1}, \cdots,$ $in_z, \overline{in_z}$ 被设为预充电值 0, DPDN 中的导通路径不复存在. 这一事件结束了预充电阶段.

SABL 元件的恒定能量消耗

为了实现 n 型 SABL 元件能量消耗的恒定, 元件中的 DPDN 必须满足 4 个要求, 并且元件的内部结构必须平衡. 下面将详细讨论这些要求.

DPDN 要求 1 n 型 SABL 元件的恒定内部能量消耗是通过在预充电阶段对所有的内部节点充电, 而在计算阶段对所有的内部节点 (除了 n_5 和 n_6 中的任一个之外) 放电来实现的. 为了达到这一要求, n 型 SABL 中 DPDN 的构造必须保证: 对每一组互补输入信号 in_1, $\overline{in_1}$, $\cdots$, in_z, $\overline{in_z}$, DPDN 的所有内部节点必须与 n_1, n_2, n_3 和 n_4 4 个输出节点中的一个连通. 这个结构与 NMOS 旁路电阻 M_1 一同保证了 DPDN 的所有内部节点在计算阶段放电被置为 0, 在预充电阶段充电被置为 1.

DPDN 要求 2 DPDN 实现必须保证所有可能的通路都具有相等的电阻. 这一目标通过在 DPDN 的所有通路中采用具有同样参数 (如宽度等) 的等量电阻来实现. 每一个通路的电阻值相等可以保证 DPDN 充电和放电时具有相同的瞬时能量消耗.

DPDN 要求 3 互补输入导线对的两条导线必须连接到具有同样参数的等量晶体管. 这就保证了 SABL 元件的互补输入电容逐对平衡. 正如前文所讨论的, 这是实现 DRP 元件能量消耗恒定的一个一般性要求.

DPDN 要求 4 仅当所有的输入信号 in_1, $\overline{in_1}$, $\cdots$, in_z, $\overline{in_z}$ 均被置为互补值之后, 才会产生一条经过 DPDN 的导通路径. 这保证了只有在所有输入信号均被置为互补值之后, n 型 SABL 元件才会进行计算. 因此, n 型 SABL 元件的 TOE 具有数据独立性.

平衡内部结构 正如前文所讨论的, n 型 SABL 元件的所有内部节点在预充电阶段充电被置为 1. 在接下来的计算阶段, 除了 n_5 和 n_6 中的某一个之外, 其他所有内部节点均放电被置为 0. 所以, 必须平衡两个节点 n_5 和 n_6 的电容, 以保证 n 型 SABL 元件的内部能量消耗在各个时钟周期恒定. 通过以逐对完全等同的方式来设计反相器 I_1 和 I_2, I_3 和 I_4 的布局以及 PMOS 晶体管 Pr_1 和 Pr_2, 可以实现这两个节点电容的平衡. 反相器 I_3 和 I_4 的相同布局也保证了 n 型 SABL 元件的互补输出 out 和 $\overline{out}$ 电容和电阻的平衡.

SABL 元件实例

下文将分别给出一个 n 型 SABL NAND 元件和一个 n 型 SABL D 型触发器的细节.

n 型 SABL NAND 元件 图 7.6 为一个 n 型 SABL NAND 元件的晶体管原理图. DPDN 的特定实现方式实现了 NAND 功能. 当两个输入信号 a 和 b 至少有一个为 0, 即 $\bar{a}$ 或/和 $\bar{b}$ 为 1 时, DPDN 的左分支导通. 所以, 在计算阶段, SABL 元件的输出 q 被置为 1, 而输出 $\bar{q}$ 则保持为 0. 仅当输入信号 a 和 b 都为 1 时, DPDN

的右分支导通, 在这种情况下, SABL 元件的输出 $\bar{q}$ 被置为 1, 而 q 则保持为 0. 注意, n 型 SABL NOR 元件可以很容易地通过对 n 型 SABL NAND 元件的输入信号 a 和 b 以及输出信号 q 进行翻转来实现. 这等同于对各个互补导线对进行交换.

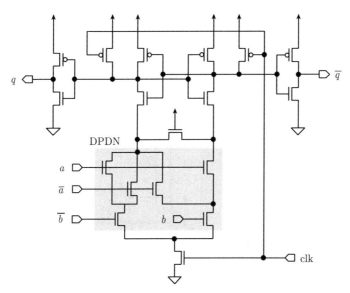

图 7.6   n 型 SABL NAND 元件的晶体管原理图

本节给出的 DPDN 满足上一节给出的所有 4 个要求. 第一, 对于互补输入信号来说, DPDN 的所有内部节点均与 DPDN 的 4 个输出节点中的某一个相连. 第二, 所有导通路径都通过两个 NMOS 晶体管, 所以, 当所有 NMOS 晶体管都相同时, 所有导通路径也具有同样的阻值. 第三, 所有互补输入导线与同等数量的晶体管相连. 输入 a 和 $\bar{a}$ 分别与两个晶体管相连, 而 b 和 $\bar{b}$ 则分别与一个晶体管相连, 这保证了输入阻值的逐对平衡. 第四, 只有当所有输入信号均被置为互补值时, DPDN 才会产生一条导通路径. 注意, 文献 [TAV02] 中给出的 SABL NAND 元件中 DPDN 的原始实现并不满足最后一点要求. 文献 [TV05b] 给出了改进设计, 如图 7.6 所示.

n 型 SABL D 型触发器   图 7.7 中给出了一个 n 型 SABL D 型触发器. 与 7.3.1 小节中的描述相同, 该触发器由两级构成. 第一级为一个 p 型 SABL 锁存器, 当时钟信号为 1 时预充电. 第二级为一个 n 型 SABL 锁存器, 当时钟信号为 0 时预充电. 注意, 输入信号 d 和 $\bar{d}$ 由一些 n 型 SABL 元件提供, 这些元件在时钟信号为 0 时预充电. 因为输出端的 n 型 SABL 锁存器定义了提供信号的方式, 所以, 整个元件为一个 n 型 SABL D 型触发器.

在时钟信号的下降沿, p 型 SABL 锁存器在输入 d 和 $\bar{d}$ 中保存了当前的互补数值, 与此同时, n 型 SABL 锁存器和其他 n 型 SABL 元件进行预充电. 在下一个时钟上升沿, n 型 SABL 锁存器从 p 型 SABL 锁存器 (已被预充电) 中获取数据值, 并且在 d 和 $\bar{d}$ 输出. n 型 SABL 元件提供输入 d 和 $\bar{d}$ 与 p 型 SABL 锁存的时间间隔必须足够长, 以保证在 n 型 SABL 元件被预充电之前保存互补数值. 在 p 型 SABL 锁存器到 n 型 SABL 锁存器之间的时间延迟也要满足同样的要求; 否则, 如果该延时太短, 则需要在 I_3 和 I_4 之后加入偶数个反相器.

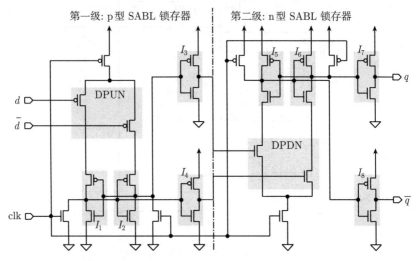

图 7.7 n 型 SABL D 型触发器的晶体管原理图

为了保证 n 型 SABL D 型触发器具有恒定的能量消耗, 反相器 I_1 和 $I_2, \cdots, I_7$ 和 I_8 的输出必须逐对平衡. 这可以通过精细设计 D 型触发器的布局来实现. 注意, 在 n 型 SABL D 型触发器中, 不需要旁路晶体管 (如图 7.5 中的 M_1) 在各锁存器的计算阶段对 DPUN 的所有节点进行充电以及对 DPDN 的所有节点进行放电. 原因是当 p 型 SABL 锁存器或 n 型 SABL 锁存器处于计算阶段时, 前序元件处于预充电阶段. 所以, 各个锁存器中 DPUN 或 DPDN 的所有晶体管都会导通.

7.4.2 波动差分逻辑

Tiri 和 Verbauwhede 在文献 [TV04a] 中介绍了波动差分逻辑 (wave dynamic differential logic, WDDL). WDDL 元件基于标准元件库中已有的 SR 元件构建. WDDL 元件的结构比 SABL 元件的结构要简单得多 (见 7.4.1 小节). 一般而言, 采用这种方式构造出的电路的规模要小得多. 但是, 这是以牺牲 WDDL 电路对 DPA 攻击的抵抗能力为代价的. DPA 抵抗能力的降低主要是由组合 WDDL 元件所致, 因为它们的内部能量消耗和 TOE 都具有数据依赖性. WDDL 电路的一个优点是也可以在 FPGA 上实现 [TV04c].

在 WDDL 电路中, 只有时序元件与时钟信号相连. 只有这些元件同时进行预充电, 并且同时进行计算. 当输入被置为预充电值时, 组合 WDDL 元件进行预充电; 当其输入被置为互补值时, 组合 WDDL 元件进行计算. 因此, 由时序 WDDL 元件提供的预充电值以及互补值像波浪一样通过组合 WDDL 电路, 这就是将这种逻辑结构称为波动差分逻辑的原因. 因为组合 WDDL 元件依次进行预充电和计算, 所以 WDDL 电路中的电流尖峰要比 SABL 电路中的电流尖峰小得多. 即使平衡 WDDL 电路中互补导线对的传播延迟两两相同, 组合 WDDL 元件的 TOE 仍然随着所处理数据的不同而产生微小的变化. 这种效应也称为早期传播 (early propagation), 原因是前文所提到的组合 WDDL 元件的 TOE 具有数据依赖性.

与 SABL 相似, WDDL 电路的规模至少是与其具有相同功能的 CMOS 电路的两倍. 此外, WDDL 电路的能量消耗也有大幅上升. WDDL 电路的最大时钟频率与对应的 CMOS 电路的最大时钟频率大致相同. 但是, 由于 WDDL D 型触发器由两级 SR D 型触发器构成 (细节见下文), 所以需要将时钟频率加倍以达到像 CMOS 或者 SABL 电路一样的数据吞吐量. 时钟频率加倍的缺点是增加了能量消耗. 文献 [TV04a, THH⁺05] 给出了 WDDL 电路的示例及其属性. 文献 [TV05a, TV06] 介绍了 WDDL 在半定制化设计流程中的应用.

WDDL 元件的一般性描述

接下来将讨论组合 WDDL 元件. 时序 WDDL 元件的结构与组合 WDDL 元件有很大的区别, 稍后将结合示例进行分析.

图 7.8 给出了组合 WDDL 元件的一般结构. 组合 WDDL 元件主要包括两个电路, 这两个电路分别实现布尔函数 F_1 和 F_2. 这些函数必须具有如下特性: 如果输入信号 in_1, $\overline{in_1}$, $\cdots$, in_z, $\overline{in_z}$ 被置为互补值, 则这两个函数需要根据元件的逻辑功能计算出互补输出值, 即对于任意的互补输入值, F_1 和 F_2 必须满足如下等式:

$$F_1(in_1, \cdots, in_2) = \overline{F_2(\overline{in_1}, \cdots, \overline{in_2})} \tag{7.1}$$

为了使得每一个时钟周期内的元件输出 out 和 $\overline{out}$ 都能实现相同的转换, F_1 和 F_2 必须是正相关单调布尔函数. 采用正相关单调布尔函数的第二个效果是当组合 WDDL 元件的互补输入被置为预充电值时, 它们会自动将互补输出置为预充电值. 接下来, 首先对正相关单调布尔函数进行一般性讨论. 接着, 将详细讨论组合 WDDL 元件在单个时钟周期内 (包括计算阶段和随后的预充电阶段) 的行为. 在所有的讨论中, 均假设预充电值为 0.

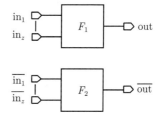

图 7.8 组合 WDDL 元件的一般结构

单调布尔函数 单调布尔函数具有如下特性: 当输入值以单调的方式改变时,

函数值也以单调的方式变化. 单调变化意味着逻辑值仅仅向一个方向改变, 即只有 $0 \to 1$ 的转换产生或只有 $1 \to 0$ 转换产生. 因此, 函数输入值以单调的形式变化时, 输出值只会进行 $0 \to 1$ 转换或 $1 \to 0$ 转换. 单调布尔函数的一个例子是 AND 函数, 如表 7.2 所示. 非单调布尔函数的一个例子是 XOR 函数.

表 7.2   2 路输入 AND 元件和 2 路输入 OR 元件的真值表

输入 a	输入 b	输出 $q = \mathrm{AND}(a, b)$	输出 $q = \mathrm{OR}(a, b)$
0	0	0	0
0	1	0	1
1	0	0	1
1	1	1	1

正相关单调布尔函数是输入变化和输出变化的方向一致的单调布尔函数. 相应地, 负相关单调布尔函数是输入变化和输出变化的方向相反的单调布尔函数. 正相关单调布尔函数的一个例子是 OR 函数, 如表 7.2 所示. 负相关单调布尔函数的一个例子是 NAND 函数.

正相关单调布尔函数具有如下性质: 当所有输入值置为 0 时, 函数的输出值为 0. 否则, 输入值的 $0 \to 1$ 转换不可能导致函数输出值的 $0 \to 1$ 转换, 因为输入值为 0 时, 输出值可能已经为 1. 由于相同的原因, 当所有输入值置为 1 时, 正相关单调布尔函数的输出值为 1.

计算阶段 当计算阶段开始时, 由于之前预充电阶段的作用, 组合 WDDL 元件的所有互补输入信号均被置为预充电值 0. 因为仅允许使用正相关单调布尔函数, 所以该元件的互补输出值也被置 0. 当输入信号接着被置为互补值时, 在 WDDL 元件的输入端, 即正相关单调布尔函数 F_1 和 F_2 的输入中只会出现 $0 \to 1$ 转换. 于是, 在 WDDL 元件的两个互补输出 out 和 $\overline{\text{out}}$ 中只会出现一种转换. 但是, 因为 F_1 和 F_2 总是计算互补输入值的互补输出值, 如式 (7.1) 所示, 所以, WDDL 元件中只有一个互补输出中会发生 $0 \to 1$ 转换, 而另一个输出则保持为 0.

预充电阶段 在随后的预充电阶段中, 组合 WDDL 元件所有已经被置为 1 的互补输入信号现在均被置为 0. 因此, 在正相关单调布尔函数 F_1 和 F_2 的输入端只会出现 $1 \to 0$ 转换. 于是, 在每一个函数的输出端, 只能出现一个 $1 \to 0$ 转换. 正如之前所述, 当组合 WDDL 元件的所有互补输入信号被置为 0 时, 互补输出信号也被置为 0. 因此, 在 WDDL 元件的互补输出端只有一个 $1 \to 0$ 转换出现. 当输出值在计算阶段被置为 1, 而在预充电阶段被置为 0 时, 这种转换就会发生.

WDDL 元件的恒定能量消耗

组合 WDDL 元件的瞬时能量消耗并不完全恒定, 这主要由以下三个原因导致. 首先, 对于不同的输入值而言, 内部节点充电和放电路径上的电阻以及互补输出的电阻并不相同. 对于不同的输入值, 组合 WDDL 元件通常会建立不同的导通路径, 这些路径具有不同数量和不同布局的 MOS 晶体管. 其次, 组合 WDDL 元件的内部能量消耗通常不恒定. 一般而言, WDDL 元件的内部节点并不会在每一个时钟周期内对所有数据值均以相同的方式进行充放电. 这种行为导致了所谓的 "记忆效应", 即储存在元件内部节点上的电荷依赖于被处理的数据值. 最后, 组合 WDDL 的 TOE 依赖于输入值.

产生所有这些问题的原因是组合 WDDL 元件由基本的 SR 元件 (如 AND 元件和 OR 元件) 以一种简单的方式构建. 如果想避免所有这些问题, 组合 WDDL 元件的规模和复杂度将会急剧增加.

WDDL 元件示例

下文将给出一个实现了 NAND 函数的组合 WDDL 元件. 此外, 作为时序 WDDL 元件的示例, 还将给出一个 WDDL D 型触发器.

WDDL NAND 元件   图 7.9 给出了 WDDL NAND 元件的原理图, 它由一个 2 路输入 SR AND 元件和一个 2 路输入 SR OR 元件构成. WDDL NAND 元件互补输入值的真值表如表 7.3 所示. 对互补输入值, AND 函数和 OR 函数满足式 (7.1). 此外, 它们都是正相关单调布尔函数. 因此, 该元件具有在前文讨论过的组合 WDDL 元件的预期行为特点.

WDDL D 型触发器   图 7.10 为 WDDL D 型触发器的元件原理图. 该 WDDL D 型触发器由 4 个 SR D 型触发器构成, 它们如 7.3.1 小节所述排列在两级中, 其中, 一级总是储存预充电值, 而另一级则储存互补逻辑值. WDDL D 型触发器的预充电阶段和计算阶段的交替变换发生在时钟信号的上升沿. 在预充电值被储存于第二级的时钟周期内,

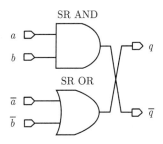

图 7.9   WDDL NAND 元件原理图

WDDL D 型触发器处于预充电阶段.   在互补值被储存于第二级的时钟周期内, WDDL D 型触发器处于计算阶段.

表 7.3   WDDL NAND 元件互补输入值的真值表

a	b	$\bar{a}$	$\bar{b}$	输出 $q = \text{AND}(\bar{a}, \bar{b})$	输出 $\bar{q} = \text{OR}(a, b)$
0	0	1	1	1	0
0	1	1	0	1	0
1	0	0	1	1	0
1	1	0	0	0	1

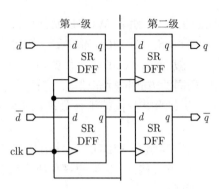

图 7.10   WDDL D 型触发器的元件原理图

在 WDDL 电路的计算阶段期间, 第一级储存了预充电值, 而第二级则为后继的 WDDL 元件提供了互补逻辑值. 在计算阶段的最后, 互补逻辑值被提供给第一级的输入. 随即, 在下一个时钟信号的上升沿, WDDL 电路进入了预充电阶段. 在该时钟沿, 第一级储存了输入端获得的互补逻辑值, 而第二级则储存了来自第一级的预充电值. 于是, 第二级为连接到 WDDL D 型触发器输出端的 WDDL 元件提供了预充电值. 在预充电阶段的最后, 为第一级提供输入的 WDDL 元件也已经完成预充电. 在下一个时钟上升沿, 第一级储存了由它的输入提供的预充电值; 与此同时, 第二级储存了来自第一级的互补逻辑值.

未采用一个而是采用 4 个 SR D 型触发器使得 WDDL D 型触发器的面积开销急剧增加. 但是, 为了对 WDDL D 型触发器进行正确地预充电, 就必须使预充电值通过两级电路. WDDL 电路启动时, 必须保证电路中 WDDL D 型触发器的两级被正确复位, 一级必须被置为预充电值, 而另一级则必须被置为实际的互补复位值. 注意, WDDL D 型触发器避免了组合 WDDL 元件实现恒定能量消耗所遇到的大部分问题 (如 TOE 的数据依赖性).

7.5   注记与补充阅读

体系结构级硬件对策   Kocher 等在第一篇关于能量分析攻击的文章 [KJJ99] 中给出了隐藏对策的基本思想. 在过去的几年中, 已经发表了隐藏对策的数个具体实施方案. 现在给出可以在体系结构级实现硬件对策的一个简短综述.

在文献 [CKN01] 中, Coron 等分析了插入密码设备供电线路中的 RLC 滤波器的作用. 但是, 作者得出的结论为 "这并不是防止泄露的有效方法". Shamir 提出了通过使用两个电容对密码设备的供电进行解耦的方法 [SHa00]. 该方法的基本思想是使用电源对一个电容进行充电, 而使用另一个电容为设备提供能量, 两个电容进行周期性切换. 因此, 设备与电源从不直接相连. 文献 [CPM05] 提出了一个使用三相电荷泵为设备提供能量的类似思想.

另一个减少密码设备信息泄露的方法是使用有源电路对能量消耗进行整流. Rakers 等 [RCCR01] 以 RFID 为例讨论了这种方法. 一种在接触式系统上抑制可利用信号的电路由 Ratanpal 等在文献 [RWB04] 中提出. 类似的方法也由 Muresan 等 [MVZG05] 以及 Mesquita 等 [MTT+05] 提出.

Benini 等在文献 [BMM+03b, BMM+03a] 中研究了如何能够将对能量消耗敏感的设计技术用于抵抗能量分析攻击. 这种方法的基本思想是在芯片上使用具有相似功能的不同组件. 然后, 使用随机数来决定用于完成所执行密码算法操作的组件. 因为组件的数量一般较小, 所以, 这种对策所产生的随机效果通常也很差.

Saputra 等在文献 [SVK+03, SOV+05] 中研究了如何将安全指令集成到非安全处理器上, 安全指令使用 DR 预充电电路来实现.

除了影响能量消耗振幅维度的对策外, 还有一些方案采取了通过硬件方式对密码算法的执行过程进行随机化的方法. 在文献 [MMS01a] 中, May 等提出使用非确定性处理器来抵抗能量分析攻击的方法. 这类处理器在每一次执行期间都会随机地改变程序的执行顺序. 当然, 只有相互独立指令的执行顺序能够被改变. 随机插入额外指令也可以增加处理器的非确定性, 文献 [IPS02] 研究了该方法. Yang 等在文献 [YWV+05] 中提出随机改变电路供电电压和时钟频率的方案.

非对称密码学 许多非对称密码方案都要进行二元算法运算, 如平方–乘, 倍点–点加, 或者相应的变形方法, 如 k-ary、滑动窗口等. 在 RSA 中, 二元算法处理有限环中的一个元素, 称为平方–乘算法, 可用于完成模幂运算. 在 ECC 中, 二元算法在椭圆曲线点上的加法群中完成, 称为倍点–点加算法, 用于完成点乘计算. 正如在 5.5 节中所指出的, 如果可以在能量迹中区分出操作 (平方–乘, 倍点–点加), 那么出现在二元算法 (或者其变形) 中的条件执行操作就可能泄露全部的指数 (标量). 可以采用三种不同的方式将隐藏对策应用于二元算法 (或者其变形). 以后谈到二元算法及其变形时, 使用术语 "指数算法".

首先, 可以随机化指数算法中操作 (平方–乘, 倍点–点加) 的顺序. 这通常通过随机化 RSA 中的指数表示和 ECC 中的标量表示来完成. Walter[Wal02a] 给出了该思想在 RSA 中的一个示例; Oswarld 和 Aigner[OA01] 以及 Ha 和 Moon[HM02] 则给出了 ECC 的示例.

其次, 可以固定指数算法中操作的顺序. 最简单的实现方法是保证总是执行乘法 (加法) 操作 [Cor99]. 这种方法易于实现, 但是却会极大地降低性能. 一个更好的、能保证求幂期间操作顺序固定的方法是使用 Montgomery Ladder 算法. Montgomery[Mon87] 介绍了该技术在 ECC 上的应用. Lopez 和 Dahab[LD99] 针对二次椭圆曲线给出了该技术的一个优化版本. Brier 和 Joye[BJ02] 发表了对于具有特征 $\neq 2$ 或 3 的有限域上的 Weierstrass 椭圆曲线的版本. Chevallier-Mames 等

[CMCJ04] 发表了另外一个他们称为 "侧信道原子性"(side-channel atomicity) 的思想, 其工作原理如下: 将每一个操作实现为一段在能量迹中具有相似模式的重复指令集. 基于这些指令集, 展开指数算法代码, 使之看起来似乎是同一个原子模块的反复出现. 模块的顺序不依赖于指数算法所使用的指数. Möller[Mol01] 讨论了如何以一种自然的方式来利用需要进行某些椭圆曲线点 (以及指数编码) 预计算的指数算法 (在 ECC 中), 并得到一种有效的倍点–点加算法. Thériault[Thé06] 改进了 Möller 的工作, 使得通过从 MSB 到 LSB 扫描比特也可以完成求幂. 这意味着在运行时 (非预计算阶段) 可以完成指数编码.

最后, 人们可以尝试确保特定操作 (平方–乘、倍点–点加) 产生的能量迹不可区分. 在平方和乘法的情况中, 这似乎很容易. 可以简单地使用同一个硬件 (或一段代码) 来计算平方和乘法操作. 在倍点和点加的情况中, 实现同样的思想会更加有趣. 最简单的方法 (在文献 [CMCJ04] 中给出了一个示例) 是插入伪指令, 使得倍点和点加看起来一样. Brier 和 Joye 在文献 [BJ02] 中给出了在具有特征 $\neq 2$ 或 3 的有限域上的 Weierstrass 椭圆曲线中, 如何统一倍点和点加公式. Liardet 和 Smart[LS01] 指出, 对于 Jacobi 形式的椭圆曲线, 倍点和点加操作以相同的方式进行. 因此, 这种形式的曲线本质上具有不可区分的倍点和点加操作. Joye 和 Quisquater[JQ01] 提出了一种对 Hessian 椭圆曲线的类似研究. Hasan[Has00] 讨论了 Koblitz 曲线上的相关对策.

Bajard 等 [BILT04] 指出, 使用剩余数系统的实现允许随机化有限域元素的表示. 他们发现, 随机地选择剩余数系统的初始基元素, 或者在求幂之前或求幂期间随机地改变基是有可能的. Ciet 等 [CNPQ03] 研究了使用剩余数系统如何有助于设计出具有更好的抵御能量分析能力的体系结构.

DRP 逻辑结构　　除了 SABL(见 7.4.1 小节) 和 WDDL(见 7.4.2 小节) 之外, 对于 DRP 逻辑结构还有各种不同的方案. Bystrov 等 [BSYK03] 以及 Sokolov 等 [SMBY04, SMBY05] 提出了所谓的双垫双栅 (dual-spacer dual-rail, DSDR) 逻辑结构. 在这种 DRP 逻辑结构中, 以一种交替的方式来使用两种可能的预充电值. 这意味着如果在一个时钟周期内一对双栅导线被预充电为 $(0,0)$, 那么在下一个时钟周期内, 它们就会被预充电为 $(1,1)$, 反之亦然. 这样就保证了元件的两个互补输出在每一个时钟周期内被交换. 于是在一个完整的时钟周期内, 逻辑元件的能量消耗不受任何互补输出失衡的影响. 但是, 尤其是对于低时钟频率而言, 半个时钟周期内所消耗能量的变化也可以测量到.

Bucci 等 [BGLT06] 提出了一种与 DSDR 逻辑工作方式相似的 DRP 逻辑. 这种逻辑称为三相双栅预充电逻辑 (three-phase dual-rail precharge logic, TDPL). 在每一个时钟周期内, TDPL 元件贯穿三个操作阶段. 第一阶段中, TDPL 元件的互补输出被充电为 $(1,1)$. 然后, 在计算阶段, 根据输入值和 TDPL 元件的功能, 一个输出被放电置为 0. 在第三阶段, 第二个输出也被放电置为 0. 正如对 DSDR 逻辑结构所讨论的那样, 这导致了在每一个时钟周期内的恒定能量消耗, 它独立于互补输出的平衡性.

另一种 DRP 逻辑结构是由 Trifiletti 等 [AMM+05] 提出的三态动态逻辑 (3-state dynamic logic, 3sDL). 这种逻辑结构使用 $V_{DD}/2$ 作为预充电值. 在计算阶段的最后, 总有一条互补输出导线被充电为 V_{DD}, 而另一条输出导线则被放电为 GND. 在随后的预充电阶段, 两条互补导线对连通. 如果两条导线具有相同的电容, 则每一条导线的电压均变为 $V_{DD}/2$. 这种方法节省了能量. 3sDL 的另一个特点是元件的反相输出不与电路直接连通, 而是在反相输出端加入一个伪电容, 该电容与原始输出的电容相匹配. 这种方法的主要缺点是必须对电路中的每一个元件单独进行匹配.

WDDL 元件、DSDR 元件和类 DRP 元件抵御 DPA 攻击能力的降低主要由于以下两种效应造成: 早期传播和记忆效应. Guilley 等 [GHM+04] 提出了避免这些影响的 DRP 元件的一种特殊结构, 但其缺点是元件速度的下降以及元件面积的急剧增大.

迄今为止, 几乎所有关于 DRP 逻辑结构的文章都是由学术界发表. 文献 [FS03] 是仅有的一篇清楚地表明了工业界也在使用这项技术的文章.

异步逻辑　异步 (或自同步) 电路也作为一种抵抗能量分析攻击的对策被提出. Moore 等 [MAC+02] 和 Yu 等 [YFP03] 讨论了为实现抵抗能量分析攻击的目的而采用的这种电路. 抵抗能量分析攻击的异步电路通常实现为 DRP 电路. 因此, 在 7.3 节中所讨论的对于同步 DRP 电路的方式同样能够平衡这些异步电路的能量消耗. 例如, Kulikowski 等 [KSS+05] 对平衡异步电路中的能量消耗进行了更多的考虑. 不幸的是, 异步电路的 DPA 抵御能力仍然依赖于互补导线对的平衡性. 另外, 异步电路难于验证, 而且还缺乏一种支持设计该电路的成熟 EDA 工具.

Kulikowski 等 [KST06] 提出了一种适用于抗 DPA 异步电路的设计流程. Yu 和 Brée[YB04] 提出了 AES 的一种异步实现, 它可以抵抗能量分析攻击和计时攻击. Gürkaynak 等 [GOK+05] 提出使用一种 GALS 的设计方法来增加电路的 DPA 安全性.

电流模逻辑结构　在 CML 电路中, 逻辑元件的输出值由流经元件的电流定义. 这些电流的总量恒定, 而且基本上独立于实际的输出值. 这使得 CML 逻辑结构对于抗 DPA 电路来说是很有趣的. 在文献 [TL05] 中, Toprak 和 Leblebici 提出将 MOS 电流模逻辑 (MOS current-mode logic, MCML)[YY92] 用作一种抗 DPA 逻辑结构. MCML 的一个缺点是增加了静态能量消耗. 克服这一缺点的一种 CML 逻辑结构是动态电流模逻辑 (dynamic current-mode logic, DyCML)[AE01]. Mace 等 [MSH+04] 提出了在抗 DPA 电路中使用 DyCML.

第8章   对隐藏技术的攻击

隐藏对策的目标是使密码设备的能量消耗不依赖于设备执行的操作以及处理的数据. 然而, 在现实中, 只能在一定程度上实现该目标 (见第 7 章). 所以, 仍然有可能对采用隐藏对策的设备实施攻击. 但是, 在绝大多数情况下, 攻击开销要远大于对未受保护设备实施攻击的开销.

本章首先对隐藏对策的效果进行概括介绍. 特别地, 将分析不同类型的隐藏对策对成功实施 DPA 攻击所需要的能量迹数量分别有什么样的影响; 接着, 将关注两种特定对策的细节; 最后, 将讨论针对破坏能量迹对齐这一类对策的 DPA 攻击, 并讨论 7.4 节中给出的 DRP 逻辑结构的抗攻击效果.

8.1   概   述

第 7 章介绍了两大类隐藏对策. 一类对策使算法的执行序列随机化, 而另一类对策则降低密码设备所执行操作的能量消耗的信噪比.

我们将通过确定两种对策对 $\rho_{\mathrm{ck,ct}}$ 的影响效果来分析它们对 DPA 攻击的防御能力. $\rho_{\mathrm{ck,ct}}$ 为在 ct 时刻, 正确的密钥假设对应的假设能量消耗 H_{ck} 与设备真实能量消耗的相关系数. 在 ct 时刻, 密码设备对被攻击的中间数据进行处理. 6.4 节中曾指出, $\rho_{\mathrm{ck,ct}}$ 决定了实施 DPA 攻击所需的能量迹数量. 我们的分析使用式 (4.8) 对密码设备的能量消耗进行建模, 即, 如果使用 P_{total} 表示 ct 时刻设备的总能量消耗, 则相关系数 $\rho_{\mathrm{ck,ct}}$ 对应于 $\rho(H_{\mathrm{ck}}, P_{\mathrm{total}})$.

8.1.1   时间维度

随机插入伪操作和乱序操作能够随机地改变密码算法的执行序列. 因此, 在各条能量迹中, 对被攻击中间结果进行处理的位置有所不同, 即 ct 随机分布. ct 的分布依赖于随机插入伪操作以及乱序操作的实现方式. 如果只进行乱序操作, ct 通常会服从均匀分布; 而伪操作的随机插入则通常会导致 ct 服从二项分布或均匀分布. 如果同时使用这两种对策, 则会导致 ct 服从上述几种分布的某种复合分布.

不考虑 ct 分布的形状, 用 $\hat{p}$ 表示该分布中的最高概率, 并将此处所对应的能量消耗表示为 $\hat{P}_{\mathrm{total}}$. $\hat{P}_{\mathrm{total}}$ 具有如下特性: $\hat{P}_{\mathrm{total}}$ 以概率 $\hat{p}$ 对应于被攻击中间结果的能量消耗, 即 $\hat{P}_{\mathrm{total}} = P_{\mathrm{total}}$ 的概率为 $\hat{p}$, $\hat{P}_{\mathrm{total}}$ 对应其他操作能量消耗的概率为 $(1 - \hat{p})$. 用 P_{other} 来表示其他操作的能量消耗. 协方差 $\mathrm{Cov}(H_{\mathrm{ck}}, \hat{P}_{\mathrm{total}})$ 可用下式

计算:

$$\mathrm{Cov}(H_{\mathrm{ck}}, \hat{P}_{\mathrm{total}}) = \hat{p} \cdot \mathrm{Cov}(H_{\mathrm{ck}}, P_{\mathrm{total}}) + (1 - \hat{p}) \cdot \mathrm{Cov}(H_{\mathrm{ck}}, P_{\mathrm{other}})$$

由于 $\hat{p}$ 为最大概率, 所以在未受保护密码设备的 DPA 攻击中, H_{ck} 和 $\hat{P}_{\mathrm{total}}$ 的相关性导致最高的相关系数. 因此, 可以使用相关系数 $\rho(H_{\mathrm{ck}}, \hat{P}_{\mathrm{total}})$ 来确定实施攻击所需的能量迹数量. 该数值可以基于 $\rho(H_{\mathrm{ck}}, P_{\mathrm{total}})$ 计算, 参见式 (8.1). 由于假设 P_{other} 和 P_{total} 的分布相互独立, 所以该方程可以进一步简化.

$$
\begin{aligned}
\rho(H_{\mathrm{ck}}, \hat{P}_{\mathrm{total}}) &= \frac{\hat{p} \cdot \mathrm{Cov}(H_{\mathrm{ck}}, P_{\mathrm{total}}) + (1 - \hat{p}) \cdot \mathrm{Cov}(H_{\mathrm{ck}}, P_{\mathrm{other}})}{\sqrt{\mathrm{Var}(H_{\mathrm{ck}}) \cdot \mathrm{Var}(\hat{P}_{\mathrm{total}})}} \\
&= \frac{\hat{p} \cdot \mathrm{Cov}(H_{\mathrm{ck}}, P_{\mathrm{total}})}{\sqrt{\mathrm{Var}(H_{\mathrm{ck}}) \cdot \mathrm{Var}(\hat{P}_{\mathrm{total}})}} \\
&= \rho(H_{\mathrm{ck}}, P_{\mathrm{total}}) \cdot \hat{p} \cdot \sqrt{\frac{\mathrm{Var}(P_{\mathrm{total}})}{\mathrm{Var}(\hat{P}_{\mathrm{total}})}}
\end{aligned}
\tag{8.1}
$$

乱序操作和随机插入伪操作的效果主要依赖于概率 $\hat{p}$, 而 $\hat{p}$ 则会线性降低相关系数 $\rho(H_{\mathrm{ck}}, \hat{P}_{\mathrm{total}})$. $\hat{p}$ 减半会导致相关系数减半, 从而需要 4 倍数量的能量迹, 参见 6.4 节. 例如, 如果 AES 的 16 个 S 盒查表操作顺序被打乱, 那么 $\hat{p} = 1/16$, 则需要 $256(16^2)$ 倍的能量迹.

除 $\hat{p}$ 之外, $\rho(H_{\mathrm{ck}}, \hat{P}_{\mathrm{total}})$ 还依赖于能量迹的方差随着 ct 的随机位移而变化的方式. $\mathrm{Var}(\hat{P}_{\mathrm{total}})$ 与 $\mathrm{Var}(P_{\mathrm{total}})$ 的比值越大, $\rho(H_{\mathrm{ck}}, \hat{P}_{\mathrm{total}})$ 的值就越低. 然而, 在现实中, 能量消耗的方差不会因为能量迹失调而发生大幅变化. 一般而言, 设计者的目标是使设备在每一个时钟周期内的能量消耗有近似的分布, 这会给能量迹的对齐带来困难, 参见 8.2 节. 但是, 采用这种方法的一个副作用是 $\mathrm{Var}(P_{\mathrm{total}})/\mathrm{Var}(\hat{P}_{\mathrm{total}})$ 接近于 1.

就基于失调能量迹的 DPA 攻击而言, 正确密钥假设的相关性可用下述公式计算:

$$\rho(H_{\mathrm{ck}}, \hat{P}_{\mathrm{total}}) = \rho(H_{\mathrm{ck}}, P_{\mathrm{total}}) \cdot \hat{p} \cdot \sqrt{\frac{\mathrm{Var}(P_{\mathrm{total}})}{\mathrm{Var}(\hat{P}_{\mathrm{total}})}} \tag{8.2}$$

8.1.2　振幅维度

某些隐藏对策改变了设备执行被攻击操作时的能量消耗特征, 从而改变了这些操作对应的信噪比. 在 6.3 节中, 已经讨论过信噪比与相关系数的对应关系. 因此, 改变能量消耗振幅维度的隐藏对策的有效性可以根据式 (6.5) 计算.

一些隐藏对策降低了设备处理被攻击操作时能量消耗的信噪比, 从而降低了正确的密钥假设的相关性, 见下式:

$$\rho(H_{\text{ck}}, P_{\text{total}}) = \frac{\rho(H_{\text{ck}}, P_{\text{exp}})}{\sqrt{1 + \frac{1}{\text{SNR}}}} \tag{8.3}$$

对于较小的信噪比而言, 相关性与 $\sqrt{\text{SNR}}$ 成正比.

抗 DPA 的逻辑结构的有效性

抗 DPA 的逻辑结构是一种抗能量分析攻击的流行隐藏对策. 因此, 下文将更详细地讨论抗 DPA 逻辑结构的有效性.

考虑由 l 个未受保护的 CMOS 元件构成的数字电路. 用 $P_1, P_2, \cdots, P_l$ 分别表示各个 CMOS 元件的能量消耗. 此外, 假设各个元件的能量消耗独立且同分布, P_l 是 DPA 攻击的目标. 元件 l 能量消耗的信噪比可由式 (8.4) 算出.

$$
\begin{aligned}
\text{SNR} &= \frac{\text{Var}(P_{\text{exp}})}{\text{Var}(P_{\text{sw.noise}}) + \text{Var}(P_{\text{el.noise}})} \\
&= \frac{\text{Var}(P_1)}{\text{Var}(P_2 + P_3 + \cdots + P_l) + \text{Var}(P_{\text{el.noise}})} \\
&= \frac{\text{Var}(P_1)}{\text{Var}(P_2) + \cdots + \text{Var}(P_l) + \text{Var}(P_{\text{el.noise}})}
\end{aligned} \tag{8.4}
$$

现在采用抗 DPA 元件来代替 l 个未受保护的 CMOS 元件. 各个元件能量消耗的方差以系数 $a(a>0)$ 减小, 假设所有元件的 a 值相等. 注意, 方差的减小影响了可利用能量消耗 P_1 的方差以及能量消耗 $P_2, \cdots, P_l$ 的方差. 在这种情况下, P_1 能量消耗的信噪比可以使用式 (8.5) 来计算.

$$
\begin{aligned}
\text{SNR}_a &= \frac{\frac{1}{a} \cdot \text{Var}(P_1)}{\frac{1}{a} \cdot \text{Var}(P_1) + \cdots + \frac{1}{a} \cdot \text{Var}(P_l) + \text{Var}(P_{\text{el.noise}})} \\
&= \frac{\frac{1}{a} \cdot \text{Var}(P_1)}{\frac{1}{a} \cdot \text{Var}(P_1 + \cdots + P_l) + \text{Var}(P_{\text{el.noise}})} \\
&= \frac{\frac{1}{a} \cdot \text{Var}(P_{\text{exp}})}{\frac{1}{a} \cdot \text{Var}(P_{\text{sw.noise}}) + \text{Var}(P_{\text{el.noise}})} \\
&= \frac{\text{Var}(P_{\text{exp}})}{\text{Var}(P_{\text{sw.noise}}) + a \cdot \text{Var}(P_{\text{el.noise}})}
\end{aligned} \tag{8.5}
$$

$$\frac{\text{SNR}_a}{\text{SNR}} = \frac{\text{Var}(P_{\text{sw.noise}}) + \text{Var}(P_{\text{el.noise}})}{\text{Var}(P_{\text{sw.noise}}) + a \cdot \text{Var}(P_{\text{el.noise}})} \tag{8.6}$$

式 (8.4) 和式 (8.5) 的比值在式 (8.6) 中给出. 由该比值可以得出两个结论：首先, 如果没有转换噪声, 即 $\text{Var}(P_{\text{sw.noise}}) = 0$, 则采用抗 DPA 逻辑结构会以系数 a 降低信噪比, 这也是降低信噪比能达到的最佳效果; 第二, 如果没有电子噪声, 即 $\text{Var}(P_{\text{el.noise}}) = 0$, 则采用抗 DPA 逻辑结构不能降低信噪比.

在现实中, 采用抗 DPA 逻辑结构带来的信噪比的降低程度总是介于上述两个极限值之间. 然而, 由于信噪比的降低依赖于转换噪声和电子噪声的大小, 所以, 不适合用信噪比来比较不同逻辑结构的抗攻击效果. 在本书中, 基于使用不同逻辑结构造成的能量消耗方差的降低程度来对抗攻击效果进行比较. 逻辑结构的系数 a 越大, 其抗 DPA 攻击的能力就越强. 注意, 这种比较逻辑结构的方法没有对利用逻辑结构能量泄露的能量模型做任何假设.

> 逻辑结构抵御 DPA 攻击的能力可以使用该逻辑结构降低 CMOS 电路能量消耗方差的系数来刻画.

8.2 对失调能量迹的 DPA 攻击

在现实中, 对失调能量迹实施 DPA 攻击的方法本质上有三种. 第一种是直接对失调能量迹实施 DPA 攻击. 在这种情况下, DPA 攻击的效果可以用式 (8.1) 计算. 第二种实施 DPA 攻击的方法是在攻击前对齐能量迹. 如果对齐成功, DPA 攻击的效果将会大幅提高. 第三种实施 DPA 攻击的方法是用特定的方式对能量迹进行预处理, 从而降低能量迹失调对攻击的影响.

本节首先讨论现实中能量迹出现失调的原因; 接着, 简要介绍能量迹对齐和预处理技术的概述; 最后, 给出对失调能量迹实施 DPA 攻击的示例. 在这些示例中, 将分别攻击采用了随机插入伪操作和乱序操作对策进行保护的 AES 实现.

8.2.1 失调缘由

在现实中, 能量迹的失调由多个原因导致. 各种对策, 如随机插入伪操作和乱序操作, 仅仅是可能的原因中的几种. 在现实中, 能量迹对齐与否实质上依赖于数字示波器用于能量迹采样的触发信号. 为了获取对齐的能量迹, 每次能量消耗测量的起点相对于中间结果的处理位置必须相同. 为此, 找到一个合适的触发信号不是一件容易的事. 在现实中, 攻击者可以用来触发示波器的信号实质上有两种：密码设备的能量消耗和通信信号.

直接使用密码设备的能量消耗来触发示波器是困难的. 绝大多数设备的能量

消耗不包含可直接用于触发示波器的信号模式. 所以, 一般采用通信信号进行触发.
可以配置数字示波器, 使其在最后一比特明文传输到密码设备后开始记录该设备的
能量消耗. 此外, 也可以将数字示波器配置为在密码设备返回密文之时终止记录能
量消耗. 在这两种情况下, 攻击者记录执行部分或全部密码算法时的能量消耗. 用
这种方式记录的能量迹由如下两种原因导致失调现象:

　　第一个原因是通信信号不总与时钟信号保持同步. 所以, 触发信号与处理被攻
击中间值之间的时间间隔并不固定. 因此, 相对处理被攻击中间结果的位置而言,
每一次能量消耗记录的起始位置不同. 能量迹失调的第二个原因是在对被攻击中间
结果的处理与通信 (设备与示波器) 之间, 经常执行条件操作. 把每一次执行按照不
同方式进行, 即消耗不同时钟周期数的操作称为条件操作. 例如, 随机插入伪操作
或者乱序操作等对策就属于此种操作. 此外, 计时器中断或条件语句在软件执行中
同样会有类似的影响.

　　对于 DPA 攻击而言, 使用通信信号来触发示波器并非最优. 然而, 在现实中,
却常常是唯一的选择. 通常, 不会有任何可用的触发信号能够直接表明对被攻击中
间数据的操作. 所以, 攻击者一般都需要基于失调能量迹来实施攻击.

8.2.2　能量迹对齐

　　处理失调能量迹最好的方法是在实施 DPA 攻击之前进行能量迹对齐处理. 如
果对齐成功, 则正确密钥假设产生的相关系数为 $\rho(H_{ck}, P_{total})$, 而并非 $\rho(H_{ck}, \hat{P}_{total})$.
这两个相关系数往往有较大的区别, 所以, 攻击者值得花费时间和精力来进行能量
迹对齐. 如果能量迹被正确地对齐, 则可以完全消除如插入伪操作和乱序操作这类
对策的影响.

　　在现实中, 通常可以通过两个步骤实现能量迹对齐. 首先, 攻击者选择在第一
条能量迹中出现的一种模式; 接下来, 尝试在所有其他能量迹中发现该模式. 这意
味着攻击者需要在每条能量迹中确定出能够最佳地匹配已选定模式的位置. 在所有
的能量迹中选定该位置之后, 攻击者平移各条能量迹, 使得该模式在各条能量迹的
同一个位置出现. 如果各条能量迹中的模式由同一个操作产生, 则能量迹就被成功
对齐.

> 　　能量迹的对齐经常通过模式匹配来实现. 这意味着将第一条能量迹
> 的一部分选为模式; 接下来, 攻击者尝试在所有其他的能量迹中找出该
> 模式.

　　能量迹对齐操作的基本原理非常简单. 但是, 现实中的情况有所不同, 这项工
作事实上非常具有挑战性. 接下来, 将讨论在选择模式和进行模式匹配过程中需要
考虑到的一些最重要的因素.

选择模式

选择一种合适的模式是能量迹对齐中最重要的任务. 模式选择实质上决定了对齐能否成功. 然而, 不存在选择最优模式的一般准则. 在现实中, 模式选择需要针对具体的设备, 并根据对能量迹的分析来进行. 选择恰当模式的最重要方法是对能量迹进行视觉检测, 或者针对能量迹中的不同位置绘制直方图. 选择模式时, 需要考虑下述属性:

- **唯一性** 保证所选择的模式具有唯一性至关重要, 如选取特征尖峰或极小值. 显然, 从能量迹中识别出模式越容易, 则对齐效果就越好. 例如, 考虑 AES 算法的软件实现. 使用 S 盒查表操作的能量消耗作为模式是一个糟糕的选择. AES 的每一轮中都有 16 个 S 盒查表操作, 所以该模式会在 16 个位置被匹配. 为了避免这种情况, 攻击者可以采用算法开始时密钥加载操作的能量消耗作为模式. 从内存或外存中加载数据导致的能量消耗信号通常会在能量迹中产生特殊的形状. 此外, 密钥加载一般只在算法开始执行时进行. 所以, 这种模式更适用于能量迹对齐.
- **数据依赖性** 被攻击设备的能量消耗依赖于被处理的数据. 因此, 每一次执行密码算法时, 绝大部分操作的能量消耗只有细微差别. 用于对齐能量迹的最好模式应当不依赖于密码算法的中间结果. 在理想情况下, 模式应该对应于跳转操作或仅仅依赖于密钥的操作. 选取依赖中间值的操作作为模式通常会降低匹配的效果.
- **长度** 根据直观感觉, 人们可能认为模式越长, 对齐的效果就越好. 然而, 事实上情况并非如此. 选择多个操作的能量消耗作为模式时, 该模式通常包含许多依赖于算法中间结果的操作, 这种操作的能量消耗会影响对齐的效果.
- **与被攻击中间结果的距离** 如果被攻击的设备采用了类似随机插入伪操作的对策, 则所选择的模式应该接近于处理被攻击中间结果的位置, 这一点非常重要. 否则, 可能发生如下情况：虽然对所选的模式而言, 能量迹已经被正确地对齐, 但是, 对被处理的中间结果而言, 能量迹仍然没有被正确对齐.

总而言之, 选择模式时需要考虑多种因素. 然而, 攻击者拥有的关于密码设备的知识通常非常有限. 所以, 在选定模式之前, 一般要花费大量的时间做实验, 直到找到一种合适的模式. 在极端情况下, 也可能无法找到任何可用的模式. 显然, 能量迹越均匀, 就越难以找到恰当的模式. 这一事实可以被密码设备的设计者利用, 以阻止攻击者对能量迹进行对齐. 设计者在构造密码设备时, 应该使得设备不存在任何可用于对齐处理的特殊模式.

模式匹配

攻击者选定模式之后, 必须在其他每一条能量迹中搜索该模式. 通常, 攻击者会将搜索限定于第一条能量迹中模式所处位置附近的区间, 这可以提高匹配的准确性并且节省时间. 对于搜索区间内每一个位置的实际匹配而言, 可以采用多种不同的技术, 下述两种最为常见:

- **最小二乘法**   此方法首先计算能量迹和模式的差值向量. 接着计算该向量中各个元素的平方和, 搜索区间中平方和最小的位置即为该模式的匹配点. 这种方法实际上属于使用简化模板的模板匹配, 参见 5.3.3 小节. 模式可被视为在搜索区间中对每一点进行匹配的模板.
- **相关系数**   另一种方法是对搜索区间中的每一个位置, 计算模式与能量迹的相关系数. 相关系数最大值出现的位置即为该模式的匹配位置.

在现实中, 上述两种方法都可以得到很好的效果. 如前文所述, 匹配结果更依赖于模式选择, 而并非模式匹配技术.

其他对齐技术

模式匹配是能量迹对齐中采用最广泛的技术, 然而也存在其他技术. 特别地, 存在一种技术, 它能够有效控制采用了多种对策 (随机插入伪操作或者乱序操作) 的密码设备中的能量迹失调. 7.1.1 小节中已经提到过, 上述两种对策均基于随机数, 所以能量迹的失调效应可以通过产生非均匀分布的随机数来加以控制.

乍一看, 对于攻击者而言, 这种技术似乎难度很大. 然而, 对策中使用的随机数需要由密码设备生成并处理. 因此, 在能量迹中的某些位置, 设备的能量消耗会依赖于这些随机数. 如果攻击者能够找出这些位置, 那么仅仅通过使用在这些位置上具有相同能量消耗特征的能量迹, 攻击者便可以确定出随机数分布的非均匀性. 例如, 攻击者可以仅仅利用在特定位置的能量消耗高于或者低于某个阈值的能量迹来实施攻击. 通过这种选择, 攻击者所选用的能量迹所对应随机数的分布便变得不均匀. 所以, ct 的分布也将不均匀, 能量迹的失调程度则会降低, 即 $\hat{p}$ 会增加.

8.2.3   能量迹预处理

基于失调能量迹实施 DPA 攻击的效果要远逊于基于对齐能量迹实施攻击的效果, 参见 8.1 节. 所以, 攻击者的目标是在实施 DPA 攻击之前对齐能量迹. 然而, 有时这并不可行. 例如, 能量迹中可能包含过多的噪声, 以至于无法对齐. 在这种情况下, 攻击者经常需要诉诸于其他的预处理技术. 现在分析能量迹的整合如何增强基于失调能量迹的 DPA 攻击的效果. 接下来, 将简述一系列具有同种效果的预处理技术.

整合

首先描述基于对齐能量迹实施的 DPA 攻击, 并以此开始对能量迹整合的讨论. 这意味着将分析如果攻击者在实施 DPA 攻击之前对能量迹进行了整合, 正确密钥假设所对应的相关系数将会发生怎样的变化. 整合是指攻击者将 l 个时钟周期的能量消耗叠加在一起. 将该时间间隔内各个时钟周期的能量消耗分别用随机变量 $P_1, \cdots, P_l$ 表示, 不失一般性, 假设在每个时间间隔中的第一个时钟周期处理被攻击的中间结果. 此外, 假设 $P_1, \cdots, P_l$ 两两相互独立, 并且 $P_2, \cdots, P_l$ 都与 H_{ck} 独立. 所以, 对于 $i = 2, \cdots, l$ 有 $E(H_{ck} \cdot P_i) - E(H_{ck}) \cdot E(P_i) = 0$ 成立. 因此, 正确密钥假设的相关系数可以由下式计算:

$$
\begin{aligned}
\rho\left(H_{ck}, \sum_{i=1}^{l} P_i\right) &= \frac{E\left(H_{ck} \cdot \sum_{i=1}^{l} P_i\right) - E(H_{ck}) \cdot E\left(\sum_{i=1}^{l} P_i\right)}{\sqrt{\mathrm{Var}(H_{ck}) \cdot \mathrm{Var}\left(\sum_{i=1}^{l} P_i\right)}} \\
&= \frac{E\left(H_{ck} \cdot P_1 + H_{ck} \cdot \sum_{i=2}^{l} P_i\right) - E(H_{ck}) \cdot E\left(P_1 + \sum_{i=2}^{l} P_i\right)}{\sqrt{\mathrm{Var}(H_{ck}) \cdot \mathrm{Var}(P_1)} \sqrt{\dfrac{\sum_{i=1}^{l} \mathrm{Var}(P_i)}{\mathrm{Var}(P_1)}}} \\
&= \frac{E(H_{ck} \cdot P_1) - E(H_{ck}) \cdot E(P_1)}{\sqrt{\mathrm{Var}(H_{ck}) \cdot \mathrm{Var}(P_1)} \sqrt{\dfrac{\sum_{i=1}^{l} \mathrm{Var}(P_i)}{\mathrm{Var}(P_1)}}} \\
&= \frac{\rho(H_{ck}, P_1)}{\sqrt{\dfrac{\sum_{i=1}^{l} \mathrm{Var}(P_i)}{\mathrm{Var}(P_1)}}}
\end{aligned}
\tag{8.7}
$$

对整合能量迹的 DPA 攻击效果显然要逊于对已对齐但未经整合的能量迹的 DPA 攻击. 攻击效果降低的程度取决于能量消耗方差的叠加值. 如果被整合的所有时钟周期内的能量消耗值的方差都相等, 则整合会以系数 $\sqrt{l}$ 降低相关系数.

> 如果 l 个时钟周期的能量消耗独立分布, 并且所有这些时钟周期的能量消耗方差均相等, 则对于正确的密钥假设, 能量消耗的和会导致如下的相关系数:
> $$
> \rho\left(H_{ck}, \sum_{i=1}^{l} P_i\right) = \frac{\rho(H_{ck}, P_1)}{\sqrt{l}} \tag{8.8}
> $$

虽然在能量迹对齐的情况下, 整合能量迹会造成 DPA 攻击效果的削弱, 但是,对失调能量迹而言, 这种方案可以增强 DPA 攻击的效果. 例如, 考虑一个随机插入 $(a-1)$ 个时钟周期的密码设备, 其中, 插入的时钟数均匀分布. 采集该设备的能量迹时, 定位被攻击中间结果的能量消耗的可能位置有 a 个, 并且位于每个位置的概率均为 $\dfrac{1}{a}$. 由式 (8.2) 可知对该设备的 DPA 攻击产生的相关性可以通过式 (8.2) 计算, 其中, $\hat{p} = 1/a$. 假设 $\mathrm{Var}(\hat{P}_{\text{total}}) = \mathrm{Var}(P_{\text{total}})$, 则相关系数 $\rho(H_{\text{ck}}, \hat{P}_{\text{total}})$ 等于 $\rho(H_{\text{ck}}, P_{\text{total}})/a$.

现在考虑攻击者在实施 DPA 攻击之前将每一条能量迹中 a 个位置的能量消耗进行叠加. 这意味着对于每一条能量迹, 攻击者将所有中间结果可能被定位位置的能量消耗进行叠加. 显然, 实施这样的 DPA 攻击时, 不存在失调问题. 假设被叠加的各个时钟周期的能量消耗值的方差相等, 正确密钥假设的相关性可以由式 (8.8) 计算. 这意味着相关系数为 $\rho(H_{\text{ck}}, P_{\text{total}})/\sqrt{a}$. 因此, 此时的相关系数比未经整合的 DPA 攻击中的相关系数大得多. 失调会线性地降低相关性, 而对能量迹进行整合处理之后, 相关性降低的系数由 α 降低为 $\sqrt{\alpha}$.

这一重要结论可以用来增强基于失调能量迹实施的 DPA 攻击的有效性. 在现实中, 一般使用如下方法对失调能量迹进行整合和攻击: 首先, 攻击者选择一个用于能量迹整合的窗口大小, 即选择对多少个时钟周期内的能量消耗进行整合. 然后, 攻击者沿着能量迹滑动整合窗口. 在能量迹的每一个位置, 攻击者将整合窗口内所有时钟周期内的能量消耗相加. 最后, 实施对整合能量迹的 DPA 攻击. 这种 DPA 攻击在文献 [CCD00] 中给出.

整合窗口大小符合 ct 的分布宽度时, DPA 攻击的效果达到最佳. 但是, 由于攻击者通常不知道 ct 的分布, 在找到最合适的窗口大小之前, 需要尝试多种窗口大小. 对于攻击者而言, 在最好的情况下, 相关系数的线性缩小系数将由式 (8.2) 中所示的值变化为式 (8.8) 中所示的值.

> 整合失调能量迹可以增强 DPA 攻击的效果. 能量迹的失调导致相关系数线性降低, 而对失调能量迹进行整合则会使得相关系数的降低以整合时钟周期数的平方根为系数.

其他技术

能量迹整合是最广泛采用的一种用于降低能量迹失调影响的技术. 然而, 还存在着其他技术. 这些技术大多数属于线性方法, 可以刻画为能量迹与窗口函数的卷积. 也有一些方法将能量迹转换到频域上, 从而避免对能量迹对齐处理的要求.

- **卷积**　一种预处理能量迹的有效方法是使用能量迹和一些窗口函数来计算卷积. 在离散时域中, 窗口函数是一个长度为 l 的向量. 用 $\boldsymbol{w} = (w_1, w_2, \cdots, w_l)$ 来表示该向量, 使用窗口函数对向量 $\boldsymbol{x}$ 进行卷积运算的定义见式 (8.9),

计算结果为向量 $\boldsymbol{y}$.

$$y_i = \sum_{j=1}^{l} w_j \cdot x_{i-j+1} \tag{8.9}$$

在现实中, 有很多合适的窗口函数可以用于能量迹预处理. 如果采用矩形窗口函数, 如 $\boldsymbol{w} = (1, 1, \cdots, 1)$, 则预处理操作就等价于能量迹整合. 采用 "梳状" 函数, 如 $\boldsymbol{w} = (1, 0, 1, 0, \cdots)$, 就可能将一些具有固定距离的点相加. 例如, 这种函数可以用来处理那些具有一个或更多时钟周期间隔的能量迹上的点. 显然, 也可以在窗口函数中采用不同的权重.

■ **快速傅里叶变换 (FFT)** 另外一种预处理能量迹的方法是将其变换到频域上. 在这种情况下, 无须再考虑能量迹失调的影响. 然而, 采用这种技术往往并不能获得好的结果. 本质上, 该预处理技术的效果取决于泄漏和噪声的频谱特征.

8.2.4 示例

本节将描述两个对智能卡的 DPA 攻击示例. 首先, 通过一个采用随机插入伪操作的 AES 实现来阐明失调能量迹对 DPA 攻击的防御效果. 在第二个例子中, 攻击了一种采用乱序操作的 AES 实现.

随机插入伪操作

在本例中, AES 实现方式是在 AES 开始之前随机插入空指令 (NOP), NOP 是一条不进行任何实质操作的指令. 在所选用的微控制器上, 执行该指令需要一个时钟周期. 对微控制器上的 AES 实现进行了三次 DPA 攻击, 每一次攻击都基于 10 000 条压缩能量迹.

第一个 DPA 攻击中, 对微控制器进行了配置, 使其不插入任何空指令, 所以所记录的能量迹是对齐的. 基于这些能量迹, 对第一轮 S 盒查表操作的第一个输出字节实施了基于汉明重量模型的 DPA 攻击. 图 8.1 的左图显示了正确密钥假设的假定能量消耗与能量迹之间的相关性.

在第二个 DPA 攻击中, 对微控制器进行了配置, 使算法执行中随机插入一个 NOP 指令. 这就导致了被攻击的 S 盒查表操作在能量迹的两个位置上产生能量消耗, 并且在两个位置出现的概率相等. 图 8.1 的中图给出了对这类失调能量迹的 DPA 攻击. 通过观察可以得知, 与第一个攻击相比, 尖峰的形状发生了变化, 但相关性的最大值仍然相同. 这是由于 S 盒查表操作不只占用一个指令周期. 事实上, 该操作在两个连续的指令周期泄露 S 盒输出的汉明重量. 所以, 一个指令周期的失调并不会降低正确密钥假设对应的相关性. 在 AES 实现中, 为了降低该相关性, 需要插入至少两个指令周期的伪操作.

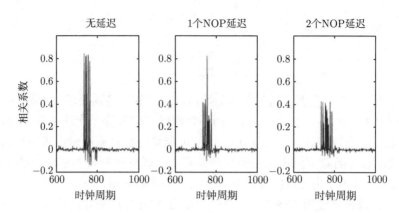

图 8.1   对 S 盒输出实施 DPA 攻击的结果. 在第一个攻击中, 能量迹被正确地对齐. 第二个
和第三个攻击使用的能量迹分别被随机地插入了一个和两个空指令

> 采用随机插入伪操作的对策时, 至关重要的是所插入的伪操作必须
> 足够长, 以便降低正确密钥假设与能量迹之间的相关性.

在第三个 DPA 攻击中, 对微控制器进行配置, 随机插入了两个空指令, 即可能
插入 0 个或两个空指令. 攻击的结果如图 8.1 的右图所示. 可以看出, 与第一个攻
击相比, 相关性降低了约一半. 这符合在式 (8.1) 中推导出的能量迹失调对攻击的
影响. 通过加入更多空指令, 还可以进一步降低相关性. 显然, 也可以采用除 NOP
之外的其他指令. 一般而言, 需要采用攻击者不易识别的操作类型. 如果可以在能
量迹中识别出伪操作, 则攻击者就可以轻易地对齐能量迹, 参见 8.2.2 小节.

乱序操作

现在讨论对采用乱序技术保护的 AES 实现的攻击. 该实现的每一次算法执行
中, S 盒查表操作的执行顺序都随机发生变化. 为了表明乱序操作的效果, 用一种
灵活的方式来实现该对策, 即可以自定义实施乱序操作的 S 盒查表操作的数量. 对
该实现进行的所有 DPA 攻击都是针对第一轮中第一个 S 盒的输出. 所有攻击均记
录了 10 000 条能量迹, 并且采用了汉明重量模型.

图 8.2 给出了微控制器在不同配置下以及采用不同预处理技术的 DPA 攻击结
果. 左侧图示给出了对未经预处理的原始能量迹的攻击, 右侧的图则给出了对卷积
能量迹的攻击, 该卷积采用了梳状窗口函数. 窗口函数中各 "梳齿" 之间的间隔以
特定的方式取值, 从而可以将相邻 S 盒查表操作的泄露叠加起来.

图 8.2 中第一行的两图给出了在没有采用乱序操作情况下对能量迹的 DPA 攻
击. 两图完全相同的原因是在这种情况下并没有采用任何预处理操作. 第二行的两
图是在激活了最先执行两个 S 盒查表操作的乱序操作之后的 DPA 攻击结果. 左图
中给出的相关性大概是第一行中两图相关性的一半. 右图中的预处理操作是将两个

S 盒查表操作的能量消耗叠加, 所以右侧的 (最高) 相关性降低为原来的 $\dfrac{1}{\sqrt{2}}$, 参见式 (8.8).

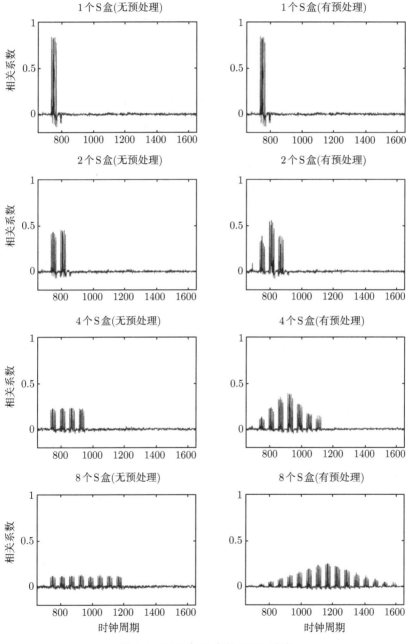

图 8.2 对乱序 S 盒的 DPA 攻击

在第 3、4 行中, 分别对 4 个和 8 个 S 盒查表操作进行了乱序处理. 对于右侧各图, 也分别对 4 个和 8 个 S 盒查表操作进行了预处理. 比较图 8.2 中的各图可以发现, 左侧各图的相关性从上到下依次减半, 而右侧各图的 (最大) 相关性依次降低为前值的 $\frac{1}{\sqrt{2}}$. 易见, 这分别与式 (8.2) 和式 (8.8) 的表述一致.

8.3   对 DRP 逻辑的攻击

8.1.2 小节已经讨论过, DRP 逻辑结构的抗 DPA 能力与各个元件瞬时能量消耗的方差成正比. 接下来, 将确定采用 SABL 和 WDDL(见 7.4 节) 实现的 NAND 元件的能量消耗方差, 以便分析这两种 DRP 逻辑结构的抗 DPA 能力. 这些结果将与 CMOS NAND 元件的能量消耗方差作对比. 通过第一个试验, 首先确定 DRP NAND 元件输出端平衡互补导线的能量消耗方差. 在第二个试验中, 确定互补导线的平衡性对能量消耗方差的影响.

为了量化元件抗 DPA 的能力, 我们采用的是一个时钟周期内的能量消耗方差而不是瞬时能量消耗方差. 原因是攻击者一般只能测量正比于元件能量消耗的信号, 而不能测量元件瞬时能量消耗本身, 参见 3.5.2 小节.

8.3.1   平衡互补性导线

通过使用 Cadence Design System 公司的 Spectre 软件进行模拟级仿真, 可以获得分别采用 CMOS, SABL 和 WDDL 实现的 NAND 元件的能量消耗. 图 2.8(CMOS)、图 7.6(SABL) 和图 7.9(WDDL) 给出的 NAND 元件采用 $0.35\mu m$, 3.3V 的 CMOS 工艺技术实现. 该仿真不考虑任何元件内部由布线造成的寄生效应, 因为这些因素严重依赖于特定的元件布局. NAND 元件输出的额定电容被选为 100fF. 仿真分别针对表 8.1 中给出的 16 种可能的输入信号状态转换的组合来实施. 状态转换被有序地保存到一个队列中, 以便对元件的各输入依次进行处理.

表 8.1   NAND 元件输入信号转换的所有 16 种组合以及相应的输出信号

输入信号转换		NAND 输出信号转换
输入 a	输入 b	输出 q
$0 \to 0$	$0 \to 0$	$1 \to 1$
$0 \to 0$	$0 \to 1$	$1 \to 1$
$0 \to 0$	$1 \to 1$	$1 \to 1$
$0 \to 1$	$1 \to 1$	$1 \to 0$
$1 \to 1$	$1 \to 1$	$0 \to 0$
$1 \to 1$	$1 \to 0$	$0 \to 1$
$1 \to 0$	$0 \to 1$	$1 \to 1$
$0 \to 0$	$1 \to 1$	$1 \to 1$
$0 \to 1$	$0 \to 0$	$1 \to 1$

输入信号转换		NAND 输出信号转换
输入 a	输入 b	输出 q
$1 \rightarrow 1$	$0 \rightarrow 1$	$1 \rightarrow 0$
$1 \rightarrow 0$	$1 \rightarrow 1$	$0 \rightarrow 1$
$0 \rightarrow 1$	$1 \rightarrow 0$	$1 \rightarrow 1$
$1 \rightarrow 1$	$0 \rightarrow 0$	$1 \rightarrow 1$
$1 \rightarrow 0$	$0 \rightarrow 0$	$1 \rightarrow 1$
$0 \rightarrow 1$	$0 \rightarrow 1$	$1 \rightarrow 0$
$1 \rightarrow 0$	$1 \rightarrow 0$	$0 \rightarrow 1$

图 8.3 中的三个图分别给出了对应三种不同的 NAND 元件的 16 条能量迹.

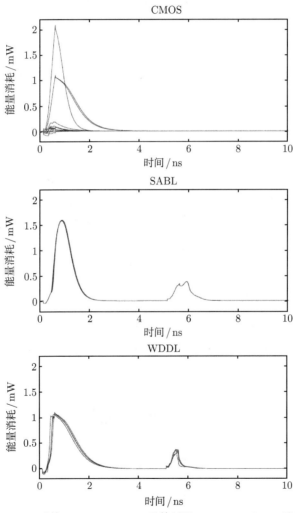

图 8.3 CMOS NAND 元件、SABL NAND 元件以及 WDDL NAND 元件在不同的输入变
化时的仿真能量消耗

DRP NAND 元件的能量迹表明了计算阶段以及接下来的预充电阶段的能量消耗. CMOS NAND 元件能量迹中存在差异, 这是由于对于某些输入转换, 输出电容进行充电; 但是对于其他输入转换, 输出电容不进行充电这一事实. 对 DRP NAND 元件而言, 所有的输入转换都会导致输出电容的充电. 因为输出电容是平衡的, 所以 DRP NAND 元件能量消耗的方差要远小于 CMOS NAND 元件的能量消耗方差.

表 8.2 给出了采用平衡互补导线的不同 NAND 实现的能量消耗方差和标准差. SABL NAND 元件能量消耗的方差几乎比 CMOS NAND 元件小 4 个数量级. WDDL NAND 元件的能量消耗方差大概比 CMOS NAND 元件小三个数量级. 具有高方差的原因是组合 WDDL 元件是采用简单的方式, 通过诸如与门、或门这样的基本的 SR 元件构造的. 所以, 通过精心调试组合 WDDL 元件的功能和布局来实现较好抗 DPA 效果的可能性很有限.

表 8.2 采用平衡互补导线的 CMOS NAND, SABL NAND 和 WDDL NAND
元件能量消耗的方差和标准差

逻辑结构	CMOS	SABL	WDDL
$\mathrm{Var}(E_{NAND})$	$22.469 \cdot 10^{-29}\mathrm{J}^2$	$1.6954 \cdot 10^{-29}\mathrm{J}^2$	$26.853 \cdot 10^{-29}\mathrm{J}^2$
$\mathrm{Std}(E_{NAND})$	474fJ	4.12fJ	16.4fJ

由于具有相似的元件结构, SABL NAND 元件的能量消耗方差对 SABL D 型触发器的能量消耗方差来说也具有代表性, 然而, 这种情况对 WDDL NAND 元件和 WDDL D 型触发器则不成立. WDDL D 型触发器的能量消耗方差一般比 WDDL NAND 元件的能量消耗方差低很多, 原因是 WDDL D 型触发器的两条数据通路使用了同样的 SR D 型触发器, 这使得能量消耗更加平衡.

8.3.2 非平衡互补性逻辑

8.3.1 小节已经解释过, 如果互补输出的电容平衡的话, DRP 元件就会具有很高的抗 DPA 能力. 然而, 在现实中绝不可能实现完美平衡, 所以 DRP 元件的抗 DPA 特性一定会受到限制. 图 8.4 给出了元件互补输出线路的平衡性减弱时, SABL NAND 元件和 WDDL NAND 元件能量消耗方差的增长方式.

图 8.4 表明, 在平衡情况下 (能量消耗方差在拐点处最小)SABL NAND 元件的抗 DPA 能力最强. 抗 DPA 特性随着互补输出 q 和 $\bar{q}$ 电容差值的平方降低. WDDL NAND 元件的能量消耗方差的变化图基本上与 SABL NAND 元件的相同. 有趣的是, 对于 WDDL NAND 元件而言, 输出 q 和 $\bar{q}$ 完美平衡时, 元件并没有体现出最高的抗 DPA 能力. 图 8.4 表明, 当输出 q 的电容比 $\bar{q}$ 低 2fF 左右时, 元件具有最强的抗 DPA 能力, 这说明 WDDL NAND 元件具有不平衡的内部结构. 原因是 WDDL NAND 元件内部的 SR 与门和 SR 或门 (图 7.9) 进行同样的输出转换时, 并没有消

耗同样的能量. 在元件布局的设计过程中, 可以在一定程度上修正 WDDL NAND
元件的不平衡内部结构. 然而, 这会极大提高 WDDL 元件的设计和实现开销. 注
意, WDDL NAND 元件的最小能量消耗方差 (即具有 −2fF 电容差时) 仍然稍高于
SABL NAND 元件的最小能量消耗方差.

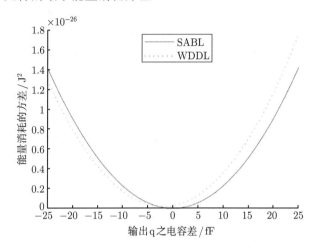

图 8.4 SABL NAND 和 WDDL NAND 元件的能量消耗方差作为互补元件输出 q 和 $\bar{q}$ 电
容差的函数. 输出端的额定电容是 100fF

8.4 注记与补充阅读

隐藏对策的一般效果　Chari 等在文献 [CJRR99b] 中分析了密码算法随机化
执行的效果. 他们在该文章中指出, 通过将能量迹对齐, 并借助信号处理技术, 可以
把随机化的效果去除. 此外, 他们还提到了, 实施攻击所需要的能量迹数量随着采用
乱序操作数量的平方而增长. 在文献 [CCD00] 中, Clavier 等介绍了滑动窗口 DPA
攻击, 这种攻击所需要的能量迹数量和所采用的乱序操作的数量呈线性关系, 其中
给出的攻击基于均值差方法. Mangard 分析了基于相关系数的 DPA 攻击中采用隐
藏对策的一般效果 [Man04].

抗 DPA 逻辑结构的效果　Tiri 等在文献 [TAV02, TV03] 中比较了 SABL 和
CMOS 电路抗 DPA 攻击的仿真效果. 文献 [TV04a] 中给出了 WDDL 电路抗 DPA
特性的类似仿真效果. 在这些工作中, 均采用了标准化能量偏离 (normalized energy
deviation, NED) 的方法来量化 SABL 和 WDDL 的效果, 然而, 这种方式更适用于
具有高能量消耗的逻辑结构. 在文献 [TV05c] 中, Tiri 和 Verbauwhede 基于文献
[Man04] 给出的方程对逻辑结构进行了分析.

Kulikowski 等在文献 [KKT06] 中分析了逻辑元件的早期传播问题, 这种问题

可以导致抗 DPA 能力的下降. Sundstrom 和 Alvandpour[SA05] 比较了互补 CMOS 逻辑、动态 CMOS 逻辑、动态差分逻辑、SABL 和 DyCML 的能量消耗方差. 文献 [FML+03] 中给出了一个实现 16 位微控制器的异步测试芯片的安全性评估. 文献 [THH+05] 给出了对使用 WDDL 的试验电路上的 DPA 攻击结果.

非对称密码体制　针对 7.5 节中介绍过的很多对非对称密码体制的隐藏对策, 已经公开了很多攻击. 现在采用与 7.5 节中同样的符号来简述这些攻击.

第一种隐藏技术是指数的随机表示. Walter[Wal02b, Wal03] 讨论了 MIST 算法 ([Wal02a] 中给出的算法) 的安全问题, Oswald[Osw03] 讨论了随机加法–减法链的安全问题. Markov 理论 (Markov 链与隐式 Markov 模型) 在这些研究工作中发挥了重要作用. Walter 和 Oswald 关注于攻击者只记录一条能量迹的 SPA 攻击. 然而, 研究人员也着眼于那些在参数相同的条件下 (如 RSA 中的基和指数、ECC 中的点和标量), 对获取的多条能量迹的攻击. Walter[Wal02a, Wal02b] 考虑了 MIST 算法中的这类问题. Karlof 和 Vagner[KW03] 以及后来的 Green 等 [GNS05] 讨论了随机加法–减法链上的这类问题. 关于隐式 Markov 模型在相关问题上的应用, 他们也做出了很好的工作. Fouque 等 [FMPV04] 讨论了一种对于文献 [HM02] 的攻击. 时至今日, 就这些隐藏对策对于抗 DPA 攻击的安全特性而言, 尚无人公开任何形式的全面分析.

第二种隐藏技术是在指数算法中采用固定的操作序列. 显然, 平方–乘算法和倍点–点加算法对于基于视觉检测的 SPA 攻击是安全的. 然而, 需要指出的是, 对于更先进的 SPA 技术而言, 这些方法的安全性尚需商榷. 特别地, 操作数重用可能被检测出来, 如攻击者可能在一条能量迹中搜索碰撞或计算该能量迹中各部分间的相关性. 当采用简单的二进制算法时, 这种方式经常可以帮助获取密钥. 例如, 在二进制倍点–点加算法中 [Cor99], 当且仅当第 i 步的密钥比特为 0 时, 第 i 步的倍点操作结果才会应用于第 $i+1$ 步的点加运算中. 所以, 重用操作数的有关计算可以帮助获取密钥比特. Fouque 和 Valette[FV03] 在他们的倍点攻击 (doubling attack) 中也有类似的结论. 该攻击适用于从密钥 MSB 到 SLB 扫描的二进制倍点–点加算法, 需要攻击者获取两条标量乘法的能量迹 (一个对于点 P, 另一个对于它的二倍点 $[2]P$). Okeya 和 Sakurai[OS02] 观察到, 探测重用操作数的方法也对使用窗口方法保存倍点–点加 (平方–乘) 结构模乘的算法 [Mol01] 有效. 很自然地, 如果具有对应于一个固定密钥的多条能量迹, 攻击效果可以增强. 注意, 固定操作序列的算法并不会增加抗 DPA 攻击的能力.

第三种隐藏对策是使得操作无法区分, 这可以通过插入伪操作或重写操作的公式实现. 和之前一样, 这种方法可以抵御基于视觉检测的 SPA 攻击, 但是并不提供对于更高级的 SPA 技术的安全性. Walter[Wal04] 讨论了一个对 Weierstrass 椭圆曲线 [BJ02] 上倍点–点加操作的统一编码的攻击. 他假设统一编码公式, 倍点–点加操作以及 Montgomery 乘法的实现中都采用了条件减法操作. 该条件减法操作已被公认为会泄露所处理的中间数据. Walter 指出, 当且仅当执行倍点操作时, 统一编码中特定的中间值要计算两次. 所以, 如果可以探测到那两个中间值是否相同, 就可以区分点加操作和倍点操作. 由于假定采用了倍点–点加算法, 所以, 通过这种方式可以获取密钥. Akishita 和 Takagi[AT06] 给出了与 Walter[Wal04] 类似的观点, 并基于仿真攻击证明了一些经验现象, 并且他们的想法也适用于真正的攻击. 和以前一样, 如果可以采用多条能量迹, 攻击的效果会提高. 注意, 一些使操作看似一致的算法并不提供抗 DPA 攻击的能力.

显然, 用于非对称密码体制的隐藏对策并不能提供抗 DPA 攻击的能力. 所以, 为了获得对 SPA 和 DPA 的抵抗能力, 必须同时采用隐藏与掩码 (盲化) 技术.

第9章 掩码技术

任何防御对策的目标都是使密码设备的能量消耗不依赖于设备所执行的密码算法的中间值. 掩码技术通过随机化密码设备所处理的中间值来实现这个目标. 这种方法的一个优点是它可以在算法级实现, 并且无需改变密码设备的能量消耗特性. 也就是说, 即使设备的能量消耗具有数据依赖性, 掩码技术也可以使设备的能量消耗与所执行的密码算法的中间值之间无依赖关系. 掩码技术是一种得到学术界广泛关注的防御对策, 已有大量文章阐述了不同类型的掩码方案, 甚至也发表了一些关于掩码方案的安全性证明. 近来, 已经出现了掩码技术的元件级应用.

本章将讨论掩码技术的工作方式及其实现安全性所依赖的假设. 此外, 还将讨论在体系结构级和元件级实施掩码技术的方式.

9.1 概　　述

在掩码型实现方案中, 每一个中间值 v 都基于一个称为 "掩码" 的随机数 m 进行变换, 即 $v_m = v * m$[①]. 掩码 m 产生于密码设备的内部, 并且在每一次执行中各不相同. 因此, 攻击者不会获知掩码.

> 掩码型中间值 v_m 是指使用一个随机数 m 对中间值 v 进行处理后得到的值, 即 $v_m = v * m$. 对于攻击者而言, 该随机数未知.

运算 $*$ 通常根据密码算法所使用的操作进行定义. 因此, 运算 $*$ 多为布尔异或运算 $\oplus$、模加运算＋或模乘运算 $\times$. 在模加运算和模乘运算的情况下, 模数根据密码算法选择.

通常, 掩码直接应用于明文或密钥. 为了能够处理掩码型中间值以及对掩码进行跟踪, 需要对算法实现稍加修改. 加密的结果也是掩码型的, 因此, 为了获得密文, 还需要在计算结束时消除掩码. 一个典型的掩码方案需要详细说明如何对所有中间值实施掩码操作, 以及在算法执行过程中如何应用、消除和改变掩码.

要保持每一个中间值在计算过程中始终处于被掩码状态, 这一点非常重要. 即使某一个中间值是基于它之前的中间值计算所得, 保持上述性质仍然很重要. 例如,

---

① 译者注: 为便于理解并保持相关表达的一致性, 本书不加区分将 "mask" 统译为 "掩码"、"masked value" 译为 "掩码型值"、"unmasked value" 译为 "原始值"、"masked xxx" 译为 "掩码型 xxx"、"unmasked xxx" 译为 "(未受掩码保护的) 原始 xxx"、"mask intermediate value v with the mask value m" 译为 "用 m 对中间值 v 进行掩码处理".

如果将两个掩码型中间值进行异或, 则需保证其结果也是掩码型的. 由于上述原因, 对不同的中间值, 往往需要分别采用不同的掩码. 出于对实现性能的考虑, 对每一个中间值采用一个新掩码并不明智. 因此, 为了获得合适的性能, 需要仔细选择掩码的数量.

下文将综述一些关于掩码技术的重要概念. 特别地, 将讨论不同类型的掩码技术 (布尔掩码与算术掩码), 并解释秘密共享技术与掩码技术的联系. 此外, 还将解释盲化技术的意义并讨论掩码技术的安全性.

9.1.1　布尔掩码与算术掩码

现在讨论布尔掩码与算术掩码的区别. 在布尔掩码中, 中间值与掩码进行异或运算, 即 $v_m = v \oplus m$. 在算术掩码中, 中间值与掩码进行加法或乘法算术运算. 通常使用模加运算, 即 $v_m = v + m(\text{mod } n)$, 其中, 模 n 的选取取决于密码算法. 另外一个频繁使用的算术运算是模乘运算, 即 $v_m = v \times m(\text{mod } n)$.

有些算法同时基于布尔运算和算术运算. 所以, 此时需要同时采用两种类型的掩码技术. 这可能会带来额外的计算开销, 因为进行掩码类型的转换通常需要大量的额外计算, 可参见文献 [CG00, Gou01].

另外, 密码算法使用线性和非线性函数. 线性函数 f 满足如下性质: $f(x * y) = f(x) * f(y)$. 例如, 如果运算 $*$ 为异或运算 $\oplus$, 则线性函数具有如下特性: $f(x \oplus y) = f(x) \oplus f(y)$. 因此, 在布尔掩码体制中, 线性运算会以一种易于计算的方式改变掩码 m. 这意味着很容易对线性运算采用布尔掩码. AES 的 S 盒是一种非线性运算, 即 $S(x \oplus y) \neq S(x) \oplus S(y)$. 在这种情况下, 布尔掩码的变化方式更加复杂, 计算需要很大的开销. 所以, 对 S 盒采用布尔掩码并不合适. 然而, S 盒的计算基于有限域元素的乘法逆, 即 $f(x) = x^{-1}$. S 盒适于采用乘法掩码, 因为 $f(x \times y) = (x \times y)^{-1} = f(x) \times f(y)$. 文献 [AG01] 的作者给出了一个能在布尔掩码和乘法掩码之间进行转换的有效方法. 然而, 乘法掩码有一个主要的缺点, 即它对中间值 0 无效. 10.2 节将介绍如何在 DPA 攻击中利用这一特点.

本书主要关注布尔掩码技术. 掩码用字母 m 来表示. 若要强调用于特定中间值 v 的掩码, 则用 m_v 表示.

9.1.2　秘密共享

掩码技术意味着通过掩码来改变中间值. 在布尔掩码中, 掩码型中间值 $v_m = v \oplus m$. 给定 v_m 和 m, 可以计算出中间值 v. 也就是说, 可以用两个共享因子 (v_m, m) 表示中间值 v. 只给定两个共享因子中的任何一个, 不会泄露关于 v 的任何信息; 只有同时获知两个共享因子, 才能确定出 v. 因此, 掩码技术相当于采用两个共享因子的秘密共享方案.

采用多个掩码的秘密共享是一种通用的掩码实现方法, 它意味着将多个掩码作用于同一个中间值. 文献 [CJRR99b] 指出, 采用 n 个掩码可以抵御 n 阶 DPA 攻击. 高阶 DPA 攻击是第 10 章讨论的主题之一.

将多个掩码应用于同一个中间值, 以及跟踪多个共享因子, 都会增加实现开销. 对共享因子的储存和计算需要更大的内存 (或存储单元) 以及更长的计算时间. 因此, 在应用中, 大部分秘密共享基于双共享因子 (即采用掩码的方法) 来实现. 组合使用隐藏技术和掩码技术可以抵御高阶 DPA 攻击.

9.1.3　盲化

在典型的非对称密码算法中, 采用加法或乘法掩码是很好的选择. 应用于非对称密码方案中的算术掩码称为 "盲化". 例如, 在 RSA 的解密过程中, 将乘法掩码应用于输入消息 v, 即 $v_m = v \times m^e$. 由于 $(v_m)^d \equiv (v^d \times m)(\bmod\ n)$, 在算法的最后, 可以很容易地恢复出结果 v^d, 这种方案称为 "消息盲化". 另外一种稍有差异的掩码技术可以应用于指数 d, 即 $d_m = d + m \times \phi(n)$. 由于 $v^{d_m} \equiv v^d (\bmod\ n)$, 在计算的最后, 掩码可以自动消除, 这种方案称为 "指数盲化". 实质上, 这种方案对指数实施了加法掩码.

9.1.4　可证明安全性

DPA 攻击的工作原理是密码设备的瞬时能量消耗依赖于设备所处理的中间值. 掩码方案试图通过对中间值进行掩码来破坏这种依赖关系. 如果中间值 v 被掩码, 与之对应的掩码型中间值 $v_m = v * m$ 便与 v 无依赖关系. 如果 v_m 与 v 无依赖关系, 则 v_m 对应的能量消耗与 v 也无依赖关系.

> 如果每一个掩码中间值 v_m 均与 v 和 m 相互独立, 则掩码可提供抵御一阶 DPA 攻击的安全性.

在掩码方案的典型证明中可以看到, 每一个掩码型中间值都会导致一种在统计意义下不依赖于原始中间值的分布. 这样, 掩码实现就可以抵御一阶 DPA 攻击. 例如, 无论 v 为何值, $v \oplus m$ 总服从同样的分布, 即 $v \oplus m$ 的分布与 v 无依赖关系.

布尔掩码方案的安全性证明已有学者给出. 特别地, 文献 [BGK05, OMPR05] 的作者证明了 $v \oplus m, (v \oplus m_v) \times (w \oplus m_w), (v \oplus m_v) \times m_w, (v \oplus m_v)^2$ 以及 $(v \oplus m_v)^2 \times p$ 都与 $v(\text{和}\ w)$ 相互独立. 此外, 通过使用另外一个独立掩码 m', 也可对掩码型中间值进行累加, 即如果 v_{m_i} 为任意值, 并且 m' 与所有 v_{m_i} 均相互独立, 则 $\Sigma v_{m_i} \oplus m'$ 的分布与 v_{m_i} 相互独立.

9.2　体系结构级对策

第一篇讨论掩码技术的论文主要关注软件实现. 人们针对 8 位智能卡上掩码

技术的实现进行了大量的研究. 特别地, AES 算法的遴选过程刺激了对 AES 候选算法智能卡实现的抗能量分析攻击能力的研究, 参见文献 [CJRR99a]. 近期关于掩码技术的最新研究绝大部分集中于 AES 实现. 近来, 人们也开始为专用硬件实现设计掩码方案, 该领域内的很多论文同样关注 AES 实现.

9.2.1 软件实现

在软件实现中, 布尔掩码方案的典型实现方式很简单. 正如前文解释过的, 把明文 (或密钥) 与掩码进行异或, 保证整个计算过程中所有的中间值都被掩码, 并记录掩码变化的轨迹, 最后从输出结果中消除掩码. 如果算法中的所有运算均为线性布尔运算, 则布尔掩码非常合适且易于实现. 在非线性运算中, 情况有所不同, 这类运算很难处理. 下文首先讨论非线性运算的掩码技术. 随后, 描述随机预充电如何简化掩码实现, 并讨论掩码技术的缺陷. 最后, 给出一个对 8 位微控制器上 AES 实现进行有效掩码的示例.

掩码型查找表

除简单运算之外, 密码算法也使用包括非线性运算在内的复杂运算. 普通的布尔掩码技术不适用于这些复杂运算. 因此, 需要格外关注这些复杂运算实现的安全性和有效性. 许多现代分组密码都采用查表法来实现非线性运算. 这意味着对于每一个非线性运算的输入 v, 表 T 中均有一个相应的位置保存其输出. 这个表储存在高速内存中. 就分组密码在智能卡中的软件实现而言, 查表法是一个非常流行的方法. 在掩码型实现中, 也需要对这种表进行掩码处理. 因此, 需要构造一个具有如下特性的查找表 $T_m : T_m(v \oplus m) = T(v) \oplus m$. 这种表的生成非常简单. 但是为了生成这种掩码型查找表, 必须穷举所有的掩码 m 和输入 v, 查询 $T(v)$ 并将 $T(v) \oplus m$ 存储到掩码型查找表的相应位置. 因此, 随着查找表所使用掩码数量的增加, 计算规模和内存需求也相应增加.

随机预充电

随机预充电是一种隐式地对中间值进行掩码的简单策略. 隐式掩码意味着随机预充电对中间值的能量消耗进行掩码, 而并非对中间值本身进行掩码.

随机预充电针对的是泄露汉明距离的操作. 例如, 假定在总线上连续传输或在同一个寄存器上相继储存的两个中间值的汉明距离与能量消耗相关. 在这种情况下, 在真正的中间值出现之前, 简单地加载或储存随机数很有意义, 这时, 设备将泄露 $\mathrm{HD}(v, m) = \mathrm{HW}(v \oplus m)$. 因为攻击者不能预测中间值和随机数之间的汉明距离, 故可以抵御 DPA 攻击.

缺陷

正如在 9.1.4 小节所讨论的, 掩码技术的安全性证明通常基于如下假设: 如果掩码型中间值和原始中间值之间无依赖关系, 则掩码型中间值的能量消耗和原始中间值之间也无依赖关系. 然而在现实中, 这种假设并不总是成立. 通常, 设备的瞬时能量消耗并不仅仅依赖于一个数值, 而是依赖于若干个数值. 即使所有的中间值都是可证明安全的, 由两个或多个中间值共同导致的联合能量消耗也可能使得实现并不安全.

例如, 假定设备泄露两个中间值的汉明距离. 此时, 如果连续处理两个使用同一掩码的中间值, 则能量消耗将与原始中间值的汉明距离相关, 这是因为 $HD(v_m, w_m)$ = $HW(v_m \oplus w_m)$ = $HW(v \oplus w)$. 因此, 在这种设备中, 在总线上连续传输或在同一个寄存器上连续储存的两个中间值绝对不能使用同一个掩码. 这个示例说明, 设备的能量消耗特性既能为实现带来帮助, 也能给实现带来困难.

掩码型 AES 示例

现在讨论一个掩码型 AES 智能卡实现示例. 掩码方案只使用布尔掩码, 并且同样适用于附录 B 中描述的 AES 软件实现. 讨论关注这个掩码方案的轮变换. 然而, 密钥编排方案也是掩码型的. 这意味着在加密开始时, 将一些掩码与明文进行异或, 而将另外一些掩码与第一轮子密钥进行异或.

下面首先讨论如何对 AES 轮变换的 4 个操作进行掩码. 然后, 从整体上描述掩码方案. 最后, 给出一些性能指标.

AddRoundKey   因为该方案使用 m 对子密钥的字节 k 进行掩码, 所以执行 AddRoundKey 会自动对状态字节 d 进行掩码, 即 $d \oplus (k \oplus m) = (d \oplus k) \oplus m$. 为抵御 SPA 对密钥编排方案的攻击, 对子密钥进行掩码也很重要. 5.3.5 小节讨论了这种 SPA 攻击.

SubBytes   AES 中唯一的非线性操作是 SubBytes. 在微控制器上的软件实现中, 往往通过查表实现 SubBytes. 因此, 用一个掩码型 S 盒来实现这一个操作.

ShiftRows   ShiftRows 操作将状态中的各字节移到不同的位置. 在我们的方案中, 此处算法状态的所有字节均使用同一个掩码. 所以, 这个操作对掩码方案没有影响.

MixColumns   MixColumns 操作需要得到额外的重视, 因为它对同一列中不同行的字节进行混合. 所以, MixColumns 操作至少需要两个掩码. 如果一列中只用两个掩码, 为了确保所有的中间值都被掩码, 需要更加小心地处理 MixColumns 操作, 这会导致实现很低效. 取而代之, 最好在此处算法状态的每一行都采用一个单独的掩码. 既然如此, 每一轮都用相同的一组掩码是有益的. 于是, 各轮 MixColumns 操作输出状态的掩码也相同. 所以, 只需要确定一次掩码. 我们的方案便采用了这种方法.

现在把这些观察结论综合在一起描述掩码型 AES 实现. 我们的方案使用了 6

个相互独立的掩码. 前两个掩码 m 和 m' 分别为掩码型 SubBytes 操作输入和输出的掩码, 剩下的 4 个掩码 m_1, m_2, m_3, 和 m_4 则为 MixColumns 操作的输入掩码. 每一次 AES 加密开始时, 需要进行两个预计算. 首先, 计算一个满足 $S_m(x \oplus m) = S(x) \oplus m'$ 的掩码型 S 盒 S_m; 而后, 将 (m_1, m_2, m_3, m_4) 应用于 MixColumns 操作, 计算 MixColumns 操作输出的掩码. 用 (m'_1, m'_2, m'_3, m'_4) 表示 MixColumns 操作输出结果的掩码.

一轮掩码型 AES 的工作方式如下: 当每一轮操作开始时, 用 m'_1, m'_2, m'_3 和 m'_4 对明文进行掩码. 然后, 执行 AddRoundKey 操作. 子密钥是掩码型的, 并且会使得状态的掩码从 m'_1, m'_2, m'_3 和 m'_4 变为 m. 最后, 执行与 S 盒对应的查找表 S_m. 这样, 掩码改变为 m'. ShiftRows 操作对掩码没有影响, 因为此处状态的所有字节都使用 m' 进行掩码. 在 MixColumns 操作之前, 第一行的掩码 m' 变为 m_1, 第二行的掩码变为 m_2, 第三行的掩码变为 m_3, 第四行的掩码变为 m_4. MixColumns 操作把掩码从 m_i 变为 m'_i, 其中, $i = 1, \cdots, 4$. 注意, 在各轮操作之始就获知了这些掩码. 因此, 通过这种方式, 可以对任意轮操作进行掩码. 当最后一轮加密结束时, 通过最后的 AddRoundKey 操作消除掩码. 该掩码方案如图 9.1 所示.

掩码处理在计算时间上的开销往往很高. 然而, 这种代价并非来自每一轮增加的操作, 而是来自对掩码型 S 盒查找表的预计算. 现在给出这种掩码方案在 8 位微控制器上实现的一些性能指标. 这个实现和相应的性能指标也可以在文献 [HOM06] 中找到.

这种掩码型 AES 总共需要 8420 个时钟周期. 同样平台上的原始 AES 实现 (同类型) 则只需要 4427 个时钟周期. 也就是说, 掩码型实现大约需要二倍的耗时. 在 8420 个时钟周期中, 大约有 2800 个时钟周期, 即有 1/3 的运行时间消耗用于预计算 (掩码型 S 盒、掩码型 MixColumns 输出以及掩码的预置). AES 的每一轮操作中 (包括一轮密钥编排), 由掩码所导致的额外计算仅需要 78 个时钟周期. 这并不令人吃惊, 因为掩码处理不需要对 AES 的实现步骤做太多修改. 此外, 使用子密钥来改变掩码, 这种方式有一个很重要的效果. 对于该实现而言, 中间几轮的掩码无关紧要. 人们普遍认为, 去掉这些掩码可以大大改善掩码实现的性能. 但我们的示例证明, 即使对于一个典型的软件实现而言, 这种观点也是错误的. 在我们的实现方案中, 去掉 AES 中间 6 轮的掩码仅仅减少了大约 468 个时钟周期. 因此, 性能大约只提高了 5.6%.

9.2.2 硬件实现

掩码型硬件实现和掩码型软件实现需要考虑的要点类似. 布尔掩码方案很适合于大多数分组密码. 因此, 只有那些需要不同类型掩码的轮函数才需要额外的代价. 与软件实现相比, 硬件实现可以在电路规模和速度之间进行更灵活地权衡.

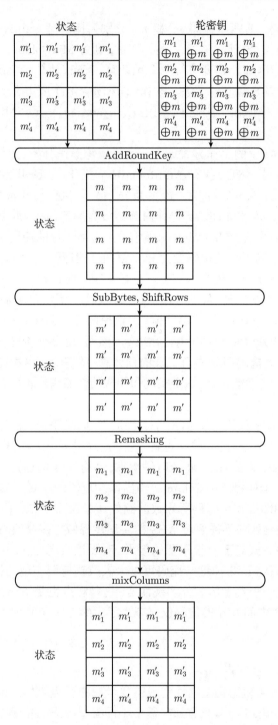

图 9.1   AES 轮函数中 AES 状态字节对应掩码的改变

本节讨论如何对乘法器进行掩码、如何使用随机预充电以及如何对总线进行掩码处理. 此外, 还讨论掩码的缺陷, 并阐明如何利用复合域运算来对 AES 的 S 盒进行掩码处理.

对乘法器进行掩码

采用硬件实现密码算法时, 加法器和乘法器都是基本的构造单元. 例如, AES 的 S 盒硬件实现往往要把 S 盒分解为一系列加法和乘法. 因为对加法进行掩码比对乘法进行掩码简单, 集中讨论如何对乘法进行掩码.

目标是定义一个掩码型乘法器. 因此, 需要一个计算电路, 该电路可以计算两个掩码输入 $v_m \doteq v \oplus m_v$ 和 $w_m = w \oplus m_w$ 与掩码 v_m, w_m 和 m 的乘积, 并且满足如下条件 $\mathrm{MM}(v_m, w_m, m_v, m_w, m) = (v \times m) \oplus m$. 已经在 9.1.4 小节中指出 $v_m \times m_w = (v \oplus m_w) \times m_w$ 和 $w_m \times m_v = (w \oplus m_w) \times m_v$ 是安全的. 该结论可以用于构造掩码型乘法器 MM, 参见式 (9.1). 图 9.2 是这个乘法器的框图. 可以看出, 实现掩码乘法器需要 4 个标准乘法器和 4 个标准加法器.

$$\mathrm{MM}(v_m, w_m, m_v, m_w, m) = (v_m \times w_m) \oplus (w_m \times m_v) \oplus (v_m \times m_w) \oplus (m_v \times m_w) \oplus m \tag{9.1}$$

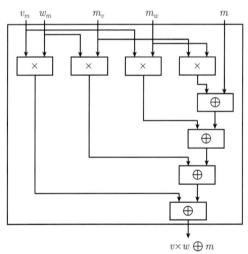

图 9.2 掩码乘法器 MM 由 4 个标准乘法器和 4 个标准加法器构成

随机预充电

随机预充电也可以应用于硬件. 这意味着通过给电路发送随机数, 可以对电路中的所有组合元件和时序元件随机预充电. 在典型的实现中, 随机预充电需要复制时序元件, 即寄存器的数量会加倍, 如文献 [BGLT04] 中所给出的示例. 复制寄存器插入到电路原寄存器和组合元件之间. 随机预充电通过如下方式实现:

在第一个时钟周期中, 随机数储存在复制寄存器内. 这些寄存器都与组合元件相连, 故组合元件的输出被随机预充电. 原寄存器储存了算法执行的中间值, 当第二个时钟周期开始时, 组合元件的计算结果 (注意, 这是一个随机结果) 保存到原寄存器中. 同时, 中间值从原寄存器移到复制寄存器中. 这意味着寄存器的角色发生了转变. 因此, 第二个时钟周期内, 组合元件连接到储存算法中间值的寄存器上. 此后, 算法在这个时钟周期内继续执行. 当第三个时钟周期开始时, 寄存器的角色再次发生转变, 组合元件再次被预充电.

这样实现随机预充电时, 所有组合元件和时序元件均在一个时钟周期内处理随机数, 在下一个时钟周期内处理中间值. 因此, 即使假定设备泄露它所处理数据的汉明重量, 这种方法仍然可以抵抗能量分析攻击. 这就等同于隐式地对能量消耗进行了掩码处理. 注意, 随机预充电的实现方式与伪周期的随机插入非常相似, 参见 7.2.2 小节. 因此, 可以很容易组合使用这些策略.

文献 [MMS01b] 给出了随机预充电的另外一种实现方式. 这种实现方式的基本思想是随机化寄存器的使用. 也就是说, 在算法的每一次执行过程中, 中间值和另外一些不同的数据储存到不同寄存器. 这是另一种类型的隐式掩码.

总线掩码

在小型设备中, 总线加密技术由来已久. 总线加密涉及对连接智能卡处理器与存储器和密码协处理器的数据总线和地址总线进行加密. 总线加密的目标是阻止总线窃听. 因为总线的电容很大, 故很容易受到能量分析攻击.

用于总线加密的加密算法往往非常简单. 生成一个伪随机密钥, 然后将该密钥用于一个简单的加密算法 (简单指主要采用异或操作). 将随机数与总线上的值进行异或, 即可实现最简单的总线加密, 即总线掩码. 迄今为止, 讨论总线加密技术的文献很少, 最近发表的几篇文章有 [BGM⁺03, Gol03, ETS⁺05].

缺陷

与软件实现相似, 连续处理一个掩码型数值和对应的掩码的情况 (或使用同一个掩码对两个中间值进行处理的情况), 需要予以特别关注. 例如, 如果寄存器泄露汉明距离信息, 则不能将一个掩码型数值及对应的掩码连续储存到同一个寄存器中.

与软件实现不同, 在硬件设计中, 需要注意综合工具进行的优化. 这些工具有如下性质: 它可以消除设计者电路描述中的冗余部分. 因为算法的某些位置异或了掩码值且在另外某些位置改变或消除这些掩码, 所以, 掩码实现中必有很多 “冗余”. 这些工具中的优化功能可以识别并且消除电路中与掩码相关的部分, 这绝对不是设计者愿意看到的情况. 因此, 电路设计者需要定义电路描述中哪些部分不能被综合工具修改.

AES 掩码型 S 盒示例

在掩码型 AES 硬件实现中, 最具挑战性的部分是对 S 盒的掩码处理. 在这个示例中, 总结了一些以掩码方式进行 S 盒操作的计算公式. 注意, 所有这些公式都是可证明安全的. 在示例的最后, 将给出一些使用这种掩码方案 S 盒实现的性能指标.

文献 [WOL02] 描述了基于 S 盒结构的掩码方案, 这种方案采用了复合域运算. 在该方法中, 将 S 盒的输入视为包含 256 个元素的有限域中的一个元素. 在数学上, 通常用 GF(256) 表示这种有限域. 有限域中的元素有多种表示方式, 但是, 人们显然会选择那些可以有效实现的方式. 在 AES 的 S 盒中, 一种高效的实现方式是将状态的每一个字节用一个包含 16 个元素的有限域上的线性多项式 $v_h x + v_l$ 来表示. 也就是说, GF(256) 上的一个元素可以用两个 GF(16) 上的元素表示. 因此, 有限域 GF(256) 是 GF(16) 的一个二次扩展.

仅仅通过如下的 5 个 GF(16) 上的操作就可以计算元素 $v_h x + v_l$ 的逆:

$$(v_h x + v_l)^{-1} = v_h' x \oplus v_l' \tag{9.2}$$

$$v_h' = v_h \times w' \tag{9.3}$$

$$v_l' = (v_h \oplus v_l) \times w' \tag{9.4}$$

$$w' = w^{-1} \tag{9.5}$$

$$w = (v_h^2 \times p_0) \oplus (v_h \times v_l) \oplus v_l^2 \tag{9.6}$$

上述所有操作都要对一个固定的域多项式进行求模运算, 并且该域多项式在域的二次扩张时确定. 元素 p_0 根据域多项式定义.

为了计算一个掩码型输入值的逆, 首先将这个掩码型数值及对应的掩码映射为复合域上的表示. 文献 [WOL02] 定义了这种映射. 因为这种映射是线性操作, 故可以很容易对其实施掩码操作. 完成映射以后, 将待求逆的元素表示为 $(v_h \oplus m_h)x \oplus (v_l \oplus m_l)$. 注意, 复合域表示中的两个元素均采用算术加法掩码.

目标是对求逆运算中的所有输入和输出的数值进行掩码处理, 可参见式 (9.7).

$$((v_h \oplus m_h)x \oplus (v_l \oplus m_l))^{-1} = (v_h' \oplus m_h')x \oplus (v_l' \oplus m_l') \tag{9.7}$$

因此, 用掩码型加法和掩码型乘法分别代替式 (9.3)~(9.5) 中的加法和乘法. 可以证明该处理可使式 (9.8)~(9.11) 成立.

$$v_h' \oplus m_h' = v_h \times w' \oplus m_h' \tag{9.8}$$

$$v_l' \oplus m_l' = (v_h \oplus v_l) \times w' \oplus m_l' \tag{9.9}$$

$$w' \oplus m_w' = w^{-1} \oplus m_w' \tag{9.10}$$

$$w \oplus m_w = (v_h^2 \times p_0) \oplus (v_h \times v_l) \oplus v_l^2 \oplus m_w \tag{9.11}$$

还需克服另外一个困难. 式 (9.10) 中需要计算 GF(16) 上的逆元. 因为 GF(16) 是 GF(4) 的二次扩域, 所以 GF(16) 的求逆运算可以分解为 GF(4) 上的求逆运算. 如前, 可以用一个线性多项式表示 GF(16) 中的元素, 但此时系数变为 GF(4) 中的元素. 因此, 式 (9.8)∼式 (9.11) 也可用于计算 GF(4) 的二次扩域中的掩码型逆元. GF(4) 中, 逆运算等价于平方运算, 即 $x^{-1} = x^2(\forall x)$. 因此, 在 GF(4) 中有 $(x \oplus m)^{-1} = (x \oplus m)^2 = x^2 \oplus m^2$. 在域 GF(4) 中, 求逆运算依然保持为掩码操作.

现在讨论这种掩码方案的性能. 由公式可以明显看出, 与在复合域算术上的普通 S 盒实现相比, 该方案的实现速度要慢很多, 并且电路面积增大很多. 例如, 文献 [OMPR05] 给出了目前基于这种思想的最高效的实现, 仅需要 GF(16) 上的 9 次乘法、二次常数乘法和二次平方运算. 注意, 为简化起见, 只考虑较大域上的运算, 而不考虑 GF(4) 上的运算. 文献 [WOL02] 给出了复合域算术上最高效的原始 S 盒实现, 它只需要 GF(16) 上的三次乘法、一次常数乘法、二次平方运算, 这种实现非常精简. 另外, 掩码型 S 盒的关键路径长度会急剧增长. 文献 [POM$^+$04] 指出, 与相应的原始 S 盒的实现相比, 该方案在复合域算术上的实现面积要增大 2∼3 倍, 速度则要减少为 1/3∼1/2.

9.3　元件级对策

最早提出的抗 DPA 攻击的逻辑结构全部基于隐藏的概念, 可参见 7.3 节. 掩码技术主要在体系结构层实现. 近来, 也提出了一些采用掩码技术的抗 DPA 的逻辑结构. 这种抗 DPA 攻击的逻辑结构通常称为掩码型逻辑结构.

本节首先给出掩码型逻辑结构的总体描述, 并讨论掩码型电路的构建方法. 此外, 还讨论如何将掩码型逻辑结构用于半定制化设计.

9.3.1　掩码型逻辑结构概述

将掩码技术应用于元件级意味着电路中的逻辑元件只对掩码型数值及对应的掩码进行操作. 这种电路所使用的元件称为掩码型元件, 这种电路称为掩码型电路. 这种电路的原理是, 由于掩码型数值与原始数值之间无依赖性, 则掩码型元件的能量消耗也应该与原始数值无依赖性. 所以, 整个密码设备的能量消耗也应与设备所处理的数据和执行的操作无依赖性. 然而, 同其他所有对策一样, 完全无依赖性仅是理想化的情况, 现实中无法达到. 只能使能量消耗与对应的原始中间值在一定程度上相互独立.

> 使用掩码型逻辑结构时, 逻辑元件只作用于掩码型数值及相应的掩码值. 所以, 这能够在很大程度上使得元件的能量消耗与对应的原始中间值相互独立.

通常, 布尔掩码用于掩码型电路. 图 9.3 给出了一个 2 路输入的原始元件和相应的 2 路输入掩码型元件. 原始元件的输入信号 a, b 和输出信号 q 分别用一根导线传输; 在掩码型元件中, 输入信号和输出信号均由掩码型数值及对应的掩码组成.

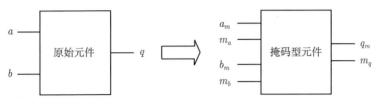

图 9.3　一个 2 路输入的原始元件和相应的 2 路输入的掩码型元件

注意, 掩码型电路中的毛刺可能导致能量消耗和原始数值之间产生很强的依赖关系 [MPG05]. 因此, 必须以某种可以完全避免这种毛刺的方式构建掩码型逻辑结构.

掩码改变频率

可以通过三种方式构建掩码型电路. 第一种方法是每一个信号均使用一个不同的掩码. 因此, 无论对应的原始数值之间是否有依赖关系, 所有掩码型数值均两两独立. 如果采用这种方法, 则电路中逻辑元件的功能将会非常复杂, 因为所有的输入输出信号均独立进行掩码处理. 这种电路需要的掩码数量非常大, 所以并不实用.

第二种方法把电路的信号分成不同的组, 对同一组中的信号使用同一个掩码. 这可以大大减少掩码的数量. 此外, 用同一个掩码对输入信号进行掩码会降低处理这些输入信号元件的复杂度. 对于每一个要从信号组 G1 传输到信号组 G2 的掩码信号, 必须增加额外的电路把掩码从 m_{G1} 转换为 m_{G2}. 确定采用不同掩码信号组的数量不是一项简单的工作.

第三种方法是在整个电路中使用同一个掩码. 这种方法避免了处理不同掩码的开销. 如果原始数值之间相互依赖, 则对应的掩码型数值也具有相关性. 这种方法的一个缺点是可以通过测量掩码网络的能量消耗来获得掩码的变化. 掩码网络的作用是给电路中的每一个元件分配掩码. 这个问题的解决可采用前面提到的第二种方法, 或者以 DRP 方式实现掩码网络.

掩码改变频率

当确定电路中掩码的改变频率时, 如下考虑非常重要: 如果在每一个时钟周期内都改变掩码, 这会使得新掩码产生的速率非常高. 尤其在电路中采用不同的掩码时, 这种现象更加突出. 这种方式的优点是使得 10.1.1 小节所述的高阶 DPA 攻击更加困难.

为了降低新掩码产生的速率, 可以在多个时钟周期内使用同一个掩码. 然而, 这种方法可能会导致对高阶 DPA 攻击的脆弱性, 所以应该避免使用.

9.3.2　半定制化设计与掩码型逻辑结构

对于 DRP 电路而言, 基于标准元件的半定制化设计是实现掩码型电路的常用方法. 7.3.3 小节中关于 DRP 逻辑结构的大部分讨论, 依然适用于掩码逻辑结构.

主要的不同之处在于, 在逻辑结构转换过程中, 综合电路的原始单栅元件被相应的掩码型元件代替. 此外, 没有必要对互补型导线进行平衡处理. 后者是掩码型逻辑结构与 DRP 逻辑结构相比的一大优点, 因为它可以大大降低布局规划、元件布置和布线的复杂度. 半定制化流程中的另一个不同之处是, 需要将一个或多个掩码网络添加到电路中, 并将这些网络恰当地连接到掩码元件上. 额外的掩码网络会增加布线的复杂度.

9.4　掩码型逻辑结构示例

下文将给出掩码型双栅预充电逻辑结构 (MDPL), 并讨论 MDPL 元件和 MDPL 电路的功能和性质. 此外, 还将详细描述一个组合 MDPL 元件 (NAND) 和一个时序 MDPL 元件 (D 型触发器).

9.4.1　掩码型 DRPL 逻辑结构

文献 [PM05] 介绍了掩码型双栅预充电逻辑结构 (MDPL). MDPL 使用同一个掩码 m 对电路中的所有信号进行掩码处理. MDPL 电路中的每一个掩码型信号 d_m 都与一个原始信号 $d = d_m \oplus m$ 相对应. MDPL 电路采用双栅预充电电路实现, 详细讨论见 7.3.1 小节, 这种处理的目的仅仅是为了消除毛刺. 因此, 没有必要在 MDPL 电路中平衡互补导线. MDPL 元件基于标准元件库中的 SR 元件构造.

MDPL 电路的一般结构如图 9.4 所示. 在 MDPL 电路中, 只有时序元件与时钟信号相连. 所以, 只有这类元件能同时进行预充电, 此外, 这类元件还同时进行计算. 当组合 MDPL 元件的输入信号置为预充电值时, 它们进行预充电; 置为互补值时, 它们进行计算. MDPL D 型触发器执行三个操作: 预充电阶段, 启动预充电脉冲; 计算阶段, 提供使用当前时钟周期内掩码 $m(t)$ 进行掩码处理的互补值; 第三个操作也是最后一个操作, 是 MDPL D 型触发器将掩码由 $m(t)$ 改变为下一个时钟周期的掩码 $m(t+1)$.

预充电阶段, MDPL D 型触发器的输出端开始输出预充电脉冲. MDPL 电路采用的预充电值是 0. 预充电阶段, 掩码信号 $m(t), \overline{m(t)}, m(t) \oplus m(t+1)$ 和 $\overline{m(t) \oplus m(t+1)}$ 也被预充电. 当预充电结束时, 组合电路中的 MDPL 元件都被预充电. 此外, 随后计算阶段所使用的掩码型数值也将被保存到 MDPL D 型触发器中. 假定这些值均用掩码 $m(t)$ 进行掩码操作. 随后的计算阶段, MDPL D 型触发器为组合 MDPL 元件提供已保存的掩码型数值. 因为保存的数值是用掩码 $m(t)$ 进行处理的, 所以必须向组合 MDPL 元件提供该掩码. 掩码 $m(t) \oplus m(t+1)$ 及它们的逆输入到 MDPL D 型触发器. 在下一个预充电阶段开始时, 要保存重新掩码处理后的数值, 在此之前, MDPL D 型触发器将输入值的掩码由 $m(t)$ 改变为 $m(t+1)$.

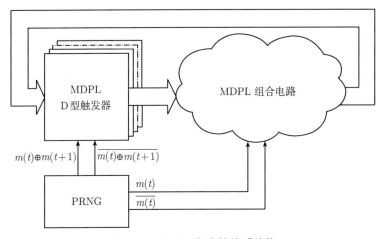

图 9.4　MDPL 电路的体系结构

掩码网络通常很大, 因此, MDPL 电路中的掩码转换会导致电流中出现相当大的尖峰. 当掩码转换与时钟信号转换重叠时, 这种情况更糟糕. 在 MDPL 电路中, 掩码网络线路是互补型预充电电路. 这就在一定程度上平衡了掩码网络的能量消耗, 抵御了 SPA 攻击. 也就是说, 不可能通过观察电路的能量迹来确定掩码.

与原始 CMOS 电路相比, MDPL 电路所需的面积至少要翻倍, 而最大时钟频率通常会减半. 因为 MDPL 电路属于 DRP 电路, 并且掩码网络必须进行转换, 所以其能量消耗会显著增加. 文献 [PM05, PM06] 均给出了用 MDPL 实现的 AES 模块的性质, 后者详细介绍了 MDPL 在半定制化设计流程中的应用.

MDPL 元件概述

组合 MDPL 元件的整体结构与图 7.8 所示的组合 WDDL 元件的整体结构非常相似. 主要的不同点是正相关单调函数 F_1 和 F_2 的输入为掩码型数值及对应的掩码. 只有掩码型数值作为输出被计算. 所有的输入信号都被预充电, 所以不会出现毛刺.

MDPL 元件抗 DPA 攻击能力受到两个因素的限制. 首先, MDPL 元件基于 SR 元件, 并不能对所有 SR 元件的内部节点进行理想的掩码处理. 好在内部节点充放电产生的能量消耗非常小. 其次, MDPL 元件的 TOE 依赖于数据. 避免这两个问题会大大增加 MDPL 元件的电路规模和复杂度.

MDPL 元件示例

下文给出一个实现 NAND 功能的组合 MDPL 元件. 此外, 作为时序 MDPL 元件的示例, 还将给出 MDPL D 型触发器.

MDPL NAND 元件　　MDPL NAND 元件的原理如图 9.5 所示, 它由两个 3 路输入 SR MAJ 元件组成. MAJ 元件实现了投票函数. 如果 MAJ 元件的输入中 1 比 0 多, 则输出为 1; 否则, 输出为 0. 投票函数对互补输入值满足式 (7.1), 它是一个正相关单调布尔函数. 所以, MDPL NAND 元件不产生毛刺, 并且当它的输入信号被置为预充电值时, 输出可被正确地预充电. MDPL NAND 元件互补输入值的真值表如表 9.1 所示.

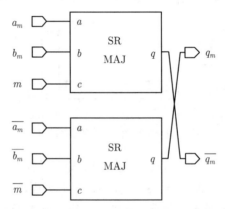

图 9.5　MDPL NAND 元件的元件原理图

表 9.1　MDPL NAND 元件互补输入值的真值表

a_m	b_m	m	$\overline{a_m}$	$\overline{b_m}$	$\overline{m}$	$q_m = \mathrm{MAJ}(\overline{a_m}, \overline{b_m}, \overline{m})$	$\overline{q_m} = \mathrm{MAJ}(a_m, b_m, m)$
0	0	0	1	1	1	1	0
0	1	0	1	0	1	1	0
1	0	0	0	1	1	1	0
1	1	0	0	0	1	0	1
0	0	1	1	1	0	1	0
0	1	1	1	0	0	0	1
1	0	1	0	1	0	0	1
1	1	1	0	0	0	0	1

MDPL D 型触发器　　MDPL D 型触发器的原理如图 9.6 所示. 这个复杂元件必须执行三个操作. 第一, 输入信号的掩码必须从 $m(t)$ 转换为下一个时钟周期的掩码 $m(t+1)$. 掩码的这种改变在 MDPL D 型触发器的输入端由两个 SR AND

元件、两个 SR OR 元件和 SR MAJ 元件完成. 该电路由这些把 $d_{m(t)} = d \oplus m(t)$ 和 $m(t) \oplus m(t+1)$ (含本身及其逆) 作为输入的元件组成, 其输出是 $d_{m(t+1)} = d \oplus m(t+1)$ 及其逆. SR AND 元件和 SR OR 元件实现了正相关单调函数, 因此, 负责改变掩码的电路在预充电阶段可以被正确地预充电, 并且不会产生毛刺.

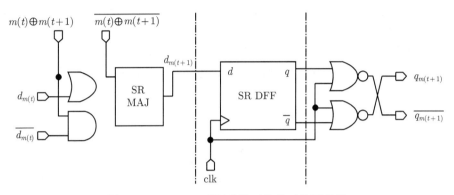

图 9.6   MDPL D 型触发器元件的元件原理图

MDPL D 型触发器的第二个操作由 SR D 型触发器实现. 触发器保存数值 $d_{m(t+1)}$, 它经由下一时钟周期的掩码 $m(t+1)$ 进行掩码处理后获得. MDPL D 型触发器在上升沿保存它的输入. 注意, 这里不需要如图 7.10 所示的 WDDL D 型触发器那样将预充电值储存到 SR D 型触发器. 这就是 MDPL D 型触发器只储存掩码型数值的原因.

第三个操作是由两个 SR NOR 元件在 MDPL D 型触发器的输出端实现. 在预充电阶段 (clk = 1)SR NOR 元件的输出, 即 MDPL D 型触发器的输出 $q_{m(t+1)}$ 和 $\overline{q_{m(t+1)}}$ 被置为预充电值 0. 这就启动了连接到 MDPL D 型触发器输出端的组合 MDPL 元件的预充电脉冲. 在随后的计算阶段 (clk = 0), SR D 型触发器输出端的互补值刚好通过 SR NOR 元件.

9.5   注记与补充阅读

掩码技术和秘密共享基础知识   采用秘密共享方案的思想由Goubin和Patarin [GP99]和 Chari 等 [CJRR99b] 提出. 文献 [CJRR99b] 首先提出了抗 DPA 攻击的概念. Messerges[Mes00a] 讨论了用于 AES 候选算法的掩码技术, 还给出了布尔掩码与算术掩码之间的转换算法. 但是, Coron[CG00] 指出, 这些方法是不安全的. 后来, Goubin[Gou01], Coron 和 Tchulkine[CT03] 描述了安全且更有效的布尔掩码与算术掩码间的转换算法. Akkar 和 Goubin 在 [AG03] 中讨论了用于 DES 的掩码方案. 很自然地, 秘密共享也可应用于非对称密码体制. 例如, 设想 RSA 的秘密指数

d 可以用两个共享因子 d_m 和 m 表示, 并且满足 $d = d_m + m$, $m < d$, 则两个乘方 v^{d_m} 和 v^m 不会透漏关于 d 的任何信息.

可证明安全性　在掩码方案中给出的安全性证明基于如下思想: 通过对中间值进行掩码处理, 掩码型中间值与原始中间值及其掩码相互独立. 因此, 在理论上, 原始中间值与掩码型中间值的能量消耗也相互独立. 这个思想在理论上很正确, 但实际上却存在着很多缺陷. 如果设备泄露汉明距离, 那么能量消耗就是两个中间值的函数. 所以, 即使所有的中间值都满足相互独立的性质, 如果两个连续处理的中间值均使用同一掩码, 则采用这种方案的实现仍是不安全的. 这就揭示了安全性证明的局限性.

掩码 AES　Akkar 和 Giraud[AG01] 首次提出对 AES 的 S 盒进行掩码的方案. 他们提出了乘积类掩码技术, 但后来被证明是不安全的. Trichina 等 [TSG03] 的简化乘积类掩码同样也存在这个安全问题. Goli C 和 T ymen[GT03] 给出一种通过把有限域中的元素映射到一个更大环上元素的方法来克服这个问题. 该方法把零元映射到不同的非零元. 但是, 并没有人对这种方案的安全性做出细致的研究.

Itoh 等在 [ITT02] 中提出了他们的掩码方案. 在 9.2.1 小节中给出的掩码方案的一个示例由 Herbst 等 [HOM06] 提出.

许多研究小组独立地发展了基于掩码型算术的掩码方案. 例如, Pramstaller 等的论文 [POM$^+$04, PGH$^+$04] 给出了 Oswald 等 [OMPR05] 掩码方案的一个实现. 这种方法利用了采用复合域算术可以漂亮地实现 AES 的 S 盒这一事实, 参见 9.2.2 小节. 当实际实现该方案时, 却发现了毛刺问题, 将在 10.2 节讨论这个问题. Oswald 和 Carlier 等 [OS06] 给出了一种适合于智能卡实现的变形方案, 该方案采用了多个可变掩码. Trichina 等 [TKL05], Blömer 等 [BGK05], Carlier 等 [CCD04] 与 Morioka 和 Akishita[MA04] 也给出了类似的掩码方案. 这些方案的实际实现都无一例外地考虑了毛刺问题. Schramm 和 Paar 在文献 [SP06] 中给出了另外一种用于 AES 的掩码方案. 他们主要关注抗高阶 DPA 攻击的安全性, 故而研究了掩码 S 盒的重计算技术. 特别地, 他们着重讨论了基于一个已知掩码型 S 盒计算另一个新掩码 S 盒的高效算法.

盲化　Kocher[Koc96] 在他的文章中早就给出了用于防范 RSA 计时攻击的盲化技术. 我们也在 9.1.3 小节讨论了相关技术. 注意, 这项技术并不一定能防御 SPA 攻击, 参见 10.7 节.

Coron 在文献 [Cor99] 中讨论了 ECC 的盲化技术. 这种技术与 RSA 的盲化技术类似. 可以通过在标量 d 加上一个随机数 m 来盲化标量 d, m 须是群阶 $\mathrm{ord}(P)$ 的倍数, 即 $d_m = d + m \times \mathrm{ord}(E)$. 于是有 $[d_m]P = [d]P \bmod \mathrm{ord}(E)$, 故计算结果中的掩码可被自动消除. 可以通过给基点 P 加一个随机点 M 来盲化基点 P, 即 $P_m = P + M$, $[d]M$ 需已知. 然后, 将 $[d]P_m = [d](P + M)$ 减去 $[d]M$, 便可推

导出 $[d]P$. 第三种盲化技术是专门针对投影坐标下的 ECC 实现. 该方法利用了如下事实：投影平面上点的坐标不唯一, 即对于有限域内的任一点 m, $m \neq 0$ 有 $(X, Y, Z) = (mX, mY, mZ)$. 因此, 可以通过随机选择 m 来随机化点的表示.

Joye 和 Tymen[JT01] 提出了通过使用随机同构, 把一个给定点映射为一条同构的曲线上点的方法来随机化椭圆曲线上的点. 同在这篇文章中, 他们还给出了通过随机化椭圆曲线基域来随机化点的方法, 同时也给出了另外一种 Koblitz 曲线随机化标量的方法.

掩码元件　许多学者也独立地给出了掩码型逻辑结构元件的实现方法. 例如, Trichina 等 [TKL05] 给出了一种掩码型与门实现方法. Goli 和 Menicocci 等 [GM04] 给出了另外一种掩码型与门方案, 与 Trichina 给出的方案相比, 该方案具有更短的关键路径. Ishai 等 [ISW03] 讨论了元件级掩码技术 (秘密共享). 他们给出了一个安全性定义. 然而, 该定义所使用的能量模型并没有考虑到毛刺问题. 实际上, 毛刺通常会导致数据和能量消耗之间依赖性的产生, 也就是说, 毛刺问题使得能量分析攻击成为可能.

很多掩码型逻辑结构也都考虑了毛刺问题. 例如, 在 9.4.1 小节中讨论过的 MDPL 就是一个例子, 它完全避免了毛刺. Suzuki 等 [SSI04] 提出了另外一种可以避免毛刺产生的掩码型逻辑结构. Fischer 和 Gammel[FG05] 也提出了一种掩码型逻辑结构, 如果元件的每一个掩码型输入及对应的掩码能够同时到达, 则这种结构就可以克服毛刺. Chen 和 Zhou[CZ06] 提出了一种同时考虑了毛刺问题和毛刺早期传播问题的掩码型逻辑结构.

第10章　对掩码技术的攻击

使用掩码方案来抵抗能量分析攻击之所以如此流行, 原因有多方面. 例如, 可以在无须改变处理器能量消耗特征的情况下, 在处理器执行的软件中实现掩码技术. 掩码技术的广泛应用激发了众多研究人员对其安全性和实现机制进行研究. 实验表明, 几乎每一种掩码方案都能够被攻破.

本章将讨论针对掩码方案实施的不同类型的能量分析攻击, 包括二阶 DPA 攻击和基于模板的 DPA 攻击. 首先, 概要介绍对掩码方案的 DPA 攻击. 其次, 讨论 DPA 攻击所利用的掩码方案的实现问题. 随后, 关注对软件实现的二阶 DPA 攻击. 此外, 还将介绍针对软件实现实施的基于模板的二阶 DPA 攻击, 以及基于模板的 DPA 攻击. 最后, 讨论针对硬件实现的二阶 DPA 攻击.

10.1　概　　述

如果每一个掩码型中间值 v_m 均独立于原始中间值 v 和掩码 m, 则掩码技术能够提供对 DPA 攻击的安全性. 因此, 仅当存在某些因素使得该独立性不成立时, 掩码方案才易受到 DPA 攻击. 迄今为止, 已经讨论过的 DPA 攻击均具有这样的特性: 可以预测出某一个中间值, 并可以在攻击中利用这一个预测值. 因为这些 DPA 攻击仅利用一个中间值, 故称之为一阶 DPA 攻击. 如果表达假设的过程中使用多个中间值, 则称相应的 DPA 攻击为高阶 DPA 攻击. 本书此后各章中, 仍然使用 DPA 攻击来特指一阶 DPA 攻击.

高阶 DPA 攻击利用了某种联合泄漏, 该联合泄漏基于出现在密码设备中的多个中间值. 之前提到过, 出于性能方面的考虑, 掩码技术的典型实现是将同一个掩码应用于多个中间值. 但是, 即使在算法中使用多个掩码, 这些掩码均在算法开始前就已经生成, 然后被应用于数据和 (或) 密钥, 并被算法操作所改变. 因此, 在一个高效 (内存、速度) 实现中, 总会发生如下情况: 一个掩码 (或掩码的组合) 及相应的掩码型中间值均会出现在设备中. 因此, 实际上, 通常不需要研究一般意义上的高阶 DPA 攻击. 事实上, 仅仅研究利用与两个中间值相关的联合泄漏的高阶 DPA 攻击就足够了, 这类攻击也称为二阶 DPA 攻击. 这两个中间值既可以是同一个掩码所对应的两个掩码型中间值, 也可以是掩码型中间值及相应的掩码.

> 二阶 DPA 攻击利用了某种联合泄漏, 该联合泄漏依赖于密码设备所处理的两个中间值.

10.1.1　二阶 DPA 攻击

二阶 DPA 攻击利用了与同一个掩码相关的两个中间值的联合信息泄漏. 一般而言, 二阶 DPA 攻击不直接利用这种泄漏, 因为这两个中间值通常出现在算法的不同操作中, 因此, 它们可能被依次计算, 并在不同时刻对能量消耗产生影响. 在这种情况下, 有必要对能量迹进行预处理, 以便获得依赖于这两个中间值的能量消耗值.

但是, 即使这两个中间值同时会对能量消耗产生影响, 对于所有假设而言, 能量消耗的分布也可能具有相同的均值, 而仅仅是方差有所不同. 在这种情况下, 使用第 4 章和第 6 章中统计方法的 DPA 攻击便不会成功, 因为这些攻击方法均基于均值. 因此, 为了成功实施 DPA 攻击, 需要使用其他利用方差的统计方法, 或者通过对能量迹进行预处理使得基于均值的方法奏效. 通常, 预处理过程在 DPA 攻击的第 2 步中完成, 该步骤包括对设备能量迹的记录过程.

> 除了有时需要对能量迹进行预处理之外, 二阶 DPA 攻击的工作方式与一阶 DPA 攻击完全相同.

预处理

预处理将为 DPA 攻击准备能量迹. 现实中会出现三种情况. 第一种情况是目标中间值出现在不同的时钟周期内, 预处理对能量迹中每两个点进行组合. 通过软件方式实现掩码方案时, 这种情况经常出现. 第二种情况是目标中间值出现在同一个时钟周期内, 预处理函数将被应用于能量迹中的单个点. 第三种情况是目标中间值出现在同一个时钟周期内, 并且能量消耗特征允许直接利用信息泄漏. 在这种情况中, 甚至可以不对能量迹进行预处理. 通过硬件方式实现掩码方案时, 后两种情况经常会出现.

对预处理能量迹的 DPA 攻击

二阶 DPA 攻击仅仅是将 DPA 攻击应用于预处理后的能量迹. 二阶 DPA 攻击的第 1 步中, 选择两个中间值 u 和 v. 因为研究的是一个掩码型实现, 设备并不直接使用这两个值. 回忆前文使用了布尔掩码的实现, 其中, 只有掩码型中间值 $u_m = u \oplus m$ 和 $v_m = v \oplus m$ 出现在设备的操作中. 第 2 步记录能量迹, 并对能量迹进行预处理. 第 3 步计算假设值, 它是 u 和 v 的组合, 即 $w = \mathrm{comb}(u, v)$. 对布尔掩码技术的攻击中, 该组合函数通常为异或函数, 即

$$w = \mathrm{comb}(u, v) = u \oplus v = u_m \oplus v_m \qquad (10.1)$$

在无须知道掩码的情况下, 可以计算两个掩码型中间值的某种组合值. 第 4 步将 w 映射为假设能量消耗值 h. 第 5 步则对假设能量消耗和预处理迹进行比较.

10.2　DPA 攻击

在深入探讨二阶 DPA 攻击之前, 首先讨论在什么条件下以及出于什么原因, 使得即便是一阶 DPA 攻击都能够攻破掩码型实现. 回忆 9.2.1 小节和 9.2.2 小节, 仅仅在掩码方案不满足独立性, 或实现中出现了某种错误的情况下, DPA 攻击才奏效. 本节将综述利用乘法掩码、重用掩码以及有偏掩码这些应用广泛的掩码技术的攻击.

10.2.1　乘积类掩码技术

已经在 9.1.1 小节中对布尔掩码技术和算术掩码技术进行了区分, 而且也指出, 依赖于算法本身, 掩码方案实现可能基于其中一种或全部两种掩码技术. 另外指出, 乘积类掩码技术不能满足独立性要求, 即 $v \times m$ 并非统计独立于 v. 这是因为如果 $v = 0$, 那么无论 m 取何值, 均有 $v \times m = 0$. 因此, 乘积类掩码技术容易受到 DPA 攻击, 特别是零值 DPA 攻击. 零值 DPA 攻击利用的正是处理一个等于 0 的中间值与处理一个非 0 的中间值之间的能量消耗差别. 本质上, 这些攻击均使用了 6.2.2 小节中介绍的零值能量模型.

10.2.1.1　对软件实现的攻击示例

在无法对查表操作实施掩码处理的情况下, 文献 [AG01] 的作者建议对 AES 的 S 盒使用乘积类掩码技术. 该方法的原理如下：AES 的 S 盒函数实际上由两个操作定义, 分别为有限域求逆和线性映射, 参见附录 B.1, 确定有限域求逆将如何改变乘法掩码很容易, 因为 $(v \times m)^{-1} = v^{-1} \times m^{-1}$. 因此, 仅仅需要将中间值的掩码方式从布尔掩码转换为乘积掩码, 反之亦然. 表 10.1 给出了转换过程和文献 [AG01] 所建议的掩码求逆步骤.

表 10.1　AES S 盒乘积类掩码方案

中间值	所使用的操作
$v \oplus m$	$\times m'$
$(v \oplus m) \times m'$	$\oplus m \times m'$
$(v \times m')$	-1
$(v \times m')^{-1}$	$\oplus m \times m'^{-1}$
$(v \times m')^{-1} \oplus m \times m'^{-1}$	$\times m'$
$v^{-1} \oplus m$	

转换过程包括 5 步. 第 3 步和第 4 步分别作用于掩码型中间值 $v \times m'$ 和 $(v \times m')^{-1}$. 因此, 这两个值是零值 DPA 攻击的理想候选目标. 在这个攻击示例中, 关注求逆操作的输入 $v \times m'$. 假设攻击 AES 的第一轮. 对于明文 d_i 和密钥假设 k_j,

假设中间值为 $v_{i,j} = d_i \oplus k_j$. 为了获得假设能量消耗值 $h_{i,j}$, 将零值能量模型应用于 $v_{i,j}$ 上, 即

$$h_{i,j} = \text{ZV}(v_{i,j}) = \text{ZV}(d_i \oplus k_j)$$

这个能量模型很好地刻画了能量消耗, 因为 $v = 0$ 时的能量消耗独立于掩码. DPA 攻击的最后一步中, 对假设能量值 $h_{i,j}$ 和所测量的能量迹进行比较. 和往常一样, 所得相关性迹中的最高尖峰会揭示出正确的密钥.

为了对零值 DPA 攻击和使用汉明重量模型的 DPA 攻击进行比较, 对一个未受保护的 AES 软件实现进行攻击, 并分别确定出这两种攻击在正确时刻 t_{ct} 时的设备能耗与正确密钥 k_{ck} 之间的相关系数. 6.3 节已经讨论了计算 (或仿真) 相关系数的方法. 现在使用这种方法来获得零值 DPA 攻击中的相关性, 这意味着将对基于零值能量模型的攻击进行一次仿真. 由 6.3 节, 将感兴趣的相关系数定义为 $\rho(\boldsymbol{h}_{\text{ck}}, \boldsymbol{s}_{\text{ct}})$. 假设 $\boldsymbol{h}_{\text{ck}}$ 由 $h_{i,\text{ck}} = \text{ZV}(d_i \oplus k_{\text{ck}})$ 给出, 而仿真迹 $\boldsymbol{s}_{\text{ct}}$ 则由 $s_{i,\text{ct}} = \text{HW}((d_i \oplus k_{\text{ck}}) \times m_{d_i})$ 给出. 结果表明 $\rho(\boldsymbol{h}_{\text{ck}}, \boldsymbol{s}_{\text{ct}})$ 为 0.17. 综上所述, 零值 DPA 攻击中正确密钥假设的相关系数为 0.17. 与之相比, 由 6.3.1 小节可知, 使用汉明重量模型的对 AES 软件实现的仿真 DPA 攻击中, 相关系数为 1.

10.2.2　掩码重用攻击

在现实中, 重用掩码的方式有多种. 首先, 可将相同的掩码用于不同的中间值; 其次, 可将相同的掩码用于多次加密中; 最后可将相同的掩码用于布尔操作和算术操作.

正如 9.1 节所指出的, 推荐在一个掩码方案中使用多个掩码; 否则, 采用相同布尔掩码的两个掩码型中间值的异或操作的结果便不会受到掩码保护, 这不是所期望的. 因此, 如果加密算法中包含这样的异或操作, 那么就应该使用两个不同的掩码. 同时指出, 掩码技术的一个缺陷是偶尔会产生不受掩码保护的中间值. 例如, 如果设备泄漏中间值的汉明距离, 那么通过总线连续地传输采用相同掩码保护的两个掩码型值的方法是不可取的.

另一个问题是在多次加密中重用掩码. 例如, 在一个掩码方案中可能使用了多个掩码. 但是, 为了最小化对查表操作进行掩码处理的开销, 设计者可能决定在随后的加密中重用掩码. 例如, 可能对该表进行 10 次掩码重用. 这将意味着每 10 次加密后, 使用一个新的掩码重新计算一张掩码表. 在理论上, 如果执行无数次加密, 则该策略不会改变掩码的分布. 但是, 实际上, 攻击者只能够测量有限数量的能量迹. 在这个有限集合中, 掩码很可能是有偏的. 因此, DPA 攻击就能够奏效.

如果像文献 [TSG03] 中所建议的那样, 使用相同的加法掩码和乘积掩码, 也会出现问题. 这篇文章利用了 Akkar 等提出的通过令 $m = m'$ 来简化乘积掩码方案的思想, 即令布尔掩码 m 与算术掩码 m' 相等. 这将会在 AES 的 S 盒乘积掩码方

案中引入另一个弱点, 原因是该算法会计算中间值 $(v \oplus m) \times m$, 而这个中间值并不独立于 v. 例如, 如果 $v = 0$, 那么当 $m = 0$ 时, $m \times m$ 只能为 0. 但是, 如果 $v = 1$, 那么无论当 $m = 0$ 还是 $m = 1$ 时, $(1 \oplus m) \times m$ 都为 0. 显而易见, $(v \oplus m) \times m = 0$ 的解的个数依赖于 v, 从而值 $(v \oplus m) \times m$ 在统计意义下依赖于 v. 因此, 它容易受到 DPA 攻击.

10.2.3　有偏掩码攻击

已经知道, 均匀分布的掩码是掩码方案安全性的根本要求. 因此, 攻击者可以采用迫使掩码中出现某种偏差的攻击策略. 通过主动控制设备 (故障攻击), 或者通过选择一个对应于一个掩码子集的能量迹子集, 就可以达到这一目标. 后一种策略可用如下方法实现: 攻击者多次加密同一个明文, 如果使用了掩码技术, 那么中间值将会改变. 更准确地讲, 实施掩码处理后的中间值在随后的各次加密运行中都将不同. 通过这种方式, 攻击者可以确定掩码在何时生成, 以及在何时将掩码作用于原中间值. 如果攻击者可以确定出掩码的一些信息 (如汉明重量), 那么就有可能基于这些信息来选择能量迹的一个子集. 因为该能量迹的子集仅使用了掩码的一个子集, 所以掩码不再是均匀分布, 故 DPA 攻击可以奏效, 也可将这种类型的攻击视为二阶 DPA 攻击的一种变形.

10.3　对软件实现的二阶 DPA 攻击

本节将在微控制器中的软件实现场景下研究二阶 DPA 攻击. 特别地, 将研究如何使用二阶 DPA 攻击来破译 9.2.1 小节中描述的掩码型 AES 实现. 这意味着只关注布尔掩码技术. 首先, 讨论预处理函数. 然后, 讨论特定预处理函数对 DPA 攻击中相关系数的影响. 接着, 给出一个对掩码型 AES 软件实现的实际二阶 DPA 攻击示例. 最后, 将给出一个对同时使用了掩码技术和乱序技术的 AES 软件实现的二阶 DPA 攻击的示例.

10.3.1　预处理

在预处理中, 对每一条能量迹应用预处理函数 pre( ). 预处理的结果是一条预处理后的能量迹, 称之为 $\tilde{t}$.

在攻击中, 感兴趣的是能量迹上分别对应于计算 u_m 和 v_m 的两个点. 通常情况下, 并不知道计算这两个掩码型中间值的准确时间, 所以最多仅能猜测能量迹的一个时间间隔 $I = t_{r+1}, \cdots, t_{r+l}$, 其间可能包含了对 u_m 和 v_m 的计算. 因此, 实际上, 需要将预处理函数应用于该时间间隔内所有的两点组合. 如果预处理函数是对称的, 并且只考虑点对 $(t_x, t_y)(x \neq y)$, 则预处理后的能量迹包含了长度递减的 $l - 1$ 段,即预处理后的能量迹的长度为 $(l-1)+(l-2)+\cdots+2+1 = l \cdot (l-1)/2$. 因此, 一条预处理后的能量迹 $\tilde{\boldsymbol{t}}$ 通常由 $(\mathrm{pre}(t_{r+1}, t_{r+2}), \mathrm{pre}(t_{r+1}, t_{r+3}), \cdots, \mathrm{pre}(t_{r+2}, t_{r+3}), \cdots, \mathrm{pre}(t_{r+l-1}, t_{r+l}))$ 给出.

迄今为止, 相关文献已经讨论过多种预处理函数. 第一种预处理函数由文献 [CJRR99b] 提出, 该函数计算两点之积, 即 $\mathrm{pre}(t_x, t_y) = t_x \cdot t_y$. 文献 [Mes00b] 中提出的预处理函数则计算两点之差的绝对值, 即 $\mathrm{pre}(t_x, t_y) = |t_x - t_y|$. 因为频繁地使用这个预处理函数, 所以称之为 "绝对差值" 函数. 在文献 [WW04] 中, 作者提出使用两点之和平方的方法, 即 $\mathrm{pre}(t_x, t_y) = (t_x + t_y)^2$. 另外, 他们也指出, 可以将 FFT 应用于能量迹的预处理.

文献 [Jaf06b] 描述了一种依赖于特定点的高度来选择能量迹的预处理函数. 这种选择方法的一个示例为

$$\mathrm{pre}(t_x, t_y) = \begin{cases} t_y, & t_x > c \\ -, & \text{其他} \end{cases}$$

这个预处理函数是不对称的. 对于一个固定点 t_x, 预处理后的能量迹 $\tilde{\boldsymbol{t}}$ 由 $(\mathrm{pre}(t_x, t_{r+1}), \mathrm{pre}(t_x, t_{r+2}), \cdots, \mathrm{pre}(t_x, t_{r+l}))$ 给出. 这意味着仅当一条能量迹的特定点 t_x 高于某个阈值 c 时, 该能量迹 (或它的一部分) 才被用于 DPA 攻击; 否则, 该能量迹被丢弃. 这种预处理等同于在掩码中引入了偏差. 注意, 实际上可以用两种方式来使用这个预处理函数. 第一, 可以选取对应于处理掩码时的点 t_x. 然后, 通过只选择能量迹的一个子集, 造成掩码有偏. 第二, 可以选取对应于处理掩码型中间值时的点 t_x. 然后, 为了使得掩码有偏, 攻击者同样需要使得未受掩码保护的中间值有偏. 注意, 在选择明文攻击中, 攻击者可以很容易地在明文中引入偏差.

10.3.2 基于预处理后能量迹的 DPA 攻击

现在研究不同预处理函数对相关系数的影响. 首先, 讨论二阶 DPA 攻击中最大相关系数的定义方法. 然后, 给出一个单比特场景下的直观讨论. 结论表明, 不同的预处理函数可能导致迥然不同的相关系数. 在对单比特场景进行讨论的基础上, 讨论使用多比特方案的情况下, 不同预处理函数对相关系数的影响.

对于所有讨论, 均假设攻击者利用了两个掩码型中间值 u_m 和 v_m 的联合分布. 这意味着为了获得联合假设中间值 w, 攻击者需要计算假设中间值 u 和 v, 并将二者进行组合. 因为只讨论布尔掩码, 所以组合函数为异或函数, 即 $w = u \oplus v$. 此外, 还假设被攻击的设备会泄漏汉明重量. 因此, 可采用汉明重量模型将联合假设中间值 w 映射为假设能量消耗值 $h = \mathrm{HW}(w) = \mathrm{HW}(u \oplus v)$.

DPA 攻击的第 5 步对 $\mathrm{HW}(u \oplus v)$ 和预处理后的能量迹进行比较, 这意味着将估计 $\rho(\boldsymbol{H}, \tilde{\boldsymbol{T}}) = \rho(\mathrm{HW}(\boldsymbol{U} \oplus \boldsymbol{V}), \tilde{\boldsymbol{T}})$. 正确密钥假设 k_{ck} 会导致在 $\tilde{t}_{\mathrm{ct}}$ 点出现相关性最大值 (定义见式 (4.14)). 因此, $\rho_{\mathrm{ck,ct}}$ 决定了攻击所需的能量迹数量, 参见 6.4

节. 因为已经预先定义了组合函数, 所以, 相关性 $\rho_{\text{ck,ct}}$ 实际由预处理函数决定. 点 $\tilde{t}_{\text{ct}}$ 对应于对两个目标中间值的处理, 即 $\tilde{t}_{\text{ct}} = \text{pre}(\text{HW}(u_m), \text{HW}(v_m))$. 因此, 目标就是确定使式 (10.2) 最大化的预处理函数 pre.

$$\rho(\text{HW}(u \oplus v), \text{pre}(\text{HW}(u_m), \text{HW}(v_m))) \tag{10.2}$$

单比特场景

第 1 步是确定一个优良的预处理函数, 所以, 在一个简化场景中研究式 (10.2), 即假设 u_m, v_m 和 m 是单比特值. 表 10.2 给出了式 (10.2) 采用不同预处理函数时的结果. 第一列给出了掩码型中间值和预处理函数, 其后的 4 列则给出了值 u_m 和 v_m 的全部 4 种可能的组合以及预处理函数的相应结果. 最后一列给出了根据式 (10.2) 计算得到的相关系数. 因此, 该列中的每一个值是行 $\text{HW}(u \oplus v)$ 中的 4 个值与相应预处理函数每一行中 4 个值之间的相关性.

表 10.2 表明, 采用绝对差值的预处理函数导致了最高相关性. 因此, 该攻击场景中, 这种预处理函数是最好的选择. 表 10.2 还表明, 前文给出的其他两种预处理函数也导致了非零的相关系数, 因此, 使用它们进行的攻击也同样有效. 最后两行预处理函数所导致的相关性为零, 所以使用它们进行的攻击无效. 注意, 使用了点之和平方的预处理函数导致了非零的相关性, 而只取点之和的预处理函数则导致相关性为零, 这可以解释如下: 如果 $\text{HW}(u \oplus v) = 1$, 则两个点之和为 1; 如果 $\text{HW}(u \oplus v) = 0$, 则两个点之和为 0 或 2. 因此, 尽管这两种情况下能量消耗的分布不同, 但是 $\text{HW}(u \oplus v) = 1$ 时的平均能量消耗与 $\text{HW}(u \oplus v) = 0$ 时的平均能量消耗相同. 如果取和的平方, 则 $\text{HW}(u \oplus v) = 0$ 时的平均能量消耗小于 $\text{HW}(u \oplus v) = 1$ 时的平均能量消耗. 在这种情况下, 可以通过均值对两个分布进行区分.

表 10.2　对预处理后的能量迹实施 DPA 攻击时, 不同预处理函数对相关系数的影响

	值				根据式 (10.2) 所得的相关性
u_m	0	0	1	1	
v_m	0	1	0	1	
$\text{HW}(u \oplus v)$	0	1	1	0	
$\text{HW}(u_m) \cdot \text{HW}(v_m)$	0	0	0	1	$\rho = -0.57$
$\lvert\text{HW}(u_m) - \text{HW}(v_m)\rvert$	0	1	1	0	$\rho = 1$
$(\text{HW}(u_m) + \text{HW}(v_m))^2$	0	1	1	4	$\rho = -0.33$
$\text{HW}(u_m) + \text{HW}(v_m)$	0	1	1	2	$\rho = 0$
$\text{HW}(u_m) - \text{HW}(v_m)$	0	−1	1	0	$\rho = 0$

多比特场景

实际上, 感兴趣的是 u_m 和 v_m 具有更多比特数时的相关性. 因此, 给出了表 10.3, 它列出了 u_m 和 v_m 具有不同比特数时, 二者的相关性. 随着 u_m 和 v_m 位数的增加, 对于所有的预处理函数而言, 相关性都降低了. 但是, 计算两点之差绝对值的预处理函数仍然是最好的, 它在 8 比特情况下获得的相关系数为 0.24.

表 10.3   采用不同预处理函数以及不同操作数位数情况下的相关系数

	\multicolumn{4}{c}{u_m 和 v_m 的位数}
	1	2	4	8
$HW(u_m) \cdot HW(v_m)$	−0.58	0.32	−0.17	−0.09
$\|HW(u_m) - HW(v_m)\|$	1.00	0.53	0.34	0.24
$(HW(u_m) + HW(v_m))^2$	−0.33	−0.16	0.08	−0.04
$HW(u_m) + HW(v_m)$	0.00	0.00	0.00	0.00
$HW(u_m) - HW(v_m)$	0.00	0.00	0.00	0.00

与简化 (单比特) 场景相似, 使用两点之和的平方导致了非零的相关系数. 与之相比, 取两点之和获得的相关系数为零. 一般情况下, 在预处理中使用非线性函数会改变相关系数. 这种现象并不奇怪. 相关系数是一种线性度量. 因此, 线性函数不会改变相关性, 但是非线性函数会改变相关性. 一种对绝对差值函数的简单非线性扩展是将它和指数运算结合起来, 即 $\rho(HW(u \oplus v), |HW(u_m) - HW(v_m)|^\beta)$. 表 10.4 给出了 β 取不同值时的结果. 表中, u_m 和 v_m 固定为 8 比特. 从表 10.4 得出的结论是, 这种方法可以小幅提高相关系数, 但是并不显著. 看起来, 似乎需要更复杂的预处理方法.

表 10.4   绝对差值函数 β 次幂后对应的相关系数

	\multicolumn{6}{c}{β 值}
	1	2	3	4	5	6
$\|HW(u_m) - HW(v_m)\|^\beta$	0.24	0.26	0.25	0.23	0.20	0.18

综上所述, 不同预处理函数导致了 DPA 攻击中产生不同的相关系数. 至于哪一个预处理函数最佳则取决于设备的能量模型. 如果设备泄漏汉明重量, 则使用绝对差值函数是一个不错的选择.

> 就对泄漏汉明重量设备实施的二阶 DPA 攻击而言, 使用绝对差值进行预处理是一个不错的选择.

10.3.3   对掩码型 AES 实现的攻击示例

在该攻击示例中, 将说明如何攻击 9.2.1 小节所述的掩码型 AES 软件实现. 该掩码型方案实现中, 令 $m' = m$, 这意味着 SubBytes 操作的输入和输出使用同一个掩码 m. 同样, 也验证了该实现对 DPA 攻击来说是安全的. 注意, 令 $m' = m$ 一般不会使攻击变得更容易. 这只是可能发生在实际中的众多场景之一, 但是, 为了简单起见, 仅将讨论局限于该场景.

二阶 DPA 攻击中, 将攻击目标确定为 S 盒的输入和输出, 并测量掩码型 AES 软件实现在第一轮加密时的能量消耗. 为了减少被测量能量迹中点的数量, 对这些能量迹进行压缩. 通过对压缩后的能量迹进行直观分析, 可以识别出了 AES 的第一轮. 在第一轮中, 仅提取了压缩能量迹的前 61 个点, 这些点都处于可能包含了第一个 S 盒查表操作的时间间隔内. 因此, 仅仅将预处理函数应用于该时间间隔. 根据前文所得到的结论, 使用绝对差值函数进行预处理. 因为该时间间隔包含 61 个点, 而预处理步骤需要考虑 61 个点中所有两点的组合, 所以, 预处理产生了包含 60 段的预处理后的能量迹, 总计有 $1830(= 61 \cdot 60/2)$ 个点.

然后, 计算假设中间值 $u_{i,j} = d_i \oplus k_j$ 和 $v_{i,j} = S(d_i \oplus k_j)$, 并用异或函数将两者进行组合, 得到 $w_{i,j} = u_{i,j} \oplus v_{i,j} = (d_i \oplus k_j) \oplus S(d_i \oplus k_j)$. 接着, 使用汉明重量模型将它们映射为假设能量消耗值 $h_{i,j}$.

$$h_{i,j} = \mathrm{HW}(w_{i,j}) = \mathrm{HW}((d_i \oplus k_j) \oplus S(d_i \oplus k_j)) \tag{10.3}$$

最后, 对假设能量消耗和预处理能量迹进行比较. 图 10.1 和图 10.2 给出了攻击结果. 图 10.1 中的黑色部分表示正确密钥假设的相关性迹, 而不正确密钥假设的相关性迹则用灰色表示. 注意, 高相关性尖峰出现在所有与处理两个被攻击中间值相关的位置. 出现在该能量迹中的最高相关系数大约为 0.23. 这很接近 8 比特情景时的理论结果, 由表 10.3 可知其为 0.24.

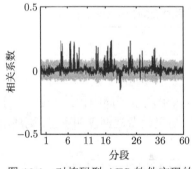
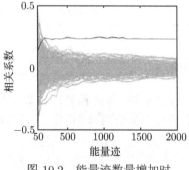

图 10.1　对掩码型 AES 软件实现的　　　　图 10.2　能量迹数量增加时
二阶 DPA 攻击结果　　　　　　　　　相关系数的演变

根据式 (6.8), 当 $\rho = 0.24$ 时, 实施一次成功的 DPA 攻击大约需要 460 条能量迹. 图 10.2 表明, 使用大约 500 条能量迹就非常有可能将正确密钥假设与错误密钥假设区分开来.

10.3.4　对掩码乱序型 AES 实现的攻击示例

本例将讨论一个对 AES 软件实现的攻击, 该实现同时使用了 9.2.1 小节中的掩码方案以及 7.1.1 小节中的乱序操作.

回忆一下, 乱序操作的效果是降低相关性尖峰的高度. 例如, 如果一个乱序方案将 AES 状态字节 1 和状态字节 2 的出现随机化, 那么若字节 1 或字节 2 被攻击且没有使用窗口函数, 则相关性尖峰的高度就会降低一半. 对于二阶 DPA 攻击来说, 相同的推理同样成立. 这意味着即使同时采用掩码技术和乱序技术, 仍然可以像前面一样实施二阶 DPA 攻击, 唯一的区别在于正确密钥假设的相关系数要小一些.

通过一个具体实验的结果, 给出这个推理成立的证据. 实现仅仅对状态字节 1 和状态字节 2 进行了乱序处理, 并且使用了与前面示例相同的掩码方案. 基于与之前相同的假设, 实施了一次二阶 DPA 攻击. 因为在前面的示例中, 正确密钥假设的相关系数大约为 0.23, 所以, 现在期望看到大约为 0.11 的相关系数.

图 10.3 给出了攻击结果. 用黑色表示的正确密钥假设的相关性迹显示了相关性尖峰值确实约为 0.11, 对应于不正确密钥假设的能量迹全部低于正确密钥假设所对应的能量迹. 图 10.4 表明, 使用大约 3000 条能量迹便可以将正确密钥假设从不正确密钥假设中区分出来. 但是注意, 在 1000 条能量迹后已经出现了明显差别. 然而, 随着能量迹数量的增加, 这个差别再次变小. 这解释了为什么通过观察一次实验来估计相关系数无法精确确定能量迹数量, 参见 6.7 节. 与 10.3.3 小节给出的攻击相比, 本小节给出的攻击所需要的能量迹平均要多 4 倍.

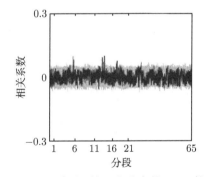

图 10.3 对采用了掩码和乱序的 AES 软件实现的二阶 DPA 攻击结果

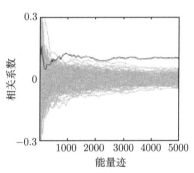

图 10.4 能量迹数量增加时相关系数的演变

10.4 对软件实现的基于模板的二阶 DPA 攻击

本节将讨论如何通过使用模板来实施并改进二阶 DPA 攻击. 因为二阶 DPA 攻击通常需要对能量迹进行预处理, 所以可以在能量迹预处理之前、之中或之后使用模板. 我们将讨论所有三种场景. 首先, 介绍如何在预处理之前使用模板. 在这种场景中, 直接应用模板从测量所得的能量迹中提取信息; 接着, 讨论如何在预处理中应用模板. 在这种场景中, 使用模板来丢弃一些能量迹, 从而使得掩码有偏; 最后,讨论如何在预处理之后使用模板. 在该场景中, 将模板应用于预处理后的能量迹.

对于所有的场景, 均使用与前面一节相同的假设, 即 8 比特微控制器上的软件实现会泄漏操作数的汉明重量.

10.4.1　在能量迹预处理前使用模板

在这种场景中, 使用模板来改进预处理函数. 回忆一下, 前文所给出的二阶 DPA 攻击之所以奏效, 是因为预处理函数 $|HW(u_m) - HW(v_m)|$ 与假设 $HW(u \oplus v)$ 具有很好的相关性. 前文提到过, 可以通过使用其他预处理函数来改进二阶 DPA 攻击.

因此, 希望找到一种能够最大化 $\rho(HW(u \oplus v), pre(HW(u_m), HW(v_m)))$ 的预处理函数. 函数 $HW(u \oplus v)$ 具有复杂的结构. 当逼近具有复杂结构的函数时, 理论上建议采用三角函数. 实验表明, 使用基于正弦函数的更高阶多项式能够显著提高相关系数. 此外, 可以使用更复杂的组合函数来代替 $HW(u \oplus v)$. 例如, 实验结果证明, 如下两个基于正弦的函数间的相关性约为 0.83:

$$comb(u, v) = -89.95 \cdot \sin(HW(u \oplus v)^3) - 7.82 \cdot \sin(HW(u \oplus v)^2) + 67.66$$

$$pre(HW(u_m), HW(v_m)) = \sin(HW(u_m) - HW(v_m))^2$$

$$\rho(comb(u, v), pre(HW(u_m), HW(v_m))) = 0.83$$

实际上, 使用这些改进的预处理函数和组合函数时, 存在一个重要的问题. 基于无噪声数据 (即汉明重量) 来获得这些函数的值, 但是, 在实际测量中, 噪声是无法避免的. 因此, 不能直接使用改进后的预处理过程.

在这种情况下, 模板可以派上用场, 即建立允许识别被处理数据汉明重量的模板. 如果拥有这种模板, 则二阶 DPA 攻击可按如下方式进行: 首先, 使用模板来获得 $HW(u_m)$ 和 $HW(v_m)$. 接着, 将改进后的预处理应用于这些汉明重量值, 而非原始能量迹. 这样, 便可以使用改进的预处理函数, 从而提高相关系数.

对掩码型 AES 实现的攻击示例

在该攻击示例中, 将简述如何应用上述思想来攻击掩码型 AES 软件实现. 在该攻击中, 使用模板分别获得字节替换之前和之后掩码处理后的中间值的汉明重量. 因此, 使用模板获得了 $HW((d_i \oplus k_j) \oplus m)$ 以及 $HW(S(d_i \oplus k_j) \oplus m)$, 并将改进的预处理函数应用于这些值. 假设中间值为 $u = d_i \oplus k_j$ 和 $v = S(d_i \oplus k_j)$, 用它们来计算改进后的组合函数. 图 10.5 给出了在预处理前使用模板的二阶 DPA 攻击的结果. 因为使用模板仅获得了两个目标中间值 $(d_i \oplus k_j) \oplus m$ 和 $S(d_i \oplus k_j) \oplus m$ 的汉明重量, 所以只能获得 t_{ct} 时刻的相关系数. 这就是图 10.5 仅仅给出了 256 个值 (每一个值对应于一个密钥假设) 的原因. 从图中可以很清楚地看到, 正确密钥假设的相关系数大约为 0.83. 图 10.6 表明, 大约使用 30 条迹就可以区分出正确的密钥假设.

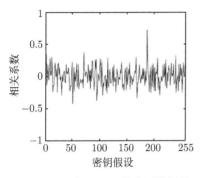

图 10.5　在预处理前使用模板的
二阶 DPA 攻击结果

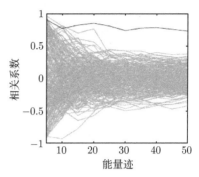

图 10.6　能量迹数量增加时相关
系数的演变

10.4.2　在能量迹预处理中使用模板

在该场景中, 在预处理中采用模板. 这意味着为了使得掩码中出现统计偏差, 通过使用模板来丢弃能量迹中的一个子集. 这对应于 10.3.1 小节所介绍的最后一种预处理函数.

可以将模板自然地应用于二阶 DPA 攻击. 例如, 可以很自然地建立可以识别中间值汉明重量的模板. 在攻击过程中, 攻击者使用这些模板来识别掩码的汉明重量. 所有不属于所选子集的能量迹 (如掩码汉明重量小于某个常数 c 的能量迹) 都被丢弃.

对掩码型 AES 的攻击示例

本示例使用模板来识别掩码汉明重量小于 6 的能量迹. 在预处理中, 丢弃了所有满足该性质的能量迹, 然后对余下的能量迹实施 DPA 攻击. 图 10.7 给出了攻击结果, 它给出了所有 256 个密钥假设的相关性, 黑色部分代表正确的密钥假设. 图 10.8 表明, 大约使用 450 条能量迹便可以识别出正确的密钥假设.

10.4.3　在能量迹预处理后使用模板

在最后一个场景中, 在预处理之后使用模板. 这意味着攻击者使用预处理后的能量迹为 $\mathrm{HW}(u \oplus v)$(DPA 攻击中使用的假设值) 建立模板. 在 DPA 攻击中, 攻击者使用模板来获得汉明重量 $\mathrm{HW}(u \oplus v)$, 并使用该值实施 DPA 攻击.

预处理剔除掉了能量迹中的很大一部分信息, 相关系数已经由 1 降为 0.24. 因此, 与前文所描述的攻击相比, 不可能期望这种策略会产生更好的攻击效果.

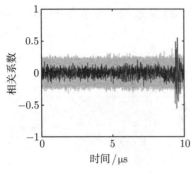

图 10.7　使用模板进行预处理的
二阶 DPA 攻击结果

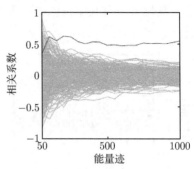

图 10.8　能量迹数量增加时相关
系数的演变

对掩码型 AES 的攻击示例

　　基于预处理后的能量迹, 为 $\mathrm{HW}((d_i \oplus k_j) \oplus S(d_i \oplus k_j))$ 建立模板. 在二阶 DPA 攻击中, 使用这些模板来获得 $\mathrm{HW}((d_i \oplus k_j) \oplus S(d_i \oplus k_j))$, 然后利用这些值实施 DPA 攻击. 图 10.9 给出了该攻击的结果, 该图给出了所有 256 个密钥假设的相关性. 最高相关系数显示出正确的密钥假设. 图 10.10 表明, 大约需要 2000 条能量迹就可以识别出正确密钥假设. 显然, 该攻击需要大量的能量迹.

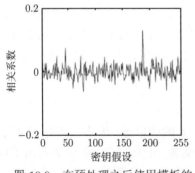

图 10.9　在预处理之后使用模板的
二阶 DPA 攻击结果

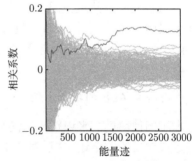

图 10.10　能量迹数量增加时
相关系数的演变

10.5　基于模板的 DPA 攻击

　　已经在 6.6 节中介绍了基于模板的 DPA 攻击的概念. 回忆一下, 由 5.3.2 小节可知, 建立模板的方法有多种. 例如, 攻击者可以建立数据–密钥对模板, 或者建立中间值模板. 另外, 建立模板时, 攻击者可以考虑设备的能量模型. 最重要的是, 攻击者可以决定在模板中包含哪些特征点. 例如, 如果建立数据–密钥对模板, 那么攻击者实际上可以在模板中包含能量迹中所有依赖于该数据密钥对的点.

具有包含多个特征点 (对应于多个中间值) 的能力使得基于模板的 DPA 攻击可以直接用于攻击掩码型实现. 回忆一下, 二阶 DPA 攻击之所以奏效, 是因为它利用了两个中间值的联合泄漏. 通过建立对应于采用同一个掩码的两个中间值的特征点的模板, 便可以利用这两个中间值的联合泄漏. 因此, 可以直接利用基于模板的 DPA 攻击来破译掩码型实现. 该攻击需要的能量迹数量最少. 从这个意义上讲, 它是针对掩码实现的攻击能力最强的攻击.

10.5.1 概述

假设攻击者具有创建目标密码设备模板的能力. 这些模板中的特征点对应于至少两个中间值, 这些中间值均采用同一个掩码进行保护.

攻击者需要对模板和能量迹进行匹配. 攻击的是一个掩码后的中间值, 然而并不知道特定加密过程中使用的掩码 m 的值. 这意味着不得不为所有可能的掩码 m 值创建模板, 并进行匹配. 因此, 模板匹配产生概率 $p(\boldsymbol{t}'_i|k_j \wedge m)$, 通过计算式 (10.4) 来获得 $p(\boldsymbol{t}'_i|k_j)$.

$$p(\boldsymbol{t}'_i|k_j) = \sum_{m=0}^{M-1} p(\boldsymbol{t}'_i|k_j \wedge m) \cdot p(m) \tag{10.4}$$

由 $p(\boldsymbol{t}'_i|k_j)$ 可以计算式 (6.18). 因此, 除了需要额外计算式 (10.4) 之外, 对掩码型实现的基于模板的 DPA 攻击的工作方式与对原实现的基于模板的 DPA 攻击完全相同.

10.5.2 对掩码型 AES 实现的攻击示例

在该攻击示例中, 建立包含两个指令联合泄漏的模板. 第一个指令与用于 S 盒输出 $S(d_i \oplus k_j)$ 的掩码 m 有关, 第二个指令与掩码后的 S 盒输出 $S(d_i \oplus k_j) \oplus m$ 有关. 该模板考虑了微控制器的能量模型. 因此, 建立了 81 个模板, 每一个模板对应于一对 HW(m) 和 HW$(S(d_i \oplus k_j) \oplus m)$.

$$\mathcal{H}_{\mathrm{HW}(m),\mathrm{HW}(S(d_i \oplus k_j) \oplus m)}$$

通过模板匹配, 可以获得概率 $p(\boldsymbol{t}'_i|k_j \wedge m)$:

$$p(\boldsymbol{t}'_i|k_j \wedge m) = p(\boldsymbol{t}'_i; \mathcal{H}_{\mathrm{HW}(m),\mathrm{HW}(S(d_i \oplus k_j) \oplus m)})$$

利用这些概率, 假设 $p(m) = 1/M$, 可以计算式 (10.4), 进而根据式 (6.18) 得出 $p(k_j|\boldsymbol{T})$.

攻击结果如图 10.11 所示. 图 10.11 表明, 正确密钥假设对应的概率为 1, 而所有其他密钥假设对应的概率都为 0. 图 10.12 表明, 大约使用 15 条能量迹即可以识别出正确密钥. 这表明, 这种对掩码型 AES 软件实现的基于模板的 DPA 攻击与

6.6.2 小节讨论过的对原 AES 软件实现的基于模板的 DPA 攻击的工作方式相同, 并且产生了类似的结果.

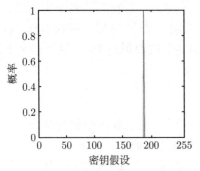

图 10.11　基于模板的 DPA 攻击的结果

正确密钥假设的概率为 1, 所有错误密钥假设的

概率均为 0

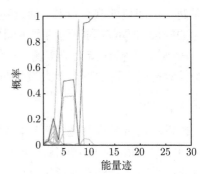

图 10.12　能量迹数量增加时相关系数的演变

正确密钥假设用黑色绘制,

错误密钥假设则用灰色绘制

> 基于模板的 DPA 攻击能够以同样的方式攻击密码算法的原实现和掩码型实现.

该攻击示例证明为了破译相同设备上的原始实现和掩码型实现, 基于模板的 DPA 攻击所需的能量迹数量大致相同.

10.6　对硬件实现的二阶 DPA 攻击

在掩码方案的软件实现中, 需按一定顺序来计算中间值. 因此, 为实施二阶 DPA 攻击, 有必要组合能量迹中的点. 硬件实现通常并行计算多个中间值. 在同一个时钟周期内对掩码及相应的掩码型值进行处理的情况时有发生. 因此, 通常可以基于单个时钟周期的能量消耗实施对硬件实现的二阶 DPA 攻击. 这个时钟周期包含了关于掩码型值及掩码的联合分布信息.

单个时钟周期内可获得的信息的多少强烈地依赖于密码设备的能量消耗特征, 以及设备在该时钟周期内对掩码型值及掩码进行处理的方式. 本质上, 必须区分如下两种场景：对掩码型值及掩码进行并行处理, 或者对两者进行联合处理.

- **并行处理**　并行处理意味着分别对掩码型值及掩码进行处理. 此时, 不存在将掩码型值及掩码一起作为输入的计算, 也就是说, 处理掩码的模块与处理掩码型值的模块之间不存在任何联系.
- **联合处理**　联合处理意味着将掩码型值及掩码作为同一个函数的输入, 也就是说, 电路的一部分进行同时依赖于掩码型值及掩码的计算.

现在分别讨论针对执行并行或联合处理的硬件实现的攻击. 特别地, 将描述合适的预处理技术, 并且给出一个针对 AES S 盒掩码型硬件实现的攻击示例.

10.6.1 预处理

根据密码设备执行并行处理抑或执行联合处理, 二阶 DPA 攻击的预处理步骤有所区别. 在并行处理的情况下, 设备的能量消耗通常为处理掩码所需要的能量以及处理掩码型值所需要的能量之和. 例如, 如果设备泄漏中间值的汉明重量, 则处理掩码型值 v_m 及相应掩码 m 的能量消耗与 $\mathrm{HW}(v_m) + \mathrm{HW}(m)$ 成正比. 由 10.3.2 小节可知, 在这种情况下, 对能量迹进行平方运算是一种合适的预处理技术.

一般而言, 也可以采用其他非线性预处理技术. 对于预处理函数的选择, 必须作出与 10.3.1 小节和 10.3.2 小节相同的考虑. 在一些特殊的情况下, 攻击硬件实现时甚至不需要进行预处理. 这是因为密码设备中的非线性效应已经完成了类似的预处理工作. 设备的能量消耗并非总是掩码型值及掩码的能量消耗之和. 例如, 对掩码型值及掩码进行处理的导线间的交叉耦合可能导致能量消耗的非线性效应. 在这种情况下, 不需要对能量迹进行预处理就可以实施二阶 DPA 攻击.

此外, 如果密码设备执行对掩码型值及掩码的联合处理, 那么通常没有必要对能量迹进行预处理. 在联合处理的情况中, 不仅导线间的交叉耦合会产生非线性效应, 而且更主要的是毛刺导致了能量消耗中的非线性效应. 正如在 3.1.3 小节中所解释的, CMOS 电路的能量消耗强烈依赖于该电路中出现的毛刺数量. 如果电路中的一部分基于掩码及掩码型值计算中间结果, 那么由该计算所引起的毛刺必然同样依赖于掩码及掩码型值. 事实上, 毛刺数量依赖于掩码及掩码型值的联合分布. 在这种情况下, 电路的能量消耗与掩码及掩码型值的能量消耗的和不成比例, 它是这两者的非线性函数. 因此, 不需要对能量迹进行预处理就可以在二阶 DPA 攻击中利用能量消耗.

10.6.2 基于预处理后能量迹的 DPA 攻击

在密码设备中出现毛刺和其他非线性效应的情况下, 不需要对能量迹进行预处理. 而在所有的其他情况下, 均需要使用非线性函数 (如平方函数) 来对能量迹进行预处理. 因此, 用于实际 DPA 攻击的能量迹具有如下性质: 能量迹中必存在一个点, 它是掩码型值 v_m 及相应掩码 m 的能量消耗的非线性函数. 因此, 需要确定出一个表达式来刻画对原始中间值 v 的假设. 这项工作很简单, 可以采用与其他 DPA 攻击相同的表达方法.

对掩码型硬件实现的 DPA 攻击中, 最困难的部分是确定一个合适的能量模型. 回忆一下, 能量消耗与 v_m 和 m 的依赖关系是非线性的, 尽管假设中间值可以用 $v = v_m \oplus m$ 来表达. 攻击者的目标就是找到刻画 v 的一个能量模型, 该能量模型能

够最大化 v 与依赖于 v_m 和 m 的能量消耗之间的相关性. 下文将给出这样的一个能量模型示例.

确定表达式以刻画 v 的假设这一事实使得二阶 DPA 攻击看起来与一阶 DPA 攻击类似. 但是必须认识到, 这些攻击利用了两个中间值的联合泄漏. 为了描述作为掩码型值及掩码的函数的能量消耗, 攻击者使用了用于原始值的能量模型.

10.6.3   对掩码型 S 盒实现的攻击示例

在该示例中, 攻击了 AES S 盒掩码方案的硬件实现, 该实现已在 9.2.2 小节中描述. 该实现中的掩码方案基于复合域运算, 使用的掩码乘法器与 9.2.2 小节中所描述的类似. 对 S 盒输出的计算在一个时钟周期内完成. 此外, 对掩码型值及掩码进行联合处理, 也就是说, 该 S 盒实现所计算的中间结果是掩码及掩码型值的函数. S 盒是一个非线性函数, 因此, 不可能并行地计算输出的掩码型值及相应的掩码. 由于联合处理, 出现在 S 盒计算中的毛刺数量是 S 盒掩码输入值及相应掩码的非线性函数. 因此, 对二阶 DPA 攻击来说, 没有必要对能量迹进行预处理.

对攻击者而言, 一项具有挑战性的任务是确定毛刺与 S 盒原始输入值的相关性. 在具体实现中, 拥有 S 盒的网表. 因此, 可以仿真出产生于 S 盒中的转换数量. 图 10.13 给出了掩码型 S 盒的平均转换计数随 S 盒输入变化函数的图线. 易见, 输入 0 导致了比所有其他输入值小得多的活跃度. 因此, 可以采用零值模型实施攻击. 在 6.2.2 小节中, 已经采用了零值模型来攻击 S 盒的原始实现, 即 $h_{i,j} = \mathrm{ZV}(S(d_i \oplus k_j))$.

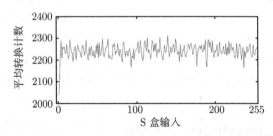

图 10.13   256 个输入值在掩码型 S 盒中出现的平均转换计数

10.6.4   对 MDPL 的攻击示例

现在通过分析 MDPL NAND 元件对 DPA 的抵抗能力, 讨论掩码型逻辑结构 MDPL 的抗 DPA 攻击效果, 如图 9.5 所示. 像 8.3.1 小节中的 DRP NAND 元件一样, 通过仿真不同输入转换的能量消耗方差, 就可以确定出 MDPL NAND 元件的 DPA 抵抗能力. 仿真环境与 DRP NAND 元件的仿真环境相同. 图 10.14 展示了将表 8.1 给出的信号转换的 16 种组合作为 MDPL NAND 元件的输入时, 元件所生成的 16 条不同的能量迹. 每一种输入信号转换的组合都根据不同的掩码信号转换仿真 4 次, 然后再根据这些仿真能量迹获得均值. 因为攻击者不知道掩码值, 所以他在 DPA 攻击中只能采用上述处理方法. 能量迹表明了计算阶段和其后的预充电阶段的能量消耗.

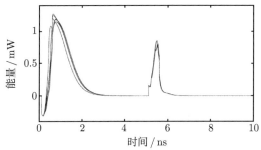

图 10.14   不同输入转换下 MDPL NAND 元件的仿真能量迹

平衡互补导线 MDPL NAND 元件能量消耗的方差和标准差如表 10.5 所示. 与 CMOS NAND 元件相比, MDPL NAND 元件能量消耗的方差大约要小两个数量级. 后者的值可以从表 8.2 中得到. 表 10.5 中的值显示了 MDPL NAND 元件的抗 DPA 能力要弱于平衡互补导线 DRP NAND 元件. 但是, 与 DRP NAND 元件相比, MDPL NAND 元件的抗 DPA 能力并不依赖于逻辑元件输出处互补导线的平衡性, 这是 MDPL 的一大优点.

表 10.5   平衡互补导线 CMOS NAND 元件和 MDPL NAND 元件的
能量消耗的方差和标准差

逻辑	CMOS	MDPL
$\mathrm{Var}(E_{\mathrm{NAND}})$	$224.69 \cdot 10^{-27} \mathrm{J}^2$	$1.7048 \cdot 10^{-27} \mathrm{J}^2$
$\mathrm{Std}(E_{\mathrm{NAND}})$	474fJ	41.3fJ

图 10.15 给出了 MDPL NAND 元件和 SABL NAND 元件的能量消耗的方差

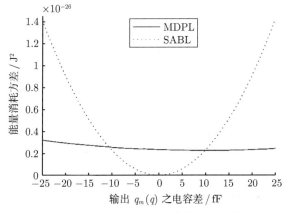

图 10.15   MDPL NAND 元件和 SABL NAND 元件的能量消耗的方差, 它是在互补元件输出 $q_m(q)$ 和 $\overline{q_m}(\overline{q})$ 处的电容之差的函数. 输出的额定电容为 100fF

与元件互补输出导线平衡性之间的依赖关系. SABL NAND 元件的相应结果可由图 8.4 中得知. SABL NAND 元件的抗 DPA 能力随着互补输出电容的差呈二次下降, 而 MDPL NAND 元件的抗 DPA 能力则基本独立于该差值. 在特殊情况下, 如果电容之差大约为 10fF 或更多, 那么 MDPL NAND 元件的抗 DPA 能力要强于 SABL NAND 元件. 文献 [PM05, PM06] 给出了关于 MDPL 电路的抗 DPA 能力的更多仿真结果.

10.7　注记与补充阅读

SPA 攻击　盲化技术并不一定能抵抗 SPA 攻击. 例如, 即使将指数盲化应用于 RSA 解密, 也就是使用 d_m 来代替 d, 实施 SPA 攻击也可能恢复出 d_m. 因为 $d_m \equiv d(\bmod \phi(n))$, 所以攻击者可以使用 d_m 来解密消息. 如果使用消息盲化, 即使用 v_m 来代替 v, 那么实施 SPA 攻击即可能恢复出 d.

掩码型逻辑结构中出现的一个问题是掩码要安全地分布于电路中的所有元件. 这种分布通常需要一个很大的导线网, 用于将掩码传送至所有元件. 例如, 在 MDPL 中, 电路中的所有元件均使用同一个掩码. 因为掩码网络通常很大, 所以攻击者可以使用 SPA 攻击来确定掩码的变化, 这种威胁的确存在. 因此, 对掩码网络实施保护十分重要. 在 MDPL 中, 抵 SPA 能力由掩码网络的特定实现来保证, 该网络使用了预充电互补导线.

DPA 攻击　许多研究人员发现, 使用零值 DPA 攻击可以攻击乘积类掩码, 参见文献 [AG03, GT03]. Akkar 等 [ABG04] 发现, Trichina 等 [TSG03] 提出的简化乘积类掩码方案与他们提出的乘积类掩码方案相比, 所产生的中间值更不安全.

正如在第 9 章中所讨论的, 一种观点认为, 去除算法中间轮的掩码将使性能得到显著提高. 尽管在 9.2.1 小节的示例中, 已经很好地论证了这种观点对于 8 位微控制器上掩码方案的典型软件实现并不正确, 但该观点仍然存在. 之所以不能够从中间加密轮中去除掩码, 还有另外两个原因. Handschuh 和 Preneel[HP06] 讨论了利用出现在中间加密轮中的一些中间值的汉明重量信息的攻击; Kunz-Jacques 等 [KJMV04] 则给出了另一个针对中间加密轮中的中间值的攻击.

Goubin[Gou03] 还给出了针对 ECC 实现的攻击, 该实现将乘积掩码 (即盲化) 应用于射影坐标. 他指出, 如果坐标之一为 0, 那么盲化将造成信息泄漏. Akishita 和 Takagi[AT03] 将该思想扩展到计算椭圆曲线上盲化点时可能会发生零值中间值的情况.

对软件实现的二阶 DPA 攻击　虽然 Kocher 等已经在文献 [KJJ99] 中提出了 "高阶 DPA 函数" 的思想, 但是 Messerges 发表的文献 [Mes00b] 才是第一篇给出该思想实际实现的文章. 他发现, 如果密码设备泄漏汉明重量, 那么使用绝对差值函数进行预处理会产生不错的效果.

但是, Messerges 的文献 [Mes00b] 也存在不少问题. 除了不能确定他所建议的预处理函数是否能够导致最好的攻击之外, 如何找到能量迹中需要相减的两个点也不太明朗. Akkar 和 Goubin[AG03] 发现, 如果攻击加密的第一轮和最后一轮, 并假设在这些轮中使用了相同的掩码, 那么相减的点将出现在各轮中的相同位置. 在实际攻击中, 这种想法可以简化二阶 DPA 攻击.

Waddle 和 Wagner[WW04] 随后也开始致力于该课题的研究. 他们的文章假设了某种能量模型, 而且该模型将乘法用作预处理函数. 另外, 他们得出两个结论: 首先, 对两个掩码后的中间值进行并行处理时, 预处理仅仅包含能量迹中点的平方; 其次, 也可以将对 (部分) 能量迹进行的 FFT 计算视为预处理函数.

预处理对二阶 DPA 攻击效果的影响这一重要问题首先由 Joye 等 [JPS05] 提出. 他们研究了汉明重量模型和汉明距离模型中的绝对差值函数, 结果证明在两个模型中都可以使用该预处理函数. 这个结论也由 Herbst 等 [HOM06] 在一个实际的攻击中得到. 此外, Joye 等研究了绝对差值函数与乘方函数的组合效果, 结果证明相关性仅有小幅增加. Oswald 等 [OMHT06] 描述了一个对分组密码软件实现实施二阶 DPA 攻击的策略. Yoo 等 [YHM+06] 使用了相同的策略来分析分组密码 ARIA 的掩码型实现. 在本章中所描述的二阶 DPA 攻击也遵循由 Oswald 等所提出的策略. 他们在理论上证明了在第一轮和最后一轮加密中, 不同中间结果的组合通常是很好的攻击目标, 同时给出了实际的攻击结果. 他们也计算出了使用绝对差值函数以及假设汉明重量模型的不同攻击方案下的相关性, 所得的结果与 Joye 等 [JPS05] 的结果一致. 此外, Oswald 等指出, 在使用汉明重量模型的情况下, 将乘法用作预处理会导致较低的相关性. Schramm 和 Paar[SP06] 给出了另外一个在使用汉明重量模型的情况下将乘法用作预处理函数的研究结果, 他们证实了 Oswald 等的结论. 因此, 从所有这些文章中可以很清楚地得知, 如果密码设备泄漏汉明重量或汉明距离, 那么绝对差值函数是已知的最佳预处理方法.

还要指出, 可以对 10.4.2 小节中所描述的攻击进行修改, 使得它在没有使用模板的情况下也可以工作. 这个攻击的原理由 Jaffe[Jaf06b] 提出.

对硬件实现的二阶 DPA 攻击 讨论对硬件实现的二阶 DPA 攻击的文章要少得多. 该方向上最早的文章由 Mangard 等 [MPG05] 和 Suzuki 等 [SSI05] 发表. 他们证明掩码型 CMOS 元件也会产生泄漏. 这个发现被 Mangard 等 [MPO05] 提炼并应用于掩码型 AES 实现中. 结果证明利用零值能量模型可以有效地利用掩码型 AES S 盒的信息泄漏. Mangard 和 Schramm[MS06] 给出了这种泄漏的相关解释.

高阶 DPA 攻击 Chari 等 [CJRR99b] 证明了使用 n 个不同掩码的掩码方案最多可以抵抗 n 阶 DPA 攻击. Akkar 和 Goubin[AG03] 讨论了他们在同一篇文章

中所提出的掩码方案在高阶 DPA 攻击中的应用. 他们认为, 二阶 DPA 攻击 (以及任何高阶 DPA 攻击) 对这种掩码方案都是不可行的, 因为第一轮和最后一轮 DES 中使用了不同的掩码. 然而, 上述结论基于一个较强的假设, 即攻击者仅能通过第一轮和最后一轮实施 DPA 攻击. 因此, 在一个更普遍的假设下, 有可能存在针对他们提出方案的二阶 DPA 攻击.

　　Schramm 和 Paar[SP06] 也讨论了将乘法用作预处理函数的的高阶攻击.

　　对于非对称密码算法而言, 几乎没有关于高阶 DPA 攻击的文献. 目前, 只有 Muller 和 Valette[MV06] 研究了如何攻击采用秘密共享方案对指数进行分割的 RSA 实现.

　　压缩与预处理的对比　　已经在 4.5 节中介绍了压缩能量迹的不同技术. 当然, 这些技术与本章或 8.2.3 小节中提到的各项技术一样, 都可以视为预处理技术. 但是, 在 4.5 节中描述的压缩技术与在本章或第 8 章中描述的预处理技术的目标大相径庭. 压缩的目标是减少所记录能量迹的长度, 以使得 DPA 攻击更加有效. 本章中所提出的预处理技术的目标则是生成二阶 DPA 攻击可利用的联合泄漏. 攻击非对齐能量迹时, 预处理的目标是通过对齐能量迹来增加相关系数, 这以降低 SNR 为代价.

　　模板攻击　　Agrawal 等 [ARRS05] 讨论了另一种在二阶 DPA 攻击中使用模板的方法. 他们假设实验设备采用了不完美的随机数发生器. 在这种情况下, 设备使用了有偏掩码, 所以, 他们可以实施 DPA 攻击来识别 S 盒操作的掩码型输出. 他们为每一个输出比特建立一个模板. 在实际的攻击中, 他们为原始 S 盒输出比特建立假设, 并通过使用模板来得到实际的掩码型 S 盒输出. 然后, 将假设与掩码比特 (从能量迹中得到) 进行异或, 便得到了对 m 的假设. 在最后一步中, 他们使用对 m 的假设来实施 DPA 攻击. 只有对正确的密钥假设, 原始 S 盒输出比特上的假设才为真. 因此, 仅在这种情况下, 才可以得到正确掩码比特 m, 并且在最后的 DPA 攻击中出现尖峰.

　　Peeters 等 [PSDQ05] 讨论了针对分组密码原语硬件实现的基于模板的 DPA 攻击. Oswald 和 Mangard[OM07] 讨论了将模板攻击应用于掩码型实现上的不同策略, 参见 10.4 节和 10.5 节.

　　DPA 攻击、二阶 DPA 攻击以及模板攻击之间的对比　　DPA 攻击利用了由一个中间值引起的泄漏. 二阶 DPA 攻击利用由两个中间值引起的联合泄漏. 为了计算出包含联合泄漏的点, 二阶 DPA 攻击通常需要对能量迹进行预处理. 但是已经得知, 某些硬件实现中, 有时候并不需要任何预处理, 这取决于设备能量消耗的泄漏特性. 此外, 如果掩码及掩码型值被并行处理, 那么攻击者在二阶 DPA 攻击中所使用的假设实际上是原始中间值. 因此, 这些情况中的攻击看似为一阶 DPA 攻击, 然而, 由于被攻击的泄漏是由两个中间值所引起的联合泄漏, 所以实际上仍属于二阶 DPA 攻击.

　　将模板应用于二阶 DPA 攻击的方式有两种. 首先, 可利用模板来加强传统的二阶 DPA 攻击. 例如, 可以通过模板改进预处理; 其次, 可以进行基于模板的 DPA 攻击. 第二种情况非常有趣. 回忆一下, 在对掩码型实现的基于模板的 DPA 攻击中, 攻击者使用多个中间值 (被相同掩码所保护) 来建立模板. 针对原始实现的基于模板的 DPA 攻击与之类似, 同样使用多个中间值来建立模板. 这符合以下论断: 相同方式的基于模板的 DPA 攻击可以同时应用于普通设备和掩码型设备. 这意味着既不该将基于模板的 DPA 攻击归为一阶 DPA 攻击, 也不该将其归为二阶 DPA 攻击.

第 11 章 结 论

在本书写作之始，预计终稿应该在 200 页左右 *. 但是，完成前几章之后，我们意识到终稿可能会远远超过这一数字. 能量分析攻击确属一个跨学科的研究课题. 所以，这种攻击吸引了具有多种科研背景的研究人员，并且出现了大量从不同视角对能量分析攻击的讨论.

本质上，可以将剖析能量分析攻击的各种不同视角分为两大类. 一类将能量分析攻击视为数学问题. 目标是找到用于描述密码设备信息泄露的数学模型，以便基于该模型构建安全系统. 该思路导致了类似掩码方案等防御对策的提出. 另一类则将能量分析攻击视为工程问题，并通过减少信号泄露或增加噪声来抵御攻击. 该思路导致了多种硬件防御对策的提出，如抗 DPA 的逻辑结构. 最近几年，有关能量分析攻击的研究成果颇丰，已经出现了多种能量分析攻击的建模和分析方法. 这两条主要思想一直激发着攻击和防御两方面的新研究.

本书的写作动机是提供一个关于该主题研究的综合性概述. 此外，我们的目的还包括为刚刚涉足该领域的研究者提供一个关于能量分析攻击的简要介绍. 仅仅通过此书的有限章节，对能量分析攻击的全貌进行深入的探讨并不现实. 然而，还是尝试将我们认为最重要的内容综合在本书中. 现在将给出关于本书中所介绍攻击和对策的一些特定结论; 然后，将给出一些一般性结论.

11.1 特 定 结 论

本书引言部分已经指出，密码设备已经成为构建安全敏感系统的必要组件. 因此，研究这类系统抵御能量分析攻击的特性非常重要. 第 1 章中给出的示例表明，实施能量分析攻击很简单，尽管这需要多个不同领域的专业知识. 使用市场上已有的示波器并遵照 Kocher 的文章中描述的步骤，就可以在不了解实现细节的前提下对未受保护的 AES 实现实施 DPA 攻击.

然而，为了改进能量分析攻击，同时设计出新的防御对策，有必要对密码设备的工作方式、构建方式及能耗特性进行了解. 这就是第 2 章和第 3 章对相关内容进行介绍的原因. 基于这些章节，本书讨论了能量分析攻击及防御对策的诸多方面. 下面将对其中最重要的论题进行总结，具体包括测量配置、能量迹特征、SPA 攻击、DPA 攻击、模板攻击、软件对策、硬件对策以及抗 DPA 的逻辑结构.

---

* 译者注: 本译者的英文原文在 350 页左右，翻译后页码有所缩减.

测量配置 要进行实际的能量分析攻击, 首先要构建一套测量配置. 但是, 尽管这一工作举足轻重, 但目前尚没有关于这一主题的公开成果. 第 3 章概括了我们近几年在测量配置方面所获得的经验, 希望该工作能够激发对这个主题更广泛的讨论. 对使用不同测量配置所获得的结果进行比较将是一项相当有益的工作.

第 3 章对影响测量配置质量的两种噪声进行了区分, 这两种噪声分别为电子噪声和转换噪声. 电子噪声主要由除被攻击设备之外的设备传导和辐射发射造成, 如时钟发生器、PC、LCD 等. 所以, 可以通过屏蔽来控制这类噪声. 转换噪声由被攻击电路内部中与攻击无关的元件的转换活动造成. 降低设备的时钟频率, 或者采用仅测量设备中被攻击部分能量消耗的小型探针, 均有助于降低转换噪声.

作为实施能量分析攻击的一项一般性策略, 我们推荐在实施能量分析攻击之前, 首先分析测量配置的噪声特性. 应该在构建测量配置之后立刻对电子噪声进行分析. 对测量配置电子噪声的了解有助于确定 DPA 攻击中创建模板以及计算相关系数所需要的能量迹数量.

能量迹特征 对能量迹进行分析是所有能量分析攻击的基础, 所以必须要掌握理解和分析能量迹的理论与方法.

第 4 章介绍了相关的理论和方法. 首先对能量消耗中的各个分量进行了区分, 接着研究了各个分量的统计特性. 结果表明, 可以使用正态分布来较好地刻画各个分量. 需要指出的是, 尽管如此, 最好还是通过实验来确定分布的特性. 因此, 如果可能, 攻击者最好通过实验确定被攻击设备能量迹的统计特征.

我们也介绍了使用标准统计方法来描述和分析能量迹属性的方法. 结果表明, DPA 攻击中的经典方法直接源于这些标准的统计分析方法. 因此, 使用统计学中的标准方法是实施能量分析攻击的正确途径.

SPA 攻击 SPA 攻击利用了一条能量迹中依赖于密钥部分的变化. 第 5 章介绍了不同类型的 SPA 攻击, 包括基于能量迹视觉分析的 SPA、基于模板的 SPA 攻击以及碰撞攻击. 尽管这些攻击方法彼此差异很大, 它们却有两点共同的特性. 为了揭示出密钥, 它们都要求攻击者拥有关于密码设备及算法实现的一些知识. 攻击者可以从产品资料或者关于被攻击设备的其他文献中获取这类知识. 此外, 这类知识还可以直接从测量获得的能量迹中获取. 特别地, 对能量迹进行视觉分析不仅有助于确定出密码设备的密钥, 还有助于了解实现细节. SPA 攻击的第二个属性是它们都基于少量能量迹, 所以 SPA 攻击一般应用于攻击者拥有少量能量迹, 但是对设备和实现具有一定了解的场合.

如果被攻击的密码算法重复执行同一种操作序列, 那么 SPA 攻击就会特别有效. 几乎所有的密码算法实现中都会出现这种情况. 因此, SPA 攻击可以检测出对称密码和非对称密码算法实现中乘法 (平方操作) 和点加 (倍加操作) 操作中的各个执行轮次以及每一轮的内部特征. 特别是在一些非对称密码算法的原始实现中, 这些操作均依赖于密钥. 因此, 为了抵御 SPA 攻击, 算法执行的各个操作必须独立于密钥.

DPA 攻击　DPA 攻击是最流行的能量分析攻击, 所以关于 DPA 攻击的公开成果最为丰富. 然而, 尽管这些成果看起来差异极大, 但是实质上, 所有这些攻击都由第 6 章中描述的 5 大步骤构成. 这意味着攻击者均需要执行如下步骤: 采集能量迹、选择中间值、刻画密钥假设的表达式并计算出假设中间值、将假设中间值映射为假设能量消耗值、进行统计检验并对能量迹和假设能量消耗进行比较. 这 5 大步骤构成了 DPA 攻击.

需要着重指出的一点是, 各种 DPA 攻击通常在多个步骤中有所差异. 特别地, 能量消耗模型和统计检验方法通常不同. 有些攻击选用像汉明重量模型这类的简单能量消耗模型, 而另外一些攻击则选择更加复杂的能量消耗模型. 显然, 能耗量消模型和密码设备的真实能量消耗的符合度越高, DPA 攻击就越有效. DPA 攻击中所选用的统计检验方法, 通常为相关系数法、均值差法或均值距法, 其中, 相关系数法是这三种统计检验方法中最灵活和最有效的方法, 所以第 6 章中的描述即采用了这种方法. 相关系数法最优越的特性在于, 它可以应用于所有的能量消耗模型, 并且采用了归一化度量. 因此, 可以基于相关系数对不同的能量分析攻击进行比较. 此外, 还可以方便地计算出攻击所需要的能量迹的数量.

第 6 章给出了几个对 AES 软件和硬件实现的 DPA 攻击示例, 同时对这些 DPA 攻击所使用的相关系数仿真和计算方法进行了阐述. 相关攻击和模拟表明, DPA 攻击对 AES 的软件实现非常有效, 成功破译的开销很低, 而对硬件实现的攻击开销往往也在可接收的范围内.

总而言之, 对于使用同一个固定密钥进行加密和解密的密码设备而言, DPA 攻击确实是一种行之有效的攻击手段. 因此, DPA 攻击可用于对称密码和非对称密码算法的实现. 然而, 因为非对称密码的实现方式远比对称密码的丰富, 所以对非对称密码实现的 DPA 攻击相对较少.

模板攻击　在所有的能量分析攻击中, 模板攻击所需要的能量迹的数量通常最少. 因此, 迄今为止, 模板攻击是所有已知的各种能量分析攻击中最强大的一种. 这种攻击通过使用高级统计方法来利用密码设备的能量消耗特性. 第 5、6、10 章分别介绍了可以采用模板攻击的几种不同攻击场景. 首先, 可以在 SPA 攻击中使用模板攻击. 此时, 使用模板可以获取能量迹中包含的不能被直接利用的信息. 其次, 可以在 DPA 攻击中使用模板攻击. 在这种情况下, 使用模板是最有效的信息获取途径, 可以使攻击最优化. 最后, 可以在二阶 DPA 攻击中使用模板. 此时, 使用模板的作用与一阶 DPA 攻击中使用模板的作用相同.

到目前为止, 模板攻击主要用于对称密码算法的软件实现. 对于其他的实现方法, 还有很多工作有待开展.

尽管 SPA 攻击、DPA 攻击和二阶 DPA 利用模板的方式不同, 但是, 它们却有一个共同点: 都需要攻击者对被攻击设备的特征进行刻画. 因此, 攻击者具有这种刻画能力是模板攻击得以实施的必要条件.

软件对策 采用软件方式实现抵御 DPA 攻击的对策具有一个显著的优势: 无需对底层硬件进行任何修改. 此外, 还有如下一种观点: 如果密码设备的设计与制造已经完成, 但是并不具备抵抗能量分析攻击的能力, 那么采用软件方式实现防御对策就是唯一的选择. 第 7 章和第 9 章中讨论过的大多数防御对策既可以采用软件方式实现, 也可以采用硬件方式实现.

在软件实现中, 可以通过打乱操作顺序或随机插入伪操作的方式对密码算法的执行进行随机化. 这类隐藏技术可以很方便地应用于对称密码与非对称密码算法实现. 目前, 与对称密码相比, 非对称密码似乎具有更丰富的实现方法. 注意, 仅当攻击者无法对能量迹进行对齐的情况下, 这些对策才会发挥作用. 如果攻击者能够对齐能量迹, 则这类对策的作用将会完全化为乌有. 因此, 必须要保证攻击者无法检测出乱序操作以及随机插入的伪操作.

同理, 振幅维度的隐藏对策也可以简单地以软件方式实现. 然而, 这种对策通常不会特别有效, 因为密码设备具有固定的指令集. 因此, 指令的选择也会受到限制. 这意味着只能对信号进行一定程度的减弱.

掩码技术可能是最流行的软件对策 —— 至少在这方面公开发表的文章数可以用 "海量" 来形容. 掩码技术能够采用软件方式有效地实现. 然而, 需要对掩码的数量进行谨慎的选择. 盲化技术也频繁地用于保护非对称密码算法实现. 与掩码技术相比, 盲化技术更容易实现, 其实现开销通常更为合理. 但是, 无论是隐藏技术还是掩码技术, 绝大多数防御对策都有一个共同点: 都需要随机数.

第 8 章和第 10 章列出了对隐藏方案和掩码方案的多种攻击. 在软件和硬件实现中, 二阶 DPA 攻击和模板 DPA 攻击可以破译以软件方式和硬件方式实现的掩码方案. 已经证明有偏随机数会使得防御对策无效. 无论是掩码方案中使用的掩码, 还是隐藏方案中使用的随机数, 该结论均成立. 抵御第 8 章和第 10 章中描述的攻击需要 "借助" 于密码设备. 换言之, 对诸如微控制器这样的密码设备进行安全保护相当困难, 本书的很多示例即使用了这种微控制器. 在安全敏感的应用中, 应当选用已经实现了某些硬件对策的密码设备.

硬件对策 通过硬件实现抵御能量分析攻击的方法要比软件实现丰富. 现在给出一些有关能够在体系结构级实现的硬件对策的结论. 掩码对策和隐藏对策均可在这一级上实现. 因此, 对算法实现进行掩码保护, 既可以通过随机化操作的方式实现, 也可以通过改变所执行操作 SNR 的方式实现. 尽管这类对策尚不完美, 但是, 硬件对策可以显著地提升密码设备的安全级别, 采用软件对策则无法达到这种安全级别.

在硬件实现中, 密码算法执行的随机化可以通过打乱操作顺序、随机插入伪操作以及改变时钟频率的方式来实现. 和软件对策中的情况相似, 仅当攻击者无法对齐能量迹时, 这些对策才起作用. 在硬件实现中, 如果能谨慎地确保各个时钟周期的能量消耗分布完全相同, 那么可以阻止攻击者对能量消耗信号进行对齐处理. 采用随机改变时钟信号频率的方案时, 芯片必须具有多个时钟域, 这一点至关重要. 如果只有一个时钟信号, 那么攻击者可以轻易地消除变频的效果, 这是因为可以很容易地从能量迹中检测出每一个时钟周期的起点.

以硬件方式保护密码设备的第二种方式是降低所执行操作的信噪比. 这一目标可以通过对能量消耗进行滤波, 或者通过增加噪声来实现. 滤波可以通过开关电容或主动滤波电路来实现. 噪声可以使用专用噪声引擎生成. 这种噪声引擎实质上由与转换网络相连的随机数发生器构成. 当采用这类对策时, 重要的是需要铭记信噪比不仅依赖于密码设备, 还依赖于攻击者所使用的测量电路. 因此, 从设计者的角度出发, 必须要考虑各种可能的用于攻击密码设备的测量配置. 精巧的测量配置有时可以绕开体系结构级硬件防御对策.

保护密码算法硬件实现的第三种方式是采用掩码方案. 在这种情况下, 设计者需要确保攻击者无法轻易实施二阶 DPA 攻击. 毛刺和耦合效应能够造成以非线性方式依赖于掩码和掩码型值的能量消耗. 这就使得甚至无需对能量迹进行预处理, 即可实施二阶 DPA 攻击. 设计者还需谨慎地确保攻击者无法检测到掩码所导致的能量消耗; 否则, 攻击者就能够以一种使得所用掩码有偏的方式来选取能量迹.

抗 DPA 的逻辑结构   抗 DPA 的逻辑结构是一类在元件级实现抗能量分析攻击的硬件对策. 在元件级实现抗 DPA 对策是一种很直观的方法, 其基本思想是构建能量消耗独立于所处理逻辑值的逻辑元件. 实现这一目标的方法有两种: 使得元件各个时钟周期的能量消耗相同或者随机. 第一种方法需要使得每一个时钟周期内, 每一个元件通过一个等阻值的通路对等值电容进行充电. 第二种方法则可以通过对电路中的所有信号进行掩码处理来实现.

各个时钟周期具有相同能量消耗的逻辑元件一般基于 DRP 逻辑结构实现. 当使用这种逻辑结构时, 最重要的是平衡 DRP 元件间互补导线的电容和电阻. 互补导线越平衡, 电路抗 DPA 攻击的能力越强. 然而, 构建足够平衡的线路实际上是一项极具挑战性的工作.

采用掩码方案时, 就不存在平衡问题. 然而, 如果实现不慎, 掩码型电路仍可能会受到二阶 DPA 攻击的威胁. 在设计这种电路的过程中, 必须要确保毛刺和对掩码以及掩码型值的并行处理均不会导致依赖于未经掩码保护的初始值的能量消耗. 特别地, 对于后者而言, 仍然有必要对如何有效地避免这一问题进行更深入的研究. 掩码型逻辑结构的另外一个问题是掩码网络的能量消耗. 必须要确保攻击者无法通过 SPA 攻击来获取掩码值.

抗 DPA 逻辑结构的一个优点是可以自动地应用于半定制化设计流程. 通常, 密码设备的实现即采用这种设计流程. 就电路规模和能量消耗而言, 高效的抗 DPA 逻辑结构的成本通常很昂贵. 然而, 如果实现得当, 它们确实能提供很好的防御能量分析攻击的保护能力. 因此, 通常需要在保护级别、电路规模以及能量消耗之间进行权衡.

11.2 一般性结论

实现密码设备时, 必须要考虑抵抗能量分析攻击的能力. 能量分析攻击是一种强有力的密码分析手段, 因此, 它们对密码设备的安全性构成了严重的威胁. 攻击非对称密码算法实现时, SPA 攻击的攻击能力异常强大. 然而, SPA 攻击同样也可以用于获取关于一般密码实现的有益信息. DPA 攻击能够应用于所有类型的密码算法实现. 由于其实施无需了解被攻击实现的任何细节知识, 故而 DPA 攻击已成为最流行的能量分析攻击. 就所需要的能量迹的数量而言, 模板攻击是最具威胁的能量分析攻击. 但是, 这种攻击需要对被攻击设备的统计特性进行刻画.

尽管已有许多防御对策, 但是, 抵御能量分析攻击却不是一件简单的事. 本书对隐藏对策和掩码对策进行了区分. 这两大类对策均可以在体系结构级 (软件实现或硬件实现) 和元件级实现. 一般而言, 与采用软件方式实现防御对策相比, 采用硬件方式实现防御对策可以显著提升密码设备抵抗能量分析攻击的能力. 然而, 尽管设备的抗攻击能力能够得到显著的提升, 但是, 目前尚无任何一种可以达到抗能量分析攻击完美安全性的实用方法.

每一种防御对策都有弱点. 例如, 很多对策都需要随机数. 显然, 如果攻击者能够控制产生有偏随机数, 那么这类对策就会失效. 因此, 无论是将随机数应用与掩码对策, 抑或隐藏对策, 便无足轻重了. 同样, 双栅预充电逻辑结构之类的对策也有弱点. 为了实现完美的安全性, 必须要对密码设备的所有元件和导线进行完美的平衡. 然而, 这实际上是不可能的.

在实践中, 需要在抗能量分析攻击能力和实现开销 (设计周期、吞吐量、能耗、规模等) 之间找到一种合理的折衷. 显然, 在防御对策方面投入越多, 所提供的抗攻击能力就越强. 然而, 将全部投入集中于一项单一的防御对策, 实际上并非最佳策略. 对防御对策的投入与它所提供的安全性并不呈线性关系. 因此, 最佳策略就是组合使用多种防御对策来抵御能量分析攻击. 与单纯实现一种单一的高成本防御对策相比, 实现多种低成本防御对策的某种组合通常会获得更好的保护效果.

组合实现多种防御对策的优势不仅在于成本相对低廉, 也在于能够提供更好的安全性. 这是因为如下事实: 并非所有的防御对策都可以提供同等级别的抗 SPA 攻击和抗 DPA 攻击的能力. 例如, 盲化方案常用于保护非对称密码算法实现免遭

DPA 攻击. 但是, 这类方案却未必能够防御 SPA 攻击. 与之相反, 有一些用于非对称密码算法实现的隐藏对策可以抵御 SPA 攻击, 但对 DPA 攻击却无能为力. 因此, 应该考虑同时使用这两种对策. 除了同时使用隐藏对策和掩码对策之外, 还建议限制密钥的使用期限. 这可以通过使用 1.4 节所概括的协议级对策来实现.

　　实现密码设备的一组防御对策时, 必须要考虑多种防御对策之间的交互作用, 这一点至关重要. 这种交互作用可以导致预期防御能力的降低. 同样重要的是, 需要知道, 攻击者只须获得一小部分密钥就足够了. 通常, 借助于其他密码分析方法, 攻击者就可以确定出剩余的密钥比特. 因此, 必须要为密钥的所有比特提供足够的保护.

　　总而言之, 获得抗能量分析攻击能力的最佳途径实际上是组合使用多种防御对策. 这意味着不应该将用户用于保护设备抵抗能量分析攻击的所有预算全部投入到单一的防御对策上, 而是应该同时采用软件方式和硬件方式来实现不同类型的防御对策. 此外, 应该对密码设备所使用密钥的使用期限进行限制.

参 考 文 献

[AARR03]   Dakshi Agrawal, Bruce Archambeault, Josyula R.Rao, and Pankaj Rohatgi. The EM Side-channel(s). In Burton S.Kaliski Jr., Çetin Kaya Koç, and Christof Paar, editors, *Cryptographic Hardware and Embedded Systems–CHES 2002, 4th International Workshop. Redwood Shores, CA, USA, August 13-15, 2002, Revised Papers*, volume 2523 of *Lecture Notes in Computer Science*, pages 29-45. Springer, 2003.

[ABCS06]   Ross J. Anderson, Mike Bond, Jolyon Clulow, and Sergei P. Skorobogatov. Cryptographic Processors—A Survey. *Proceedings of the IEEE*, 94(2): 357-369, February 2006. ISSN 0018-9219.

[ABDM00]   Mehdi-Laurent Akkar, Régis Bevan, Paul Dischamp, and Didier Moyart. Power Analysis, What Is Now Possible...In Tatsuaki Okamoto, editor, *Advances in Cryptology-ASIACRYPT 2000, 6th International Conference on the Theory and Application of Cryptology and Information Security, Kyoto, Japan, December 3-7, 2000, Proceedings*, volume 1976 of *Lecture Notes in Computer Science*, pages 489-502. Springer, 2000.

[ABG04]   Mehdi-Laurent Akkar, Régis Bevan, and Louis Goubin. Two Power Analysis Attacks against One-Mask Methods. In Bimal K. Roy and Willi Meier, editors, *Fast Software Encryption, 11th International Workshop, FSE 2004, Delhi, India, February 5-7, 2004, Revised Papers*, volume 3017 of *Lecture Notes in Computer Science*, pages 332-347. Springer, 2004.

[AE01]   Mohamed W.Allam and Mohamed I. Elmasry. Dynamic Current Mode Logic (DyCML): A New Low-Power High-Performance Logic Style. *IEEE Journal of Solid-State Circuits*, 36(3): 550-558, March 2001. ISSN 0018-9200.

[AG01]   Mehdi-Laurent Akkar, and Christophe Giraud. An Implementation of DES and AES, Secure against Some Attacks. In Çetin Kaya Koç, David Naccache, and Christof Paar, editors, *Cryptographic Hardware and Embedded Systems– CHES 2001, Third International Workshop, Paris, France, May 14-16, 2001, Proceedings*, volume 2162 of *Lecture Notes in Computer Science*, pages 309-318. Springer, 2001.

[AG03]   Mehdi-Laurent Akkar and Louis Goubin. A Generic Protection against High-Order Differential Power Analysis. In Thomas Johansson, editor, *Fast Software Encryption, 10th International Workshop, FSE 2003, Lundi, Sweden,*

February 24-26, 2003, Revised Papers, volume 2887 of Lecture Notes in Computer Science, pages 192-205. Springer, 2003.

[AMM+05] Manfred Aigner, Stefan Mangard, Renato Menicocci, Mauro Olivieri, Giuseppe Scotti, and Alessandro Tritiletti. A Novel CMOS Logic Style with Data Independent Power Consumption. In International Symposium on Circuits and Systems(ISCAS 2005), Kobe, Japan, May 23-26, 2005, Proceedings, volume 2, pages 1066-1069. IEEE, 2005.

[And01] Ross J.Anderson. Security Engineering: A Guide to Building Dependable Distributed Systems. Wiley, 2001. ISBN 0-471-38922-6.

[ARR03] Dakshi Agrawal, Josyula R.Rao, and Pankaj Rohatgi. Multi-channel Attacks. In Colin D. Walter, Çetin Kaya Koç, and Christof Paar, editors, Cryptographic Hardware and Embedded Systems–CHES 2003, 5th International Workshop, Cologne, Germany, September 8-10, 2003, Proceedings, volume 2779 of Lecture Notes in Computer Science, pages 2-16. Springer, 2003.

[ARRS05] Dakshi Agrawal, Josyula R.Rao, Pankaj Rohatgi and Kai Schramm. Templates as Master Keys. In Josyula R.Rao and Berk Sunar, editors, Cryptographic Hardware and Embedded Systems–CHES 2005, 7th International Workshop, Edinburgh, UK, August 29-September 1, 2005, Proceedings, volume 3659 of Lecture Notes in Computer Science, pages 15-29. Springer, 2005.

[AT03] Toru Akishita and Tsuyoshi Takagi. Zero-Value Point Attacks on Elliptic Curve Cryptosystem. In Colin Boyd and Wenbo Mao, editors, Information Security, 6th International Conference, ISC 2003, Bristol, UK, October 1-3, 2003, Proceedings, volume 2581 of Lecture Notes in Computer Science, pages 218-233. Springer, 2003.

[AT06] Toru Akishita and Tsuyoshi Takagi. Power Analysis to ECC Using Differential Power Between Multiplication and Squaring. In Josep Domingo Ferrer, Joachim Posegga, and Daniel Schreckling, editors, Smart Card Research and Advanced Applications, 7th IFIP WG8.8/11.2 International Conference, CARDIS 2006, Tarragona, Spain, April 19-21, 2006, Proceedings, volume 3928 of Lecture Notes in Computer Science, pages 151-164. Springer, April 2006.

[BCO04] Eric Brier, Christophe Clavier, and Francis Olivier. Correlation Power Analysis with a Leakage Model. In Marc Joye and Jean-Jacques Quisquater, editors, Cryptographic Hardware and Embedded Systems–CHES 2004, 6th International Workshop, Cambridge, MA, USA, August 11-13, 2004, Proceedings, volume 3156 of Lecture Notes in Computer Science, pages 16-29. Springer, 2004.

[BECN+04] Hagai Bar-El, Hamid Choukri, David Naccache, Michael Tunstall, and Claire Whelan. The Sorcerer's Apprentice Guide to Fault Attacks. Cryptology ePrint

Archive(http: //eprint.iacr.org/), Report 2004/100, 2004.

[BGK05]   Johannes Blömer, Jorge Guajardo, and Volker Krummel.   Provably Secure
          Masking of AES. In Helena Handschuh and M.Anwar Hasan, editors, *Selected
          Areas in Cryptography, 11th International Workshop, SAC 2004, Waterloo,
          Canada, August 9-10 , 2004, Revised Selected Papers*, volume 3357 of *Lecture
          Notes in Computer Science*, pages 69-83. Springer, 2005.

[BGL+06] Marco Bucci, Luca Giancane, Raimondo Luzzi, Giuseppe Scotti, and Alessan-
          dro Trifiletti. Enhancing Power Analysis Attacks Against Cryptographic De-
          vices. In *International Symposium on Circuits and Systems(ISCAS 2006),
          Island of Kos, Greece, May 21-24, 2006, Proceedings*, pages 2905-2908. IEEE,
          May 2006.

[BGLT04] Marco Bucci, Michele Guglielmo, Raimondo Luzzi and Alessandro Trifiletti. A
          Power Consumption Randomization Countermeasure for DPA-Resistant Cryp-
          tographic Processors. In Enrico Macii, Odysseas G. Koufopavlou, and Vassilis
          Paliouras, editors, *14th International Workshop on Integrated Circuit and Sys-
          tem Design, Power and Timing Modeling, Optimization and Simulation, PAT-
          MOS 2004, Santorini, Greece, September 15-17, 2004, Proceedings*, volume
          3254 of *Lecture Notes in Computer Science*, pages 484-490. Springer, 2004.

[BGLT06] Marco Bucci, Luca Giancane, Raimondo Luzzi, and Alessandro Trifiletti. Three-
          Phase Dual-Rail Pre-Charge Logic. In *Cryptographic Hardware and Embedded
          Systems–CHES 2006, 8th International Workshop, Yokohama, Japan, October
          10-13, 2006, Proceedings*, Lecture Notes in Computer Science. Springer, 2006.

[BGM+03] Luca Benini, Angelo Galati, Alberto Macii, Enrico Macii, and Massimo Pon-
          cino. Energy-Efficient Data Scrambling on Memory-Processor Interfaces. In
          Ingrid Verbauwhede and Hyung Roh, editors, *International Symposium on
          Low Power Electronics and Design, 2003, Seoul, Korea, August 25-27, 2003,
          Proceedings*, pages 26-29. ACM Press, 2003.

[BILT04] Jean-Claude Bajard, Laurent Imbert, Pierre-Yvan Liardet and Yannick Teglia.
          Leak Resistant Arithmetic. In Marc Joye and Jean-Jacques Quisquater, edi-
          tors, *Cryptographic Hardware and Embedded Systems–CHES 2004, 6th Inter-
          national Workshop, Cambridge, MA, USA, August 11-13, 2004, Proceedings*,
          volume 3156 of *Lecture Notes in Computer Science*, pages 62-75. Springer,
          2004.

[BJ02]   Eric Brier and Marc Joye.   Weierstra β Elliptic Curves and Side-Channel
          Attacks. In David Naccache and Pascal Paillier, editors, *Public Key Cryp-
          tography, 5th International Workshop on Practice and Theory in Public Key
          Cryptosystems, PKC 2002, Paris, France, February 12-14, 2002, Proceedings*,
          volume 2274 of *Lecture Notes in Computer Science*, pages 335-345. Springer,

2002.

[BK03] Régis Bevan and Erik Knudsen. Ways to Enhance Differential Power Analysis. In Pil Joong Lee and Chae Hoon Lim, editors, *Information Security and Cryptology-ICISC 2002, 5th International Conference Seoul, Korea, November 28-29, 2002, Revised Papers*, volume 2587 of *Lecture Notes in Computer Science*, pages 327-342. Springer, 2003.

[BMM⁺03a] Luca Benini, Alberto Macii, Enrico Macii, Elvira Omerbegovic, Massimo Poncino, and Fabrizio Pro. A Novel Architecture for Power Maskable Arithmetic Units. In *13th ACM Great Lakes Symposium on VLSI 2004, Washington, DC, USA, April 28-29, 2003, Proceedings*, pages 136-140. ACM Press, 2003.

[BMM⁺03b] Luca Benini, Alberto Macii, Enrico Macii, Elvira Omerbegovic, Fabrizio Pro, and Massimo Poncino. Energy-Aware Design Techniques for Differential Power Analysis Protection. In *40th Design Automation Conference, DAC 2003, Anaheim, CA, USA, June 2-6, 2003, Proceedings.*ACM Press, 2003.

[BS99] Eli Biham and Adi Shamir. Power Analysis of the Key Scheduling of the AES Candidates. In *Second Advanced Encryption Standard(AES) Candidate Conference*, Rome, Italy, 1999.

[BSYK03] Alex Bystrov, Danil Sokolov, Alex Yakovlev, and Albert Koelmans. Balancing Power Signature in Secure Systmes. In *14th UK Asynchronous Forum, Newcastle, June 2003*, 2003. Available online at http: //www.staff.ncl.ac.uk/i.g. clark/async/ukasgncforum14/forum14-papers/forum14-bystrov.pdf.

[BZB⁺05] Guido Bertoni, Vittorio Zaccaria, Luca Breveglieri, Matteo Monchiero, and Gianluca Palermo. AES Power Attack Based on Induced Cache Miss and Countermeasure. In *International Symposium on Information Technology: Coding and Computing(ITCC 2005), 4-6 April 2005, Las Vegas, Nevada, USA. Proceedings*, volume 1, pages 586-591. IEEE Computer Society, April 2005.

[Cad] Cadence Design Systems. The Cadence Design System Website. http: //www. cadence.com/.

[CCD00] Christophe Clavier, Jean-Sébastien Coron and Nora Dabbous. Differential Power Analysis in the Presence of Hardware Countermeasures. In Çetin Kaya Koç and Christof Paar, editors, *Cryptographic Hardware and Embedded Systems–CHES 2000, Second International Workshop, Worcester, MA, USA, August 17-18, 2000, Proceedings*, volume 1965 of *Lecture Notes in Computer Science*, pages 252-263. Springer, 2000.

[CCD04] Vincent Carlier, Herve Chabanne and Emmanuelle Dottax. A solution to protect AES against side channel attacks. Technical Report 0406 SEC 003, SAGEM SA, May 2004.

[CG00] Jean-Sébastien Coron and Louis Goubin. On Boolean and Arithmetic Masking against Differential Power Analysis. In Çetin Kaya Koç and Christof Paar, editors, *Cryptographic Hardware and Embedded Systems–CHES 2000, Second International Workshop, Worcester, MA, USA, August 17-18, 2000, Proceedings*, volume 1965 of *Lecture Notes in Computer Science*, pages 231-237. Springer, 2000.

[Cha06]　Chair for Communication Security, Ruhr-Universitat Bochum. Side Channel Cryptanalysis Lounge. http://www.crypto.ruhr-uni-bochum.de/en_sclounge. html, 2006.

[CJRR99a]　Suresh Chari, Charanjit S.Jutla, Josyula R.Rao, and Pankaj Rohatgi. A Cautionry Note Regarding Evaluation of AES Candidates on Smart-Cards. In *Second Advanced Encryption Standard(AES) Candidate Conference*, Rome, Italy, 1999.

[CJRR99b]　Suresh Chari, Charanjit S.Jutla, Josyula R.Rao, and Pankaj Rohatgi. Towards Sound Approaches to Counteract Power-Analysis Attacks. In Michael J.Wiener, editor, Advances in *Cryptology-CRYPTO'99, 19th Annual International Cryptology Conference, Santa Barbara, California, USA, August 15-19, 1999, Proceedings*, volume 1666 of *Lecture Notes in Computer Science*, pages 398-412. Springer, 1999.

[CKN01]　Jean-Sébastien Coron, Paul C.Kocher, and David Naccache. Statistics and Secret Leakage. In Yair Frankel, editor, *Financial Cryptography, 4th International Conference, FC 2000 Anguilla, British West Indies, February 20-24, 2000, Proceedings*, volume 1962 of *Lecture Notes in Computer Science*, pages 152-173. Springer, 2001.

[CMCJ04]　Benoît Chevallier-Mames, Mathieu Ciet, and Marc Joye. Low-Cost Solutions for Preventing Simple Side-Channel Analysis: Side-Channel Atomicity. *IEEE Transactions on Computers*, 53(6): 760-768, June 2004. ISSN 0018-9340.

[CNPQ03]　Mathieu Ciet, Michael Neve, Eric Peeters, and Jean-Jacques Quisquater. Parallel FPGA Implementation of RSA with Residue Number Systems. In *Proceedings of the 46th IEEE International Midwest Symposium on Circuits and Systems(MWSCAS '03)*, volume 2, pages 806-810. IEEE, 2003.

[Cor99]　Jean-Sébastien Coron. Resistance against Differential Power Analysis for Elliptic Curve Cryptosystems. In Çetin Kaya Koç and Christof Paar, editors, *Cryptographic Hardware and Embedded Systems–CHES'99, First International Workshop, Worcester, MA, USA, August 12-13, 1999, Proceedings*, volume 1717 of *Lecture Notes in Computer Science*, pages 292-302. Springer 1999.

[CPM05]　Pasquale Corsonello, Stefania Perri, and Martin Margala. A New Charge-Pump Based Countermeasure Against Differential Power Analysis. In *Proceedings of the 6th International Conference on ASIC(ASICON 2005)*, volume1, pages 66-69. IEEE, 2005.

[CRR03]　Suresh Chari, Josyula R.Rao, and Pankaj Rohatgi. Template Attacks. In Burton S.Kaliski Jr., Çetin Kaya Koç, and Christof Paar, editors, *Cryptographic Hardware and Embedded Systems-CHES 2002, 4th International Workshop, Redwood Shores, CA, USA, August 13-15, 2002, Revised Papers*, volume 2523 of *Lecture Notes in Computer Science*, pages 13-28. Springer, 2003.

[CT03]　Jean-Sébastien Coron and Alexei Tchulkine. A New Algorithm for Switching from Arithmetic to Boolean Masking. In Colin D. Walter, Çetin Kaya Koç, and Christof Paar, editors, *Cryptographic Hardware and Embedded Systems-CHES 2003, 5th International Workshop, Cologne, Germany, September 8-10, 2003, Proceedings*, volume 2779 of *Lecture Notes in Computer Science*, pages 89-97.Springer, 2003.

[CZ06]　Zhimin Chen and Yujie Zhou. Dual-Rail Random Switching Logic: A Countermeasure to Reduce Side Channel Leakage. In *Cryptographic Hardware and Embedded Systems-CHES 2006, 8th International Workshop, Yokohama, Japan, October 10-13, 2006, Proceedings*, Lecture Notes in Computer Science.Springer, 2006.

[EMV04]　EMVCo. EMV Integrated Circuit Card Specifications for Payment Systems-Book 2: Security and Key Management, June 2004. Available online at http://www.emvco.com/.

[ETS⁺05]　Reouven Elbaz, Lionel Torres, Gilles Sassatelli, Pierre Guillemin, C.Auguille, M.Bardouillet, Christian Buatois, and Jean-Baptiste Rigaud. Hardware Engines for Bus Encryption: A Survey of Existing Techniques. In 2005 *Design, Automation and Test in Europe Conference and Exposition(DATE 2005), 7-11 March 2005, Munich, Germany*, pages 40-45. IEEE Computer Society, 2005.

[FG05]　Wieland Fischer and Berndt M.Gammel. Masking at Gate Level in the Presence of Glitches. In Josyula R.Rao and Berk Sunar, editors, *Cryptographic Hardware and Embedded Systems-CHES 2005, 7th International Workshop, Edinburgh, UK, August 29-September 1, 2005, Proceedings*, volume 3659 of *Lecture Notes in Computer Science*, pages 187-200. Springer, 2005.

[FML⁺03]　Jacques J.A. Fournier, Simon Moore, Huiyun Li, Robert D.Mullins and George S. Taylor. Security Evaluation of Asynchronous Circuits. In Colin D. Walter, Çetin Kaya Koç and Christof Paar, editors, *Cryptographic Hardware and Embedded Systems-CHES 2003, 5th International Workshop, Cologne, Germany, September 8-10, 2003, Proceedings*, volume 2779 of *Lecture Notes in Computer Science*, pages 137-151. Springer, 2003.

[FMP03]　Pierre-Alain Fouque, Gwenaëlle Martinet, and Guillaume Poupard. Attacking Unbalanced RSA-CRT Using SPA. In Colin D. Walter, Çetin Kaya Koç, and

Christof Paar, editors, *Cryptographic Hardware and Embedded Systems–CHES 2003, 5th International Workshop, Cologne, Germany, September 8-10, 2003, Proceedings*, volume 2779 of *Lecture Notes in Computer Science*, pages 254-268. Springer, 2003.

[FMPV04] Pierre-Alain Fouque, Frédéric Muller, Guillaume Poupard, and Frédéric Valette. Defeating Countermeasures Based on Randomized BSD Representations. In Marc Joye and Jean-Jacques Quisquater, editors, *Cryptographic Hardware and Embedded Systems–CHES 2004, 6th International Workshop, Cambridge, MA, USA, August 11-13, 2004, Proceedings*, volume 3156 of *Lecture Notes in Computer Science*, pages 312-327. Springer, 2004.

[FP99] Paul N.Fahn and Peter K. Pearson. IPA: A New Class of Power Attacks. In Cetin Kaya Koç and Christof Paar, editors, *Cryptographic Hardware and Embedded Systems–CHES'99, First International Workshop, Worcester, MA, USA, August 12-13, 1999, Proceedings*, volume 1717 of *Lecture Notes in Computer Science*, pages 173-186. Springer, 1999.

[FPP97] David Freedman, Robert Pisani, and Roger Purves. Statistics. W.W.Norton & Company, 3rd edition, 1997. ISBN 0-393-97083-3.

[FS03] Wieland Fischer and Jean-Pierre Seifert. Unfolded Modular Multiplication. In Toshihide Ibaraki, Naoki Katoh, and Hirotaka Ono, editors, *Algorithms and Computation, 14th International Symposium, ISAAC2003, Kyoto, Japan, December 15-17, 2003, Proceedings*, volume 2906 of *Lecture Notes in Computer Science*, pages 726-735. Springer, 2003.

[FV03] Pierre-Alain Fouque and Frédéric Valette. The Doubling Attack - *Why Upwards Is Better than Downwards*. In Colin D. Walter, Çetin Kaya Koç, and Christof Paar, editors, *Cryptographic Hardware and Embedded Systems–CHES 2003, 5th International Workshop, Cologne, Germany, September 8-10, 2003, Proceedings*, volume 2779 of *Lecture Notes in computer Science*, pages 269-280. Springer, 2003.

[GHM⁺04] Sylvain Guilley, Philippe Hoogvorst, Yves Mathieu, Renaud Pacalet, and Jean Provost. CMOS Structures Suitable for Secured Hardware. In *2004 Design, Automation and Test in Europe Conference and Exposition (DATE 2004), 16-20 February 2004, Paris, France*, volume 2, pages 1414-1415. IEEE Computer Society, 2004.

[GHMP05] Sylvain Guilley, Philippe Hoogvorst, Yves Mathieu, and Renaud Pacalet. The "Backend Duplication" Method. In Josyula R. Rao and Berk Sunar, editors, *Cryptographic Hardware and Embedded Systems–CHES 2005, 7th International Workshop, Edinburgh, UK, August 29 – September 1, 2005, Proceedings*, volume 3659 of *Lecture Notes in Computer Science*, pages 383-397.

Springer, 2005.

[GM04]   Jovan D. Golić and Renato Menicocci. Universal Masking on Logic Gate Level. *IEE Electronic Letters*, 40(9): 526-527, April 2004. ISSN 0013-5194.

[GMO01]   Karine Gandolfi, Christophe Mourtel, and Francis Olivier. Electro-magnetic Analysis: Concrete Results. In Certin Kaya Koc, David Naccache, and Christof Paar, editors, *Cryptographic Hardware and Embedded Systems–CHES 2001, Third International Workshop, Paris, France, May 14-16, 2001, Proceedings*, volume 2162 of *Lecture Notes in Computer Science*, pages 251-261. Springer, 2001.

[GNS05]   Peter J. Green, Richard Noad, and Nigel P. Smart. Further Hidden Markov Model Cryptanalysis. In Josyula R. Rao and Berk Sunar, editors, *Cryptographic Hardware and Embedded Systems–CHES 2005, 7th International Workshop, Edinburgh, UK, August 29 – September 1, 2005, Proceedings*, volume 3659 of *Lecture Notes in Computer Science*, pages 61-74. Springer, 2005.

[GOK+05]   Frank K. Gürkaynak, Stephan Oetiker, Hubert Kaeslin, Norbert Felber , and Wolfgang Fichtner. Improving DPA Security by Using Globally -Asynchronous Locally-Synchronous Systems. In *31th European Solid-State Circuits Conference - ESSCIRC 2005. Grenoble, France, September 12-16, 2005, Proceedings*, Pages 407-410. IEEE, September 2005.

[Gol03]   Jovan D. Golić DeKaRT: A New Paradigm for Key-Dependent Reversible Circuits. In Colin D. Walter, Çetin Kaya Koç, and Christof Paar, editors, *Cryptographic Hardware and Embedded Systems–CHES 2003, 5th International Workshop, Cologne, Germany, September 8-10, 2003, Proceedings*, volume 2779 of *Lecture Notes in Computer Science*, pages 98-112. Springer, 2003.

[Gou01]   Louis Goubin. A Sound Method for Switching between Boolean and Arithmetic Masking. In Çetin Kaya Koç, David Naccache, and Christof Paar, editors, *Cryptographic Hardware and Embedded Systems–CHES 2001, Third International Workshop, Paris, France, May 14-16, 2001, Proceedings*, volume 2162 of *Lecture Notes in Computer Science*, pages 3-15. Springer, 2001.

[Gou03]   Louis Goubin. A Refined Power-Analysis Attack on Elliptic Curve Cryptosystems. In Yvo Desmedt, editor, *Public Key Cryptography – PKC 2003, 6th International Workshop on Theory and Practice in Public Key Cryptography, Miami, FL, USA, January 6-8, 2003, Proceedings*, volume 2567 of *Lecture Notes in Computer Science*, pages 199-210. Springer, 2003.

[GP99]   Louis Goubin and Jacques Patarin. DES and Differential Power Aanlysis – The Duplication Method. In Cetin Kaya Koc and Christof Paar, editors, *Cryptographic Hardware and Embedded Systems–CHES'99, First International Workshop, Worcester, MA, USA, August 12-13, 1999, Proceedings*, volume

1717 of *Lecture Notes in Computer Science*, pages 158-172. Springer, 1999.

[GT03] Jovan D. Golić and Christophe Tymen. Multiplicative Masking and Power Analysis of AES. In Burton S. Kaliski Jr., Çetin Kaya Koç, and Christof Paar, editors, *Cryptographic Hardware and Embedded Systems–CHES 2002, 4th International Workshop, Redwood Shores, CA, USA, August 13-15, 2002, Revised Papers*, volume 2523 of *Lecture Notes in Computer Science*, pages 198-212. Springer, 2003.

[Has00] M. Anwar Hasan. Power Analysis Attacks and Algorithmic Approaches to their Countermeasures for Koblitz Curve Cryptosystems. In Çetin Kaya Koç and Christof Paar, editors, *Cryptographic Hardware and Embedded Systems– CHES 2000, Second International Workshop, Worcester, MA, USA, August 17-18, 2000, Proceedings*, volume 1965 of *Lecture Notes in Computer Science*, pages 93-108. Springer, 2000.

[HGS01] Nick Howgrave-Graham and Nigel P. Smart. Lattice Attacks on Digital Signature Schemes. *Designs, Codes and Cryptography*, 23(3): 283-290, August 2001. ISSN 0925-1022.

[HKM⁺05] JaeCheol Ha, ChangKyun Kim, SangJae Moon, IlHwan Park, and Hyung-SoYoo. Differential Power Analysis on Block Cipher ARIA. In Laurence T. Yang, Omer F. Rana, Beniamino Di Martino, and Jack Dongarra, editors, *High Performance Computing and Communications, First International Conference, HPCC 2005, Sorrento, Italy, September 21-23, 2005, Proceedings*, volume 3726 of *Lecture Notes in Computer Science*, pages 541-548. Springer, 2005.

[HM02] JaeCheol Ha and SangJae Moon. Randomized Singed-Scalar Multiplication of ECC to Resist Power Attacks. In Burton S. Kaliski Jr., Çetin Kaya Koç, and Christof Paar, editors, *Cryptographic Hardware and Embedded Systems–CHES 2002, 4th International Workshop, Redwood Shores, CA, USA, August 13-15, 2002, Revised Papers*, volume 2523 of *Lecture Notes in Computer Science*, pages 551-563. Springer, 2002.

[HOM06] Christoph Herbst, Elisabeth Oswald, and Stefan Mangard. An AES Smart Card Implementation Resistant to Power Analysis Attacks. In Jianying Zhou, Moti Yung, and Feng Bao, editors, *Applied Cryptography and Network Security, Second International Conference, ACNS 2006*, volume 3989 of *Lecture Notes in Computer Science*, pages 239-252. Springer, 2006.

[HP06] Helena Handschuh and Bart Preneel. Blind Differential Cryptanalysis for Enhanced Power Attacks. In *Selected Areas in Cryptography, 13th International Workshop, SAC 2006, Montreal, Quebec, Canada, August 17-18, 2006*, Lecture Notes in Computer Science. Springer, 2006.

[IKV01] Mary J. Irwin, Mahmut T. Kandemir, and Narayanan Vijaykrishnan. Sim-
         plePower: A Cycle-Accurate Energy Simulator. IEEE TCCA News- letter,
         January 2001.

 [Int03] International Electrotechnical Commission(IEC). IEC 61967: Integrated Cir-
         cuits – Measurement of Electromagnetic Emissions, 150 kHz to 1 GHz, 2003.
         Available online at http: //www.iec.ch.

[IPS02] James Irwin, Daniel Page, and Nigel P. Smart. Instruction Stream Muta-
         tion for Non-Deterministic Processors. In *IEEE International Conference on
         Application-Specific Systems, Architectures and Processors, 2002, July 17-19,
         Proceedings*, pages 286-295. IEEE Computer Society, 2002.

[ISW03] Yuval Ishai, Amit Sahai, and David Wagner. Private Circuits: Securing Hard-
         ware against Probing Attacks. In Dan Boneh, editor, *Advances in Cryptology
         – CRYPTO 2003, 23rd Annual International Cryptology Conference, Santa
         Barbara, California, USA, August 17-21, 2003, Proceedings*, volume 2729 of
         Lecture Notes in Computer Science, pages 463-481. Springer, 2003.

[ITT02] Kouichi Itoh, Masahiko Takenaka, and Naoya Torii. DPA Countermeasure
         Based on the Masking Method. In Kwangjo Kim, editor, *Information Secu-
         rity and Cryptology – ICISC 2001, 4th International Conference Seoul, Korea,
         December 6-7, 2001, Proceedings*, volume 2288 of *Lecture Notes in Computer
         Science*, pages 440-456. Springer, 2002.

[Jaf06a] Joshua Jaffe. Introduction to Differential Power Analysis, June 2006. Pre-
         sented at ECRYPT Summerschool on Cryptographic Hardware, Side Channel
         and Fault Analysis.

[Jaf06b] Joshua Jaffe. More Differential Power Analysis: Selected DPA Attacks, June
         2006. Presented at ECRYPT Summerschool on Cryptographic Hardware, Side
         Channel and Fault Analysis.

[JPS05] Marc Joye, Pascal Paillier, and Berry Schoenmarks. On Second-Order Diffenfe-
         tial Power Analysis. In Josyula R. Rao and Berk Sunar, editors, *Cryptographic
         Hardware and Embedded Systems–CHES 2005, 7th International Workshop,
         Edinburgh, UK, August 29 – September 1, 2005, Proceedings*, volume 3659 of
         Lecture Notes in Computer Science, pages 293-308. Springer, 2005.

 [JQ01] Marc Joye and Jean-Jacques Quisquater. Hessian Elliptic Curves and Side-
         Channel Attacks. In Certin Kaya Koc, David Naccache, and Christof Paar,
         editors, *Cryptographic Hardware and Embedded Systems–CHES 2001, Third
         International Workshop, Paris, France, May 14-16, 2001, Proceedings*, volume
         2612 of *Lecture Notes in Computer Science*, pages 402 – 410, Springer, 2001.

 [JT01] Marc Joye and Christophe Tymen. Protections against Differential Analysis
         for Elliptic Curve Cryptography. In Çetin Kaya Koç, David Naccache, and

Christof Paar, editors, *Cryptographic Hardware and Embedded Systems–CHES 2001, Third International Workshop, Paris, France, May 14-16, 2001, Proceedings*, volume 2162 of *Lecture Notes in Computer Science*, pages 377–390. Springer, 2001.

[Kay98]   Steven M. Kay. *Fundamentals of Statistical Signal Processing-Detection Theory*. Signal Processing Series. Prentice Hall, 1st edition, 1998. ISBN 0-13-504135-X.

[KJJ99]   Paul C. Kocher, Joshua Jaffe, and Benjamin Jun. Differential Power Analysis. In Michael Wiener, editor, *Advances in Cryptology – CRYPTO'99, 19th Annual International Cryptology Conference, Santa Barbara, California, USA, August 15-19, 1999, Proceedings*, volume 1666 of *Lecture Notes in Computer Science*, pages 388-397. Springer, 1999. This paper is included in Appendix A of this book.

[KJMV04]   Sébastien Kunz-Jacques, Frédéric Muller, and Frédéric Valette. The Davies-Murphy Power Attack. In Pil Joong Lee, editor, *Advances in Cryptology – ASIACRYPT 2004, 10th International Conference on the Theory and Application of Cryptology and Information Security, Jeju Island, Korea, December 5-9, 2004, Proceedings*, pages 451-467. Springer, 2004.

[KK99]   Oliver Kömmerling and Markus G. Kuhn. Design Principles for Tamper- Resistant Smartcard Processors. In *USENIX Workshop on Smartcard Technology (Smartcard'99)*, pages 9-20, May, 1999.

[KKT06]   Konrad J. Kulikowski, Mark G. Karpovsky, and Alexander Taubin. Power Attacks on Secure Hardware Based on Early Propagation of Data. In *12th IEEE International On-Line Testing Symposium (IOLTS 2006), July 10-12, 2006*, pages 131-138. IEEE Computer Society, July 2006.

[Koc96]   Paul C. Kocher. Timing Attacks on Implementations of Diffie-Hellman, RSA, DSS, and Other Systems. In Neal Koblitz, editor, *Advances in Cryptology – CRYPTO'96, 16th Annual International Cryptology Conference, Santa Baebara, California, USA, August 18-22, 1996, Proceedings*, number 1109 in Lecture Notes in Computer Science, pages 104-113. Springer, 1996.

[Koc05]   Paul C. Kocher. Design and Validation Strategies for Obtaining Assurance in Countermeasures to Power Analysis and Related Attacks. In *NIST Phyiscal Security Workshop, September 26-29, 2005*.

[KSS+05]   Konrad J. Kulikowski, Ming Su, Alexander B. Smirnov, Alexander Taubin, Mark G. Karpovsky, and Daniel MacDonald. Delay Insensitive Encoding and Power Analysis: A Balancing Act. In *11th International Symposium on Advanced Research in Asynchronous Circuits and Systems (ASYNC 2005), 14-16 March 2005, New York, NY, USA*, pages 116-125. IEEE Computer Society,

March 2005.

[KST06]   Konrad J.Kulikowski, Alexander B.Smirnov, and Alexander Taubin. Auto-mated Design of Cryptographic Devices Resistant to Multiple Side-Channel Attacks. In *Cryptographic Hardware and Embedded System-CHES 2006, 8th International Workshop, Yokohama, Japan, October 10-13, 2006, Proceedings*, Lecture Notes in Computer Science, Springer, 2006.

[KW03]   Chris Karlof and David Wagner. Hidden Markov Model Cryptoanalysis. In Colin D. Walter, Çetin Kaya Koç, and Christof Paar, editors, *Cryptographic Hardware and Embedded Systems-CHES 2003, 5th International Workshop, Cologne, Germany, September 8-10, 2003, Proceedings*, volume 2779 of *Lecture Notes in Computer Science*, pages 17-34, Springer, 2003.

[LD99]   Julio López and Ricardo Dahab. Fast Multiplication on Elliptical Curves over GF (2^m) without Precomputation. In Çetin Kaya Koç and christof paar, ed-itors, *Cryptographic Hardware and Embedded Systems-CHES'99, First Inter-national Workshop, Worcester, MA, USA, August 12-13, 1999, Proceedings*, volume 1717 of *Lecture Notes in Computer Science*, page 316-327. Springer, 1999.

[LMPV04] Joseph Lano, Nele Mentens, Bart Preneel, and Ingrid Verbauwhede. Power Analysis of Synchronous Stream Ciphers with Resynchronization Mechanisms. In *ECRYPT Workshop, SASC- The State of the Art of Stream Ciphers, 2004, October 14-15, Brugge, Belgium*, pages 327-333, October 2004.

[LMV04]   Hervé Ledig, Frédéric Muller, and Frédéric Valette. Enhancing Collision At-tacks. In Marc Joye and Jean-Jacques Quisquater, editors, *Cryptographic Hardware and Embedded Systems-CHEA 2004, 6th International Workshop, Cambridge, MA, USA, August 11-13, 2004, Proceedings*, volume 3156 of *Lec-ture Notes in Computer Science*, pages 176-190. Springer, 2004.

[LS01]   Pierre-Yvan Liardet and Nigel P. Smart. Preventing SPA/DPA in ECC Sys-tems Using the Jacobi Form. In Çertin Kaya Koç, David Naccache, and Christof Paar, editors, *Cryptographic Hardware and Embedded Systems-CHES 2001, Third International Workshop, Paris, France, May 14-16, 2001, Pro-ceedings, volume 2162 of Lecture Notes in Computer Science*, pages 391-401. Springer, 2001.

[LSP04]   Kerstin Lemke, Kai Schramm, and Christof Paar. DPA on n-Bit Sized Boolean and Arithmetic Operations and Its Application to IDEA, RC6, and the HMAC-Construction. In Marc Joye and Jean-Jacques Quisquater, editors, *Cryp-tographic Hardware and Embedded Systems- CHES 2004, 6th International Workshop, Cambridge, MA, USA, August 11-13, 2004, Proceedings, volume 3156 of Lecture Notes in Computer Science*, pages 205-219. Springer, 2004.

[MA04]   Sumio Morioka and Toru Akishita. A DPA-resistant Compact AES S-Box Cir-
            cuit using Additive Mask. In *Computer Security Composium(CSS), October
            16, 2004, Proceedings*, pages 679-684, September 2004. (In Japanese only).

[MAC⁺02]   Simon Moore, Ross J. Anderson, Paul Cunningham, Robert D. Mullins, and
            George S. Taylor. Improving Smart Card Security using Self-timed Circuits.
            In *Eighth International Symposium on Asynchronous Circuits and Systems
            (ASYNC 2002), Proceedings*, pages 211-218. IEEE Computer Society, 2002.

[Man03a]   Stefan Mangard. A Simple Power-Analysis (SPA) Attack on Implementations
            of the AES Key Expansion. In Pil Joong Lee and Chae Hoon Lim, editors, *In-
            formation Security and Cryptology-ICISC 2002, 5th International Conference
            Seoul, Korea, November 28-29, 2002, Revised Papers, volume 2587 of Lecture
            Notes in Computer Science*, pages 343-358. Springer, 2003.

[Man03b]   Stefan Mangard. Exploiting Radiated Emissions-EM Attacks on Cryptographic
            ICs. In Timm Ostermann and Christoph Lackner, editors, *Austrochip 2003,
            Linz, Austria, October 1st, 2003, Proceedings*, pages 13-16, 2003.

[Man04]   Stefan Mangard. Hardware Countermeasures against DPA-A Statistical Anal-
            ysis of Their Effectiveness. In Tatsuaki Okamoto, editor, *Topics in Cryptology-
            CT-RSA 2004, The Cryptographers' Track at the RSA Conference 2004, San
            Francisco, CA, USA, February 23-27, 2004, Proceedings, volume 2964 of Lec-
            ture Notes in Computer Science*, pages 222-235. Springer, 2004.

[May03]   Alexander May. *New RSA Vulnerabilities Using Lattice Reduction Methods*.
            PhD thesis, University of Paderborn, 2003.

[MDS99a]   Thomas S. Messerges, Ezzy A. Dabbish, and Robert H. Sloan. Investigations of
            Power Analysis Attacks on Smartcards. In *USENIX Workshop on Smartcard
            Technology (Smartcard'99)*, pages 151-162, May 1999.

[MDS99b]   Thomas S. Messerges, Ezzy A. Dabbish, and Robert H. Sloan. Power Anal-
            ysis Attacks of Modular Exponentiation in Smartcards. In Çetin Kaya Koç
            and Christof Paar, editors, *Cryptographic Hardware and Embedded Systems-
            CHES'99, First International Workshop, Worcester, MA, USA, August 12-13,
            1999, Proceedings, volume 1717 of Lecture Notes in Computer Science*, pages
            144-157. Springer, 1999.

[Mes00a]   Thomas S. Messerges. Securing the AES Finalists Against Power Analysis At-
            tacks. In Bruce Schneier, editor, *Fast Software Encryption, 7th International
            workshop, FSE 2000, New York, NY, USA, April 10-12, 2000, Proceedings,
            volume 1978 of Lecture Notes in Computer Science*, pages 150-164 Springer,
            2000.

[Mes00b]   Thomas S. Messerges. Using Second-Order Power Analysis to Attack DPA
            Resistant Software. In Çetin Kaya Koç and Christof Paar, editors, *Crypto-

graphic Hardware and Embedded Systems-CHES 2000, Second International Workshop, Worcester, MA, USA, August 17-18, 2000, Proceedings, volume 1965 of Lecture Notes in Computer Science, pages 238-251. Springer, 2000.

[Mö101]   Bodo Möller. Securing Elliptic Curve Point Multiplication against Side-Channel Attacks. In George I. Davida and Yair Frankel, editors, Information Security Conference ISC'01, Malaga, Spain, October 1-3, 2001, proceedings, volume 2200 of Lecture Notes in Computer Science, pages 324-334. Springer, 2001.

[MMS01a] David May, Henk L. Muller, and Nigel P. Smart. Non-deterministic Processors. In Vijay Varadharajan and Yi Mu, editors, Information Security and Privacy, 6th Australasian Conference, ACISP 2001, Sydney, Australia, July 11-13, 2001, Proceedings, volume 2119 of Lecture Notes in Computer Science, pages 115-129. Springer, 2001.

[MMS01b] David May, Henk L. Muller, and Nigel P. Smart. Random Register Renaming to Foil DPA. In Çetin Kaya Koç, David Naccache, and Christof Paar, editors, Cryptographic Hardware and Embedded Systems-CHES 2001, Third International Workshop, Paris, France, May 14-16, 2001, Proceedings, volume 2162 of Lecture Notes in Computer Science Lecture Notes in Computer Science, pages 28-38. Springer, 2001.

[Mon87]   Peter L. Montgomery. Speeding the Pollard and Elliptic Curve Methods of Factorization. Mathematics of Computation, 48(117): 243-264, January 1987. ISSN 0025-5718.

[MPG05]   Stefan Mangard, Thomas Popp, and Berndt M. Gammel. Side-Channel Leakage of Masked CMOS Gates. In Alfred Menezes, editor, Topics in Cryptology-CT-RSA 2005, The Cryptographers' Track at the RSA Conference 2005, San Francisco, CA, USA, February 14-18, 2005, Proceedings, volume 3376 of Lecture Notes in Computer Science, pages 351-365. Springer, 2005.

[MPO05]   Stefan Mangard, Norbert Pramstaller, and Elisabeth Oswald. Successfully Attacking Masked AES Hardware Implementations. In Josyula R. Rao and Berk Sunar, editors, Cryptographic Hardware and Embedded Systems-CHES 2005, 7th International Workshop, Edinburgh, UK, August 29-September 1, 2005, Proceedings, volume 3659 of Lecture Notes in Computer Science, pages 157-171. Springer, 2005.

[MS00]   Rita Mayer-Sommer. Smartly Analyzing the Simplicity and the Power of Simple Power Analysis on Smartcards. In Çertin Kaya Koç and Christof Paar, editors, Cryptographic Hardware and Embedded Systems-CHES 2000, Second International Workshop, Worcester, MA, USA, August 17-18, 2000, proceedings, volume 1965 of Lecture Notes in Computer Science, Page 78-92. Springer, 2000.

[MS06]   Stefan Mangard and Kai schramm. Pinpointing the Side-Channel Leakage of
           Masked AES Hardware Implementations. In *Cryptographic Hardware and Em-
           bedded Systems-CHES 2006, 8th International Workshop, Yokohama, Japan,
           October 10-13, 2006, proceedings*, Lecture Notes in Computer Science. Springer,
           2006.

[MSH+04]   François Mace, François-Xavier Standaert, IIham Hassoune, Jean-Jacques
           Quisquater, and Jean-Didier Legat. A Dynamic Current Mode Logic to Coun-
           teract Power Analysis Attacks. In 19th *Conference on Design of Circuits and
           Integrated Systems (DCIS 2004), Bordeaux, France, November 2004, Proceed-
           ings*, pages 186-191, 2004.

[MTT+05]   Daniel Mesquita, Jean-Denis Techer, Lionel Torres, Gilles Sassatelli, Gaston
           Cambon, Michel Robert, and Fernando Moraes. Current Mask Generation:
           A Transistor Level Security Against DPA Attacks. In *Proceedings of the 18th
           Annual Symposium on Integrated Circuits and System Design SBCCI'05*, pages
           115-120. ACM Press, 2005.

[MV06]   Frédéric Muller and Frédéric Valette. High-Order Attacks Against the Expo-
           nent Splitting Protection. In Moti Yung, Yevgeniy Dodis, Aggelos Kiayias,
           and Tal Malkin, edition, *Public Key Cryptography-PKC 2006, 9th Interna-
           tional Conference on Theory and Practice in Public-Key Cryptography, New
           York, NY, USA, April 24-26, 2006, Proceedings, volume 3958 of Lecture Notes
           in Computer Science*, pages 315-329. Springer, 2006.

[MvOV97]   Alfred J. Menezes, Paul C. van Oorschot, and Scoot A. Vanstone. *Hand-
           book of Applied Cryptography*. Series on Discrete Mathematics and its Ap-
           plications. CRC Press, 1997. ISBN 0-8493-8523-7, Available online at http:
           //www.cacr.math.uwaterloo.ca/hac/.

[MVZG05]   Radu Muresan, Haleh Vahedi, Yang Zhangrong, and Stefano Gregori. Power-
           Smart System-On-Chip Architecture for Embedded Cryptosystems. In *Pro-
           ceedings of the 3rd IEEE/ACM/IFIP International Conference on Hardware/
           Software Codesign and System Synthesis*, pages 184-189. ACM Press, 2005.

[Nat01]   National Institute of Standards and Technology (NIST). FIPS-197: Advanced
           Encryption Standard, November 2001. Available online at http: //www.itl.nist.
           gov/fipspubs/.

[Nov02]   Roman Novak. SPA-Based Adaptive Chosen-Ciphertext Attack on RSA Im-
           plementation. In David Naccache and Pascal Paillier, editors, *Public Key
           Cryptography, 5th International Workshop on Practice and Theory in Public
           Key Cryptosystems, PKC 2002, Paris, France, February 12-14, 2002, Pro-
           ceedings, volume 2274 of Lecture Notes in Computer Science*, pages 252-262.
           Springer, 2002.

[NS02]   Phong Q. Nguyen and Igor E. Shparlinski. The Insecurity of the Digital Sig-
          nature Algorithm with Partially Known Nonces. *Journal of Cryptology*, 15(3):
          151-176, June 2002. ISSN 0933-2790.

[NS03]   Phong Q. Nguyen and Igor E. Shparlinski. The Insecurity of the Elliptic Curve
          Digital Signature Algorithm with Partially Known Nonces. *Design, Codes and
          Cryptography*, 30(2): 201-217, September 2003. ISSN 0925-1022.

[OA01]   Elisabeth Oswald and Manfred Aigner. Randomized Addition-Subtraction
          Chains as a Countermeasure against Power Attacks. In Çetin Kaya Koç, David
          Naccache, and christof Paar, editors, *Cryptographic Hardware and Embedded
          Systems-CHES 2001, Third International Workshop, Paris, France, May 14-
          16, 2001, Proceedings, volume 2161 of Lecture Notes in Computer Science*,
          pages 39-50. Springer, 2001.

[OGOP04] Siddika Berna Örs, Frank K. Gürkaynak, Elisabeth Oswald, and Bart Preneel.
          Power-Analysis Attack on an ASIC AES Implementation. In *International
          Conference on Information Technology: Coding and Computing (ITCC'04),
          April 5-7, 2004, Las Vegas, Nevada, USA, Proceedings*, volume 2, pages 546-
          552. IEEE Computer Society, April 2004.

[OM07]   Elisabeth Oswald and Stefan Mangard. Template Attacks on Masking–
          Resistance is Futile. In *Topics in Cryptology-CT-RSA 2007, The Cryptogra-
          phers' Track at the RSA Conference 2007, San Francisco, CA, USA, February
          5-9, 2007, Proceedings*, Lecture Notes in Computer Science. Springer, 2007.

[OMHT06] Elisabeth Oswald, Stefan Mangard, Christoph Herbst, and Stefan Tillich.
          Practical Second-Order DPA Attacks for Masked Smart Card Implementa-
          tions of Block Ciphers. In David Pointcheval, editor, *Topics in Cryptology –
          CT-RSA 2006, The Cryptographers' Track at the RSA Conference 2006, San
          Jose, CA, USA, February 13-17, 2006, Proceedings*, volume 3860 of *Lecture
          Notes in Computer Science*, pages 192-207. Springer, 2006.

[OMPR05] Elisabeth Oswald, Stefan Mangard, Norbert Pramstaller, and Vincent Rijmen.
          A Side-Channel Analysis Resistant Description of the AES S-box. In Henri
          Gilbert and Helena Handschuh, editors, *Fast Software Encryption, 12th, Inter-
          national Workshop, FSE 2005, Paris, France, February 21-23, 2005, Revised
          Selected Papers*, volume 3557 of *Lecture Notes in Computer Science*, pages
          413-423. Springer, 2005.

[OOP03]   Siddika Berna Örs, Elisabeth Oswald, and Bart Preneel. Power-Analysis At-
          tacks on FPGAs – First Experimental Results. In Colin D. Walter, Çetin
          Kaya Koç, and Christof Paar, editors, *Cryptographic Hardware and Embed-
          ded Systems – CHES 2003, 5th International Workshop, Cologne, Germany,
          September 8-10, 2003, Proceedings*, volume 2779 of *Lecture Notes in Computer*

Science, pages 35-50. Springer, 2003.

[OS02] Katsuyuki Okeya and Kouichi Sakurai. A Second-Order DPA Attack Breaks a Window-Method Based Countermeasure against Side Channel Attacks. In Agnes Hui Chan and Virgil D. Gligor, editors, *Information Security, 5th International Conference, ISC 2002 Sao Paulo, Brazil, September 30 - October 2, 2002, Proceedings*, volume 2433 of *Lecture Notes in Computer Science*, pages 389-401 .Springer, 2002.

[OS06] Elisabeth Oswald and Kai Schramm. An Efficient Masking Scheme for AES Software Implementations. In Jooseok Song, Taekyoung Kwon, and Moti Yung, editors, *Information Security Applications, 6ᵗʰ International Workshop, WISA 2005, Jeju Island, Korea, August 22-24, 2005, Revised Selected Papers*, volume 3786 of *Lecture Notes in Computer Science*, pages 292-305. Springer, 2006.

[OSB99] Alan V. Oppenheim, Ronald W. Schafer, and John R. Buck. *Discrete-time Signal Processing*. Signal Processing Series. Prentice Hall, 2nd edition, 1999. ISBN 0-13-754920-2.

[Osw03] Elisabeth Oswald. Enhancing Simple Power-Analysis Attacks on Elliptic Curve Cryptosystems. In Burton S. Kaliski Jr., Çetin Kaya Koç, and Christof Paar, editors, *Cryptographic Hardware and Embedded Systems–CHES 2002, 4th International Workshop, Redwood Shores, CA, USA, August 13-15, 2002, Revised Papers*, volume 2523 of *Lecture Notes in Computer Science*, pages 82-97. Springer, 2003.

[Osw05] Elisabeth Oswald. *Advances In Elliptic Curve Cryptography*, volume 317 of *London Mathematical Society Lecture Note Series*, chapter IV, Side-Channel Analysis, pages 69-86. Cambridge University Press, 2005.

[Pes] David Pescovitz. 1972: The release of SPICE, still the industry standard tool for integrated circuit design. http: //www.coe.berkeley.edu/labnotes/ 0502/history.html.

[PGH⁺04] Norbert Pramstaller, Frank K. Gürkaynak, Simon Haene, Hubert Kaeslin, Norbert Felber, and Wolfgang Fichtner. Towards an AES Crypto-chip Resistant to Differential Power Analysis. In *30th European Solid-State Circuits Conference - ESSCIRC 2004, Leuven, Belgium, September 2l-23, 2004, Proceedings*, pages 307-310. IEEE, September 2004.

[PM05] Thomas Popp and Stefan Mangard. Masked Dual-Rail Pre-Charge Logic: DPA-Resistance without Routing Constraints. In Josyula R. Rao and Berk Sunar, editors, *Cryptographic Hardware and Embedded Systems – CHES 2005, 7th International Workshop, Edinburgh, UK, August 29 - September 1, 2005, Proceedings*, volume 3659 of *Lecture Notes in Computer Science*, pages 172-

186. Springer, 2005.

[PM06]   Thomas Popp and Stefan Mangard. Implementation Aspects of the DPA-Resistant Logic Style MDPL. In *International Symposium on Circuits and Systems (ISCAS 2006), Island of Kos, Greece, May 21-24, 2006, Proceedings*, pages 2913-2916. IEEE, May 2006.

[POM+04] Norbert Pramstaller, Elisabeth Oswald, Stefan Mangard, Frank K. Gürkaynak, and Simon Haene. A Masked AES ASIC Implementation. In Erwin Ofner and Manfred Ley, editors, *Austrochip 2004, Villach, Austria, October 8th, 2004, Proceedings*, pages 77-82, 2004.

[Pro05]   Emmanuel Prouff. DPA Attacks and S-Boxes. In Henri Gilbert and Helena Handschuh, editors, *Fast Software Encryption, 12th International Workshop, FSE 2005, Paris, France, February 21-23, 2005, Revised Selected Papers*, volume 3557 of *Lecture Notes in Computer Science (LNCS)*, pages 424-441. Springer, 2005.

[PS04]   Daniel Page and Martijn Stam. On XTR and Side-Channel Analysis. In Helena Handschuh and M. Anwar Hasan, editors, *Selected Areas in Cryptography, 11th International Workshop, SAC 2004, Waterloo, Canada, August 9-10, 2004, Revised Selected Papers*, volume 3357 of *Lecture Notes in Computer Science*, pages 54-68. Springer, 2004.

[PSDQ05] Eric Peeters, François-Xavier Standaert, Nicolas Donckers, and Jean-Jacques Quisquater. Improved Higher-Order Side-Channel Attacks with FPGA Experiments. In Josyula R. Rao and Berk Sunar, editors, *Cryptographic Hardware and Embedded Systems–CHES2005, 7th International Workshop, Edinburgh, UK, August 29 - September 1, 2005, Proceedings*, volume 3659 of *Lecture Notes in Computer Science*, pages 309-323. Springer, 2005.

[PV04]   Daniel Page and Frederik Vercauteren. Fault and Side-Channel Attacks on Pairing Based Cryptography. Cryptology ePrint Archive (http: //eprint.iacr. org/), Report 2004/283, 2004.

[QS01]   Jean-Jacques Quisquater and David Samyde. ElectroMagnetic Analysis (EMA): Measures and Counter-Measures for Smart Cards. In Isabelle Attali and Thomas P. Jensen, editors, *Smart Card Programming and Security, International Conference on Research in Smart Cards, E-smart 2001, Cannes, France, September 19-21, 2001, Proceedings*, volume 2140 of *Lecture Notes in Computer Science*, pages 200-210. Springer, 2001.

[Rab]   Jan M. Rabaey. The SPICE Home Page. http: //bwrc.eecs.berkeley. edu/ Classes/IcBook/SPICE/.

[RCCR01] Patrick Rakers, Larry Connell, Tim Collins, and Dan Russell. Secure Contactless Smartcard ASIC with DPA Protection. *IEEE Journal of Solid-State*

Circuits, 36(3): 559-565, March 2001. ISSN 0018-9200.

[RCN03] Jan M. Rabaey, Anantha Chandrakasan, and Borivoje Nikoli *Digital Integrated Circuits – A Design Perspective*. Electronics and VLSI Series. Prentice Hall, 2nd edition, 2003. ISBN 0-13-090996-3.

[Ric94] John A. Rice. *Mathematical Statistics and Data Analysis*. Statistics Series. Duxbury Press, 2nd edition, 1994. ISBN 0-534-20934-3.

[RO04] Christian Rechberger and Elisabeth Oswald. Practical Template Attacks. In Chae Hoon Lim and Moti Yung, editors, *Information Security Applications, 5th International Workshop, WISA 2004, Jeju Island, Korea, August 23-25, 2004, Revised Selected Papers*, volume 3325 of *Lecture Notes in Computer Science*, pages 443-457. Springer, 2004.

[RS01] Tanja Römer and Jean-Pierre Seifert. Information Leakage Attacks against Smart Card Implementations of the Elliptic Curve Digital Signature Algorithm. In Isabelle Attali and Thomas P. Jensen, editors, *Smart Card Programming and Security, International Conference on Research in Smart Cards, E-smart 2001, Cannes, France, September 19-21, 2001, Proceedings*, volume 2140 of *Lecture Notes in Computer Science*, pages 211-219. Springer, 2001.

[RSA78] Ronald L. Rivest, Adi Shamir, and Leonard Adleman. A Method for Obtaining Digital Signatures and Public-Key Cryptosystems. *Communications of the ACM*, 21(2): 120-126, February 1978. ISSN 0001-0782.

[RWB04] Girish B. Ratanpal, Ronald D. Williams, and Travis N. Blalock. An On-Chip Signal Suppression Countermeasure to Power Analysis Attacks. *IEEE Transactions on Dependable and Secure Computing*, 1(3): 179-189, July-September 2004. ISSN 1545-5971.

[SA03] Sergei P. Skorobogatov and Ross J. Anderson. Optical Fault Induction Attacks. In Burton S. Kaliski Jr., Çetin Kaya Koç, and Christof Paar, editors, *Cryptographic Hardware and Embedded Systems – CHES 2002, 4th International Workshop, Redwood Shores, CA, USA, August 13-15, 2002, Revised Papers*, volume 2523 of *Lecture Notes in Computer Science*, pages 2-12. Springer, 2003.

[SA05] Timmy Sundström and Atila Alvandpour. A comparative analysis of logic styles for secure IC's against DPA attacks. In *23rd NORCHIP Conference, November 21-22, 2005*, pages 297-300, November 2005.

[SC01] Amit Sinha and Anantha Chandrakasan. JouleTrack – A Web Based Tool for Software Energy Profiling. In *38th Design Automation Conference, DAC 2001, Las Vegas, NV, USA, June 18-22, 2001, Proceedings*, pages 220-225. ACM Press, June 2001.

[Sha00] Adi Shamir. Protecting Smart Cards from Passive Power Analysis with Detached Power Supplies. In çetin Kaya Koç and Christof Paar, editors, *Cryptographic Hardware and Embedded Systems–CHES 2000, Second International Workshop, Worcester, MA, USA, August 17-18, 2000, Proceedings*, volume 1965 of *Lecture Notes in Computer Science*, pages 71-77. Springer, 2000.

[Sko05]   Sergei P. Skorobogatov. *Semi-invasive attacks - A new approach to hardware security analysis*. PhD thesis, University of Cambridge, 2005. Available online at http: //www.cl.cam.ac.uk/TechReports/.

[SLFP04]   Kai Schramm, Gregor Leander, Patrick Felke, and Christof Paar. A Collision-Attack on AES: Combining Side Channel- and Differential-Attack. In Marc Joye and Jean-Jacques Quisquater, editors, *Cryptographic Hardware and Embedded Systems–CHES 2004, 6th International Workshop, Cambridge, MA, USA, August 11-13, 2004, Proceedings*, volume 3156 of *Lecture Notes in Computer Science*, pages 163-175. Springer, 2004.

[SLP05]   Werner Schindler, Kerstin Lemke, and Christof Paar. A Stochastic Model for Differential Side Channel Cryptanalysis. In Josyula R. Rao and Berk Sunar, editors, *Cryptographic Hardware and Embedded Systems – CHES 2005, 7th International Workshop, Edinburgh, UK, August 29 - September 1, 2005, Proceedings*, volume 3659 of *Lecture Notes in Computer Science*, pages 30-46. Springer, 2005.

[SMBY04]   Danil Sokolov, Julian Murphy, Alex Bystrov, and Alex Yakovlev. Improving the Security of Dual-Rail Circuits. In Marc Joye and Jean-Jacques Quisquater, editors, *Cryptographic Hardware and Embedded Systems – CHES 2004, 6th International Workshop, Cambridge, MA, USA, August 11-13, 2004, Proceedings*, volume 3156 of *Lecture Notes in Computer Science*, pages 282-297. Springer, 2004.

[SMBY05]   Danil Sokolov, Julian Murphy, Alex Bystrov, and Alex Yakovlev. Design and Analysis of Dual-Rail Circuits for Security Applications. *IEEE Transactions on Computers*, 54(4): 449-460, April 2005. ISSN 0018-9340.

[SOV⁺05]   Hendra Saputra, Ozcan Ozturk, Narayanan Vijaykrishnan, Mahmut T. Kandemir, and Richard Brooks. A Data-Driven Approach for Embedded Security. In *IEEE Computer Society Annual Symposium on VLSI (ISVLSI 2005), New Frontiers in VLSI Design, 11-12 May 2005, Tampa, FL, USA*, pages 104-109. IEEE, 2005.

[SP06]   Kai Schramm and Christof Paar. Higher Order Masking of the AES. In David Pointcheval, editor, *Topics in Cryptology - CT-RSA 2006, The Cryptographers' Track at the RSA Conference 2006, San Jose, CA, USA, February 13-17, 2006, Proceedings*, volume 3860 of *Lecture Notes in Computer Science*, pages 208-225. Springer, 2006.

[SPAQ06] François-Xavier Standaert, Eric Peeters, Cedric Archambeau, and Jean-Jacques Quisquater. Towards Security Limits in Side-Channel Attacks (With an Application to Block Ciphers). In *Cryptographic Hardware and Embedded Systems – CHES 2006, 8th International Workshop, Yokohama, Japan, October 10-13, 2006, Proceedings*, Lecture Notes in Computer Science. Springer, 2006.

[SSAQ02] David Samyde, Sergei P. Skorobogatov, Ross J. Anderson, and Jean-Jacques Quisquater. On a New Way to Read Data from Memory. In *IEEE Security in Storage Workshop (SISW'02)*, pages 65-69. IEEE Computer Society, 2002.

[SSI04] Daisuke Suzuki, Minoru Saeki, and Tetsuya Ichikawa. Random Switching Logic: A Countermeasure against DPA based on Transition Probability. Cryptology ePrint Archive (http: //eprint.iacr.org/), Report 2004/346, 2004.

[SSI05] Daisuke Suzuki, Minoru Saeki, and Tetsuya Ichikawa. DPA Leakage Models for CMOS Logic Circuits. In Josyula R. Rao and Berk Sunar, editors, *Cryptographic Hardware and Embedded Systems–CHES 2005, 7th International Workshop, Edinburgh, UK, August 29 - September 1, 2005, Proceedings*, volume 3659 of *Lecture Notes in Computer Science*, pages 366-382. Springer, 2005.

[SVK+03] Hendra Saputra, Narayanan Vijaykrishnan, Mahmut T. Kandemir, Mary J. Irwin, and Richard Brooks. Masking the energy behaviour of encryption algorithms. *IEEE Proceedings - Computers and Digital Techniques*, 150(5): 274-284, September 2003. ISSN 1350-2387.

[SWP03] Kai Schramm, Thomas J. Wollinger, and Christof Paar. A New Class of Collision Attacks and Its Application to DES. In Thomas Johansson, editor, *Fast Software Encryption, 10th International Workshop, FSE 2003, Lund, Sweden, February 24-26, 2003, Revised Papers*, volume 2887 of *Lecture Notes in Computer Science*, pages 206-222. Springer, 2003.

[Syn] Synopsys. The Synopsys Website. http: //www. synopsys .com/.

[TAV02] Kris Tiri, Moonmoon Akmal, and Ingrid Verbauwhede. A Dynamic and Differential CMOS Logic with Signal Independent Power Consumption to Withstand Differential Power Analysis on Smart Cards. In *28th European Solid-State Circuits Conference – ESSCIRC2002, Florence, Italy, September 24-26, 2002, Proceedings*, pages 403 - 406. IEEE, September 2002.

[Thé06] Nicolas Thériault. SPA Resistant Left-to-Right Integer Recordings. In Bart Preneel and Stafford Tavares, editors, *Selected Areas in Cryptography, 12th International Workshop, SAC 2005, Kingston, Ontario, Canada, August 11-12, 2005, Revised Selected Papers*, volume 3897 of *Lecture Notes in Computer Science*, pages 345-358. Springer, 2006.

[THH+05] Kris Tiri, David Hwang, Alireza Hodjat, Bo-Cheng Lai, Shenglin Yang, Patrick

Schaumont, and Ingrid Verbauwhede. Prototype IC with WDDL and Differential Rooting - DPA Resistance Assessment. In Josyula R. Rao and Berk Sunar, editors, *Cryptographic Hardware and Embedded Systems–CHES 2005, 7th International Workshop, Edinburgh, UK, August 29 – September 1, 2005, Proceedings, volume 3659 of Lecture Notes in Computer Science*, pages 354-365. Springer, 2005.

[TKL05] Elena Trichina, Tymur Korkishko, and Kyung-Hee Lee. Small Size, Low Power, Side Channel-Immune AES Coprocessor: Design and Synthesis Results. In Hans Dobbertin, Vincent Rijmen, and Aleksandra Sowa, editors, *Advanced Encryption Standard - AES, 4th International Conference, AES 2004, Bonn, Germany, May 10-12, 2004, Revised Selected and Invited Papers, volume 3373 of Lecture Notes in Computer Science*, pages 113-127. Springer, 2005.

[TL05] Zeynep Toprak and Yusuf Leblebici. Low-Power Current Mode Logic for Improved DPA-Resistance in Embedded Systems. In *International Symposium on Circuits and Systems (ISCAS 2005), Kobe, Japan, May 23-26, 2005, Proceedings, volume 2*, pages 1059-1062. TEEE, 2005.

[TSG03] Elena Trichina, Domenico De Seta, and Lucia Germani. Simplified Adaptive Multiplicative Masking for AES. In Burton S. Kaliski Jr., Çetin Kaya Koç, and Christof Paar, editors, *Cryptographic Hardware and Embedded Systems–CHES 2002, 4th International Workshop, Redwood Shores, CA, USA, August 13-15, 2002, Revised Papers, volume 2523 of Lecture Notes in Computer Science*, pages 187-197. Springer, 2003.

[TV03] Kris Tiri and Ingrid Verbauwhede. Securing Encryption Algorithms against DPA at the Logic Level: Next Generation Smart Card Technology. In Colin D. Walter, Çetin Kaya Koç, and Christof Paar, editors, *Cryptographic Hardware and Embedded Systems–CHES 2003, 5th International Workshop, Cologne, Germany; September 8-10, 2003, Proceedings, volume 2779 of Lecture Notes in Computer Science*, pages 137-151.Springer, 2003.

[TV04a] Kris Tiri and Ingrid Verbauwhede. A Logic Level Design Methodology for a Secure DPA Resistant ASIC or FPGA Implementation. In *2004 Design, Automation and Test in Europe Conference and Expositionr (DATE 2004), 16-20 February 2004, Paris, France, volume 1*, pages 246-251. IEEE Computer Society, 2004.

[TV04b] Kris Tiri and Ingrid Verbauwhede. Place and Route for Secure Standard Cell Design. In Jean-Jacques Quisquater, Pierre Paradinas, Yves Deswarte, and Anas Abou El Kadam, editors, *Sixth International Conference on Smart Card Research and Advanced Applications (CARDIS'04), 23-26 August2004, Toulouse, France*, pages 143-158. Kluwer Academic Publishers, August 2004.

[TV04c] Kris Tiri and Ingrid Verbauwhede. Secure Logic Synthesis. In Jürgen Becker, Marco Platzner, and Serge Vernalde, editors, *Field Programmable Logic and Application, 14th International Conference, FPL 2004, Leuven, Belgium, August 30-September 1, 2004, Proceedings, volume 3203 of Lecture Notes in Computer Science*, pages 1052-1056. Springer, August 2004.

[TV05a] Kris Tiri and Ingrid Verbauwhede. A VLSI Design Flow for Secure Side-Channel Attack Resistant ICs. In *2005 Design, Automation and Test in Europe Conference and Exposition (DATE2005), 7-11 March2005, Munich, Germany*, pages 58-63. IEEE Computer Society, 2005.

[TV05b] Kris Tiri and Ingrid Verbauwhede. Design Method for Constant Power Consumption of Differential Logic Circuits. In *2005 Design, Automation and Test in Europe Conference and Exposition (DATE 2005), 7-11 March 2005, Munich, Germany*, pages 628-633. IEEE Computer Society, 2005.

[TV05c] Kris Tiri and Ingrid Verbauwhede. Simulation Models for Side-Channel Information Leaks. In William H. Joyner Jr., Grant Martin, and Andrew B. Kahng, editors, *42nd Design Automation Conference, DAC 2005, Anaheim, CA, USA, June 13-17, 2005, Proceedings*, pages 228-233. ACM Press, June 2005.

[TV06] Kris Tiri and Ingrid Verbauwhede. A Digital Design Flow for Secure Integrated Circuits. *IEEE Transactions on Computer-Aided Design of Integrated Circuits and Systems*, 25(7): 1197-1208, July 2006. ISSN 0278-0070.

[Uni] University of California at Berkeley. The University of California at Berkeley Website. http: //www.berkeley.edu/.

[Wal02a] Colin D. Walter. MIST: An Efficient, Randomized Exponentiation Algorithm for Resisting Power Analysis. In Bart Preneel, editor, *Topics in Cryptology - CT-RSA 2002, The Cryptographers' Track at the RSA Conference 2002, San Jose, CA, USA, February 18-22, 2002, Proceedings*, volume 2271 of *Lecture Notes in Computer Science*, pages 53-66. Springer, 2002.

[Wal02b] Colin D. Walter. Some Security Aspects of the MIST Randomized Exponentiation Algorithm. In Burton S. Kaliski Jr., Çetin Kaya Koç, and Christof Paar, editors, *Cryptographic Hardware and Embedded System – CHES 2002, 4th International Workshop, Redwood Shores, CA, USA, August 13-15, 2002, Revised Papers*, volume 2523 of *Lecture Notes in Computer Science*, pages 276-290. Springer, 2002.

[Wal03] Colin D. Walter. Seeing through MIST Given a Small Fraction of an RSA Private Key. In Marc Joye, editor, *Topics in Cryptology - CT-RSA 2003, The Cryptographers' Track at the RSA Conference 2003, San Francisco, CA, USA, April 13-17, 2003, Proceedings*, volume 2612 of *Lecture Notes in Computer*

Science, pages 391-402. Springer, 2003.

[Wal04]   Colin D. Walter. Simple Power Analysis of Unified Code for ECC Double and Add. In Marc Joye and Jean-Jacques Quisquater, editors, *Cryptographic Hardware and Embedded Systems–CHES 2004, 6th International Workshop, Cambridge, MA, USA, August 11-13, 2004, Proceedings*, volume 3156 of *Lecture Notes in Computer Science*, pages 191-204. Springer, 2004.

[Wie01]   Andreas Wiemers. Kollisionsattacken beim Comp128 auf Smartcards. ECC-Brainpool Workshop on Side-Channel-Attacks on Cryptographic Algorithms, Bonn, Germany, December 2001.

[WOL02]   Johannes Wolkerstorfer, Elisabeth Oswald, and Mario Lamberger. An ASIC implementation of the AES SBoxes. In Bart Preneel, editor, *Topics in Cryptology - CT-RSA 2002, The Cryptographers' Track at the RSA Conference 2002, San Jose, CA, USA, February 18-22, 2002, Proceedings*, volume 2271 of *Lecture Notes in Computer Science*, pages 67-78. Springer, 2002.

[WW04]   Jason Waddle and David Wagner. Towards Efficient Second-Order Power Analysis. In Marc Joye and Jean-Jacqttes Quisquater, editors, *Cryptographic Hardware and Embedded Systems–CHES 2004, 6th International Workshop, Cambridge, MA, USA, August 11-13, 2004, Proceedings*, volume 3156 of *Lecture Notes in Computer Science*, pages 1-15. Springer, 2004.

[YB04]   An Yu and David S. Brée. A Clock-less Implementation of the AES Resists to Power and Timing Attacks. In *International Conference on Information Technology: Coding and Computing (ITCC'04), April 5-7, 2004, Las Vegas, Nevada, USA, Proceedings*, volume 2, pages 525-532. IEEE Computer Society, April 2004.

[YFP03]   Zhong C. Yu, Stephen B. Furber, and Luis A. Plana. An Investigation into the Security of Serf-Timed Circuits. In *9th International Symposium on Advanced Research in Asynchronous Circuits and Systems (ASYNC 2003), 12-16 May 2003, Vancouver, BC, Canada*, pages 206-215. IEEE Computer Society, 2003.

[YHM+06]   HyungSo Yoo, Christoph Herbst, Stefan Mangard, Elisabeth Oswald, and SangJae Moon. Investigations of Power Analysis Attacks and Countermeasures for ARIA. In *Information Security Applications, 7th International Workshop, WISA 2006, Jeju Island, Korea, August 28-30, 2006*, Lecture Notes in Computer Science. Springer, 2006.

[YKH+04]   HyungSo Yoo, ChangKyun Kim, JaeCheol Ha, SangJae Moon, and IlHwan Park. Side Channel Cryptanalysis on SEED. In Chae Hoon Lim and Moti Yung, editors, *Information Security Applications, 5th International Workshop, WISA 2004, Jeju Island, Korea, August 23-25, 2004, Revised Selected Papers*, volume 3325 of *Lecture Notes in Computer Science*, pages 411-424. Springer,

2004.

[YWV+05] Shengqi Yang, Wayne Wolf, Narayanan Vijaykrishnan, Dimitrios N. Serpanos, and Yuan Xie. Power Attack Resistant Cryptosystem Design: A Dynamic Voltage and Frequency Switching Approach. In *2005 Design, Automation and Test in Europe Conference and Exposition (DATE 2005), 7-11 March 2005, Munich, Germany*, pages 64-69. IEEE Computer Society, 2005.

[YY92] Masakazu Yamashina and Hachiro Yamada. An MOS Current Mode Logic (MCML) Circuit for Low-Power Sub-GHz Processors. *IEICE Transactions on Electronics*, E75-C(10): 1181-1187, October 1992. ISSN 0916-8516.

附录 A　差分能量分析

本文摘自《密码学进展 Crypto'99 论文集》, 计算机科学讲义第 1666 卷,
Springer-Verlag, 1999, 388∼397

Paul Kocher, Joshua Jaffe, Benjamin Jun
密码研究公司
美国加利福尼亚州旧金山市场大道 575 号 21 层
http://www.cryptography.com
电子邮件: {paul, josh, ben}@cryptography.com

摘要　通常, 密码系统的设计者假设可以在一个封闭、可靠的计算环境中对秘密信息进行处理. 不幸的是, 实际的计算机和微芯片都会泄漏依赖于设备所执行操作的信息. 本文研究了通过分析能量消耗测量来确定抗篡改设备中密钥的特定方法. 同时, 还讨论了在现有的存在信息泄漏的硬件环境中, 构建能够进行安全操作的密码系统的途径.

关键词　差分能量分析, SPA, 密码分析, DES

A.1　背　景　知　识

涉及一个安全系统多个组成部件的攻击难以预测, 也难以使用合适的模型进行刻画. 如果密码算法设计人员、软件开发人员以及硬件工程师不能理解或审视彼此的工作成果, 则在安全设计的每一层所作出的任何安全假设都可能不完整或不现实. 因此, 安全问题常会涉及那些存在于由不同人员所设计的各组件之间, 又在设计者意料之外的交互作用.

目前, 已有很多用于对独立的密码算法进行检测的技术. 如差分密码分析[3] 和线性密码分析[8] 能够利用密码算法输入和输出之间极小的统计特征. 由于这些方法所分析的对象仅仅是系统架构的一部分 (即密码算法的数学结构), 因而已得到了深入的研究.

某个安全强度很高的协议的正确实现未必一定安全. 例如, 密钥操作过程中的异常计算[5,4] 和信息泄漏都可能造成安全问题. 使用计时信息[11,7] 以及使用通过非入侵式测量技术[2,1] 所采集到的数据而实施的攻击均已被证实. 美国政府在其保密项目 TEMPEST 中已经投入了大量的资源, 用以防止通过电磁辐射泄露敏感信息.

A.2 能量分析简介

大多数现代密码设备都使用半导体逻辑门电路来实现, 而半导体逻辑门电路则基于晶体管构造. 晶体管上的门电路通电 (或断电) 的时候, 就会有电流通过硅基, 从而造成能量消耗, 并产生电磁辐射.

为了测量电路的能量消耗, 可以在电路的电源或接地处串联一个小电阻 (如 50Ω). 将电阻的电压降除以该电阻值就可以得到对应的电流值. 装备精良的电子实验室都拥有可以极高的频率 (超过 1GHz) 和精度 (错误率不超过 1%) 来对电压进行采样的数字设备. 一台具有 20MHz 或更高采样频率, 并可以将数据传送到个人计算机的设备, 其价格低于 400 美元[6].

简单能量分析 (simple power analysis, SPA) 是一种对密码操作过程中所采集的能量消耗信息进行直接分析的技术. 通过实施 SPA, 既可获得关于设备操作的信息, 也可获得关于密钥的信息.

能量迹 (trace) 指的是一次密码操作过程中采集到的能量消耗测量 (值) 的一个集合. 例如, 使用 5MHz 的频率对一个耗时 1ms 的操作进行能量消耗采样, 则可以产生一条具有 5000 个点的能量迹, 能量迹上的每一个点对应于一个采样的能量消耗测量 (值). 图 A.1 给出了一条 SPA 能量迹, 它采集自一种典型智能卡在执行一次 DES 操作时的能量消耗. 注意, 在图 A.1 中, DES 的 16 轮操作清晰可见.

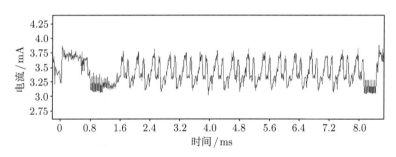

图 A.1 展现了一个完整 DES 操作的 SPA 能量迹

图 A.2 是关于同一条能量迹的更细节化的视图, 从中可以看出一次 DES 加密操作的第 2 轮和第 3 轮. 此时, DES 操作的许多细节都很清晰. 例如, 28 比特的 DES 密钥寄存器 C 和 D 的循环移位操作在第 2 轮 (左起第一个箭头) 中进行了一次, 而在第 3 轮 (右侧两个箭头) 中则进行了两次. 从图 A.2 中, 还可以观察到各轮之间的微妙差异. 许多这样可辨识的特点均为 SPA 弱点, 这些弱点都是由于执行依赖于密钥比特和中间值的条件跳转语句所造成的.

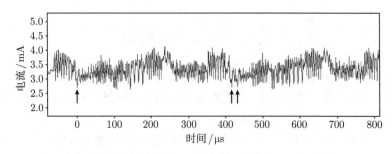

图 A.2　展现 DES 第 2 轮和第 3 轮的 SPA 能量迹

图 A.3 则给出了一个分辨率更高的视图, 它显示了两个时域内的能量迹, 每一个时域的长度都是 3.5714MHz 下的 7 个时钟周期. 这两个时域的 SPA 能量迹之间清晰可见的差异主要是由不同微处理器指令的能量消耗差异所引起. 图 A.3 中, 上面的一条迹通过 SPA 特征展现了执行一次跳转指令的执行路径, 而下面的一条迹中则给出了没有执行跳转指令的情形. 在第 6 个时钟周期的分叉点, 这种差异清晰可见.

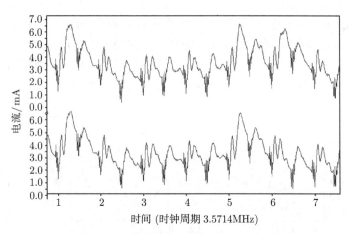

图 A.3　展现各个时钟周期的 SPA 能量迹

由于 SPA 可以反映出指令执行的序列, 因而可以用于破译那些执行路径依赖于所处理数据的密码实现. 例如,

DES 密钥编排　DES 密钥编排计算要对 28 比特的密钥寄存器进行循环移位操作. 通常要使用一个条件分支来判断某个比特是否已经移位到尾部, 从而可以把比特 "1" 再反绕回来. 如果执行路径进入不同的分支, 则比特 "1" 和比特 "0" 所产生的能量迹中就会含有不同的 SPA 特征.

DES 置换　DES 实现要完成一系列比特置换. 对于比特 "1" 和比特 "0", 软件代码或微代码中的条件分支语句会导致显著的能量消耗差异.

比较操作   当字符串或内存比较函数发现不匹配时, 通常会执行一次条件分支语句. 这一条件分支会导致显著的 SPA 特征, 有时也会导致显著的计时特征.

乘法 (计算) 器   模乘电路容易泄漏它所处理数据的大量相关信息. 泄漏函数依赖于乘法器的设计, 但是通常会和操作数的值以及汉明重量有很强的相关性.

指数 (计算) 器   简单的模指数运算函数依次扫描指数的每一个比特, 扫描完每一个比特之后, 完成一次平方操作; 对于指数比特的每一个 "1", 还要完成一次附加的乘法操作. 如果乘法操作和平方操作具有不同的能量消耗特征, 占用不同的执行时间, 抑或被不同的代码所分割, 则指数就可能会被泄漏. 一次操作两个或者更多比特的模指数函数可能会有更复杂的泄漏函数.

A.3   防   御   SPA

一般而言, 防御 SPA 的技术非常易于实现. 避免使用依赖秘密中间值或密钥信息的条件分支操作, 将会屏蔽许多 SPA 特征. 在密码算法自身天生需要分支操作的情况下, 就需要进行创造性的编码, 这可能会导致严重的性能损失.

同样地, 某些微处理器的微指令会产生较大的依赖操作数的能量消耗特征. 对于这类系统而言, 即便是采用固定执行路径的代码, 也会造成严重的 SPA 弱点.

大多数 (但非全部) 对称密码算法的硬件实现都具有足够小的能量消耗差异; 对这些实现而言, 不能通过 SPA 获得密钥信息.

A.4   对 DES 实现的差分能量分析

除了由于指令序列的不同而引起的较大幅度的能量消耗差异之外, 操作数的不同也会产生类似的效果. 这些差异通常很小, 有时会被测量误差以及其他噪声所淹没. 在这种情况下, 使用面向特定算法而设计的统计函数, 依然经常可能破译系统.

鉴于数据加密标准 (data encryption standard, DES) 应用广泛, 本文将对其进行详细的研究. 在 16 轮操作的每一轮中, DES 都会进行 8 次 S 盒查表操作. 这 8 个 S 盒的输入为 6 比特的密钥与 R 寄存器的 6 比特数据的异或值, 其输出则为 4 比特. 32 比特的 S 盒输出被重组, 然后与 L 寄存器的值进行异或. 接着, 将 L 和 R 的值进行交换 (关于 DES 算法更详细的描述, 请参见文献 [9]).

DPA 选择函数 (selection function) $D(C, b, K_S)$ 定义为如下计算过程: 对于密文 C, 计算第 16 轮加密开始时, DES 中间值 L 的第 $b(0 \leqslant b \leqslant 32)$ 个比特的值. 与该比特对应的输入 S 盒的 6 比特密钥块记为 $K_S(0 \leqslant K_S < 2^6)$. 注意, 如果 K_S 错误, 对于每一个密文, 计算 $D(C, b, K_S)$ 获得正确的第 b 比特信息的可能性为 $P \approx \dfrac{1}{2}$.

为了实施 DPA 攻击, 攻击者首先执行 m 次加密操作, 并且捕获 m 条能量迹 $T_{1..m}[1..k]$, 每条能量迹都有 k 个样本. 此外, 攻击者记录对应的密文 $C_{1..m}$, 但是无需知道有关明文的任何知识.

DPA 分析使用能量消耗测量来确定对每一个子密钥块的猜测 K_S 是否正确. 通过确定 $D(C, b, K_S)$ 为 1 的迹的平均值与 $D(C, b, K_S)$ 为 0 的迹的平均值之间的差值, 攻击者可以计算出一个包含 k 个样本的差分迹 (differential trace) $\Delta_D[1..k]$. 因此, $\Delta_D[j]$ 就是选择函数 $D(C, b, K_S)$ 所表示的中间值对点 j 的能量消耗测量值的影响效果在 $C_{1..m}$ 上的平均值. 特别地有

$$
\Delta_D[j] = \frac{\sum_{i=1}^{m} D(C_i, b, K_S)T_i[j]}{\sum_{i=1}^{m} D(C_i, b, K_S)} - \frac{\sum_{i=1}^{m} (1 - D(C_i, b, K_S))T_i[j]}{\sum_{i=1}^{m} (1 - D(C_i, b, K_S))}
$$

$$
\approx 2 \left(\frac{\sum_{i=1}^{m} D(C_i, b, K_S)T_i[j]}{\sum_{i=1}^{m} D(C_i, b, K_S)} - \frac{\sum_{i=1}^{m} T_i[j]}{m} \right)
$$

如果 K_S 猜测不正确, 则对于大约一半的密文 C_i, 使用函数 D 计算出来的比特 b 的值会与实际值不同. 因此, 选择函数 $D(C, b, K_S)$ 与目标设备所实际计算的值事实上是不相关的. 如果使用一个随机函数将集合划分为两个子集, 则随着子集的大小趋于无穷, 这两个子集平均值之间的差异就会趋于零, 即如果 K_S 不正确, 则有

$$
\lim_{m \to \infty} \Delta_D[j] \approx 0
$$

由于与 D 不相关的能量迹分量会随着 $\frac{1}{\sqrt{m}}$ 的减小而趋于消失, 从而差分迹就会变得扁平化. 实际的差分迹可能不是完全扁平的, 因为基于错误 K_S 计算的 D 与基于正确 K_S 计算的 D 之间可能会有较弱的相关性.

但是, 如果 K_S 正确, 则通过 $D(C, b, K_S)$ 计算出来的值等于目标比特 b 的实际值的概率为 1. 因此, 选择函数就会和在第 16 轮中处理的比特值相关. 结果是随着 $m \to \infty$, $\Delta_D[j]$ 趋向于目标比特 b 对能量消耗的实际影响; 而其他的数据、测量误差等与 D 不相关的因素造成的影响则趋近于零. 由于能量消耗与数据比特值相关, Δ_D 的图形将会是扁平的, 而在 D 与所处理数据依赖的区域, 则会出现一些尖峰.

这样, 通过差分迹中的尖峰, 就可以确定出 K_S 的正确值. 对于每一个 S 盒, b 有 4 个值与之对应, 从而可以对子密钥块进行确认. 求出所有 8 个子密钥块 K_S, 就

可以确定出完整的 48 比特的子密钥. 使用穷举搜索或再多分析一轮, 就可以很容易地确定出剩余的 8 比特密钥信息. 3DES 的密钥可以使用如下方式获得: 首先分析一次外层的 DES 操作, 而后使用所获得的密钥解密密文, 然后攻击下一个 DES 密钥. DPA 可以使用已知明文或已知密文来获得加密密钥或解密密钥.

图 A.4 给出了通过将已知明文输入另外一个智能卡中的 DES 加密函数而获得的 4 条能量迹. 最上面的是参考能量迹, 它表示 DES 操作过程中的平均能量消耗. 参考能量迹的下面有三条差分迹, 其中, 第一条是使用正确的 K_S 猜测获得的. 最下面的两条则是使用不正确的 K_S 猜测获得的. 构造这些能量迹使用了 1000 个样本 (即 $m = 10^3$). 尽管差分迹中的信号清晰可见, 但其中仍然存在一定数量的噪声.

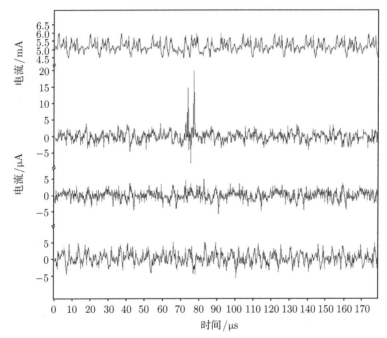

图 A.4　带有参考能量消耗的 DPA 能量迹, 其中, 一条迹对应正确的猜测,
而另外两条迹则对应错误的猜测

图 A.5 则说明了某一个单一比特值对能量消耗测量的平均影响. 在图 A.5 中, 最上方的是一条参考能量迹, 中间的迹给出了能量消耗测量中的标准差, 最下面的迹则是一条 $m = 10^4$ 的差分迹. 注意, 某些与该比特值不相关的区域更接近于零, 并且其值要小一个数量级, 这表明存在很少噪声或错误.

DPA 特征的规模大约为 $40\mu A$ (微安), 该数值比在该点所观测到的标准差要小很多. 在第 6 个时钟周期时的标准差的增大与图 A.5 中体现出的强特征相符合, 表明操作数对指令的能量消耗具有重要的影响, 同时也表明所处理的操作数之间亦有相当大的差异. 由于底层指令通常处理多个比特, 因此, 选择函数也能够同时选择多个比特值. 由此而产生的 DPA 特征会有较大的尖峰, 但是并不一定有更好的信噪比, 因为在求均值的过程中可用的样本数量往往更少.

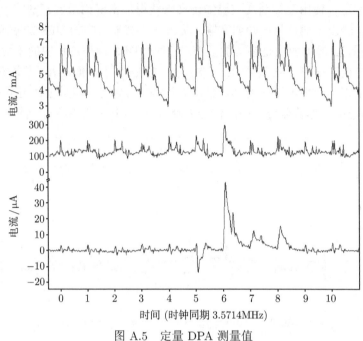

图 A.5   定量 DPA 测量值

能够在 DPA 测量中引入噪声的因素有很多, 包括电磁辐射和热噪声. 由于设备时钟和样本时钟不匹配而引起的量化误差也能够导致其他的错误. 最后, 能量迹之间暂时性失调也会在测量中引入大量噪声.

为了减少所需要的样本数量, 或者避开一些防御措施, 可以在数据采集与 DPA 分析过程中应用许多改进方法. 例如, 使用测量值的方差对差分迹进行修正可能有所帮助, 这样的处理会凸显差异的显著性, 而非其值的大小. 这种方法的一种变形称为 "自动模板 DPA", 它可以使用少于 15 条能量迹来破译大多数智能卡中的 DES 密钥.

同样, 也可以使用更复杂的选择函数. 尤其重要的是高阶 DPA 函数, 它可以合并来自同一个迹的多个样本. 选择函数同样也可以赋予不同的迹以不同的权重, 抑或将能量迹划分为两个以上的集合. 这类选择函数可以挫败许多防御措施, 或攻击那些只能获取关于明文/密文部分信息的系统, 或攻击那些不能获取任何明文/密文信息的系统. 对于那些具有异常统计分布的数据集而言, 在数据分析中使用除 "简单平均化" 之外的其他方法是有益的.

A.5 对其他算法实现的差分能量分析

通过分析计算过程中间值与能量消耗测量值之间的相关性, 使用 DPA 能够对公钥算法进行分析. 对于模指数操作, 通过检验所预测的计算中间值是否与实际的计算中间值相关, 就可能会判断对指数比特猜测的正确性. 同样, 也可以分析使用中国剩余定理的 RSA 实现, 如可以将选择函数定义为 CRT 约化过程或合并过程的函数.

一般而言, 非对称算法操作过程中泄漏的信号要远远强于许多对称算法操作过程中泄漏的信号, 这是由乘法操作具有相对较高的计算复杂性所致. 因此, 实现有效的 SPA 和 DPA 防御措施会是一项具有挑战性的工作.

几乎所有的对称或非对称密码算法实现都可以被 DPA 破译. DPA 数据可以用来检验关于设备计算过程的假设. 这样, 甚至可以使用这一技术对未知的算法和协议进行逆向工程分析 (这种逆向工程甚至有可能自动化).

A.6 防 御 DPA

防御 DPA 以及相关攻击的技术大概可以分为三大类.

第一种方法是减弱信号强度, 如使用恒定执行路径代码、选用在能量消耗过程中泄漏信息更少的操作、平衡汉明重量与状态转换以及对设备进行物理屏蔽保护等. 不幸的是, 这种降低信号强度的方法通常并不能将信号降为零, 因此, 获取数量样本不受限制的攻击者仍然可能对 (严重衰减的) 信号实施 DPA. 实际上, 采用强有力的屏蔽手段能够使得攻击不可行, 但是会极大地增加设备的成本与大小.

第二种方法是在能量消耗测量中引入噪声. 与信号强度降低技术相同, 增加噪声会增加一次攻击所需要的样本数量, 甚至可以将该数量增大到一个不可行的值. 此外, 可以对执行时间和执行顺序进行随机化. 设计者与审查人员在应对临时性的混淆技术 (obfuscation) 时必须要特别小心, 因为已经有许多技术可以被用来绕过或抵偿这种方法的作用. 几个具有这类弱点的产品已经通过审查, 这些产品中均使用了简单的数据处理方法. 为安全起见, 在产品审查与认证检测的过程中, 应该考虑禁用一些临时性的混淆方法.

第三种方法是在基于底层硬件的合理假设下设计密码系统. 可以采用非线性密钥更新过程来确保攻击者无法将各个操作之间的能量迹关联起来. 作为一个简单的示例, 使用 SHA[10] 来对一个 160 比特的密钥进行杂凑运算, 应该能够有效地破坏攻击者收集到的关于密钥的部分信息. 同样, 在公钥方案中采用主动的指数更新过程与模更新过程, 可以阻止攻击者通过大量的操作收集有关数据. 密钥使用计数器能够阻止攻击者收集到大量的样本.

使用泄漏容忍 (leak-tolerant) 的设计方法时, 密码系统设计者必须定义密码在能够 "生存" 条件下的泄漏率与泄漏函数. 可以将泄漏函数视为能够提供有关计算过程和计算数据信息的预言机 (oracle), 并对其进行分析, 此时, 泄漏率就是泄漏函数能够提供的信息量的上界. 而后, 实现者则可以视需要采用降低泄漏和屏蔽泄漏的技术, 以便满足特定的参数. 最后, 审查人员必须验证设计假设的合理性, 并确保与整个设备的物理特征相符合.

A.7   其他相关攻击

对于需要将密钥或秘密中间值传送到总线上的设备而言, 电磁辐射是一个相当严重的问题. 即便是一个简单的调幅收音机都能够检测到来自许多密码设备的强电磁信号. 大量的其他信号测量技术 (如超导量子镜象设备) 同样会有用武之地. 与 SPA 和 SPA 相关的统计方法可用于提取包含噪声的数据信号.

A.8   结   论

由于已经有相当多数量的脆弱设备被部署使用, 能量分析技术引起了广泛关注. 这种攻击易于实现, 单次攻击的设备成本很低, 同时也无需对设备进行入侵式破坏, 因此, 这种攻击非常难以探测. 由于能够自动定位设备能量消耗中具有相关性的区域, DPA 攻击的实施可以自动化, 并且仅需要少量或根本不需要关于目标实现的任何信息. 最后, 这种攻击并不是理论性, 也不仅仅局限于智能卡. 在我们的实验室中, 已经使用能量分析技术获得了多种类型的近乎 50 个不同 (智能卡) 产品中的密钥信息.

抵御 DPA 的唯一可靠的解决办法就是在设计密码系统的时候做出关于基础硬件的现实性假设. DPA 昭示了生产安全的产品时, 设计算法、协议、软件以及硬件的人员之间密切协作的必要性.

参 考 文 献

[1] R. Anderson, M. Kuhn, "Low Cost Attacks on Tamper Resistant Devices", *Security Protocol Workshop*, April 1997, http://www.cl.cam.ac.uk/ftp/users/rja14/tamper2.ps. gz.

[2] R. Anderson and M. Kuhn, "Tamper Resistance——a Cautionary Note", *The Second USENIX Workshop on Electronic Commerce Proceedings*, November 1996, pp. 1-11.

[3] E. Biham and A. Shamir, *Differential Cryptanalysis of the Data Encryption Standard*, Springer-Verlag, 1993.

[4] E. Biham and A. Shamir, "Differential Fault Analysis of Secret Key Cryptosystems", *Advances in Cryptology: Proceedings of CRYPTO'97*, Springer-Verlag, August 1997, pp. 513-525.

[5] D. Boneh, R. DeMillo, and R. Lipton, "On the Importance of Checking Cryptographic Protocols for Faults", *Advances in Cryptology: Proceedings of EUROCRYPT'97*, Springer-Verlag, May 1997, pp. 37-51.

[6] Jameco Electronics, "PC-MultiScope (part #142834)," February 1999 Catalog, p.103.

[7] P. Kocher, "Timing Attacks on Implementations of Diffie-Hellman, RSA, DSS, and Other Systems", *Advances in Cryptology: Proceedings of CRYPTO'96*, Springer-Verlag, August 1996, pp. 104-113.

[8] M. Matsui, "The First Experimental Cryptanalysis of the Data Encryption Standard", *Advances in Cryptology: Proceedings of CRYPTO'94*, Springer-Verlag, August 1994, pp. 1-11.

[9] National Bureau of Standards, "Data Encryption Standard", Federal Information Processing Standards Publication 46, January 1977.

[10] National Institute of Standards and Technology, "Secure Hash Standard", Federal Information Processing Standards Publication 180-1, April 1995.

[11] J. Dhem, F. Koeune, P. Leroux, P. Mestré, J. Quisquater, and J. Willems, "A practical implementation of the timing attack", *UCL Crypto Group Technical Report Series: CG-1998/1*, 1998.

[12] R.L. Rivest, A. Shamir, and L.M. Adleman, "A method for obtaining digital signatures and public-key cryptosystems", *Communications of the ACM*, 21, 1978, pp. 120-126.

附录 B　高级加密标准

1997 年初, 美国国家标准技术局 (NIST) 发布公告, 征集新的加密标准. 该标准称为高级加密标准 (AES), 旨在于一段时间之后完全取代旧的数据加密标准 (DES) 以及三重 DES(Triple-DES).

与其他选择过程不同, NIST 宣布 AES 的遴选过程将与安全杂凑算法 (SHA) 一样, 公开进行. 这意味着任何人都可以提交候选密码算法, 并且任何一个满足要求的提案都将被仔细考虑. 然而, NIST 本身并不对候选算法进行评估, 而是协调一个评审委员会来处理相关工作. 因此, NIST 邀请密码学界对候选密码算法进行破译, 并评估其实现代价. 所有结果均会公布于 NIST 的网站上. 此外, NIST 还组织会议让研究者们介绍他们的研究成果.

整个遴选过程分为几轮执行. 1998 年第一轮结束时, 共有 15 个算法被接受, 成为候选算法. 此后召开的第一次 AES 候选会议对所有被接受的候选算法进行了介绍. 在接下来的一轮中, 对这些算法的安全性、开销和实现特性进行了评估. 1999 年 3 月, 第二次 AES 选择会议召开, 与会各方带来了关于这些候选算法的很多研究成果. 1999 年 8 月, 从 15 个候选算法中选出了 5 个最终候选算法. 接着, 密码研究机构便致力于分析这 5 个决赛算法. 2000 年 4 月, 第三次 AES 会议召开, 本次会议并未取得突破性进展, 只是确认了之前关于算法实现代价的一些结论. 这次会议分发了一份调查问卷, 用于调查与会者更偏爱哪一种候选算法. 结果证明 Rijndael 最受欢迎.

2000 年 10 月 2 日, NIST 正式宣布, Rijndael 正式被选定为高级加密标准 [Nat01].

乍一看, 政府在诸如 AES 这样的技术标准中发挥的作用似乎非常有限. AES 是一个美国联邦信息处理标准 (FIPS), 主要用于美国联邦行政部门包含敏感信息文档的保护, 但不能用于机密信息的保护. 然而, 2003 年 6 月, 美国国家安全局 (NSA) 宣布了一项政策, 允许使用密钥长度为 128 比特的 AES 来保护 "秘密级" 以下 (含 "秘密级") 的机密数据. 对于 "绝密级" 数据, 可以使用密钥长度长于 128 比特的 AES 来保护. 被 NSA 认可这一事实赋予了 AES 更高的可信度.

然而, AES 的重要性并不仅仅体现于政府部门应用. 由于 DES 和 Triple-DES 已经是事实上的加密标准, 而 AES 又是 DES 和 Triple-DES 的取代者, 所以, AES 已经被世界各地的银行、工业界和行政部门广泛采用.

鉴于 AES 在实际应用中的重要性, 我们的攻击示例即选择了 AES. 对于其他密码算法 (未经保护) 实现的攻击, 与针对未经保护的 AES 算法实现的攻击一样简单.

B.1 算法描述

AES 可以使用一个长度分别为 128, 192 或 256 比特的密钥加密一个分组长度为 128 比特的数据. 采用 AES–128 表示使用 128 比特密钥的 AES 的缩写 (类似地, AES–192 为使用 192 比特密钥 AES 的缩写等). AES–128, AES–192 和 AES–256 之间的区别很小: 随着加密轮数的增加, 密钥编排算法会相应地发生变化. 由于本书中描述的所有攻击都基于 AES–128 的实现, 所以本附录仅对 AES–128 进行介绍. 由于我们只使用了 AES–128, 所以从现在起, 将用 AES 专门指代 AES–128.

B.1.1 AES 加密算法的结构

AES 使用 128 比特密钥加密 128 比特的明文分组. 数据和密钥均用一个 4×4 的字节矩阵表示, 如图 B.1 所示, 该矩阵也称为状态. AES 是一个密钥迭代型密码算法. 这意味着轮变换将会反复应用于状态. AES 计算采用了 10 轮迭代. 每一轮迭代使用一个轮密钥, 轮密钥由密钥编排算法产生. 解密过程的工作原理与加密过程的工作原理类似, 但是, 解密过程必须以与加密过程相反的顺序应用各轮密钥, 并且使用轮变换的逆变换.

d_0	d_4	d_8	d_{12}
d_1	d_5	d_9	d_{13}
d_2	d_6	d_{10}	d_{14}
d_3	d_7	d_{11}	d_{15}

k_0	k_4	k_8	k_{12}
k_1	k_5	k_9	k_{13}
k_2	k_6	k_{10}	k_{14}
k_3	k_7	k_{11}	k_{15}

图 B.1　AES 状态和密钥设计

B.1.2 轮变换

轮变换包含 4 个步骤 (操作), 分别为轮密钥加 (AddRoundKey)、字节替换 (SubBytes)、行移位变换 (ShiftRows) 和混合列变换 (Mixcolumns). 图 B.2 给出了将这 4 个操作应用于状态上的顺序. 加密过程始于一个 AddRoundKey 操作, 将密钥加到状态中. 然后, 执行 9 轮同样的变换, 每一轮都由上述 4 个变换组成. 最后执行第 10 轮变换, 第 10 轮变换中不包含混合列变换.

```
AES-128(byte in[16], byte out[16], word w[44])
    byte state[4,4];
    state = in;
    AddRoundKey(state, w[0,3])
    for round = 1 step 1 to 9
        SubBytes(state)
        ShiftRows(state)
        MixColumns(state)
        AddRoundKey(state, w[round*4,(round+1)*4-1])
    end
    SubBytes(state)
    ShiftRows(state)
    AddRoundKey(state, w[40,43])
    out = state;
```

图 B.2   AES 伪代码

B.1.2.1   轮密钥加变换

本变换对轮密钥与状态进行异或操作 (图 B.3), 称为 AddRoundKey. 初始的 AddRoundKey 操作使用的轮密钥即算法本身的原密钥. 轮密钥的长度等于数据分组长度, 即 128 比特.

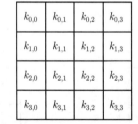

图 B.3   在 AddRoundKey 变换中, 将轮密钥与状态进行异或

B.1.2.2   字节替换变换

本变换分别对状态的每一个字节进行替换 (图 B.4), 称为 SubBytes, 它是轮变换中唯一的非线性变换. 该非线性变换也称为 S 盒 (简称为 S), 定义见式 (B.1).

$$S(x) = A \cdot x^{-1} + b \tag{B.1}$$

式 (B.1) 中, x 的逆在一个包含 256 个元素的有限域上计算, 变量 A 是一个矩阵, 变量 b 是一个向量, 其定义在文献 [Nat01] 中给出. S 盒的构造基于几个准则. 第一个准则是非线性. 这意味着输入和输出的最大相关性必须最小. 此外, 最大差分传播概率也必须最小; 第二个准则是代数复杂性. 这意味着 S 盒的代数表达式必须复杂. 这两个准则的提出是由于存在线性密码分析和差分密码分析. 据此, 定义 S 盒的函数需要有大计算量的操作, 如有限域求逆和矩阵乘法. 因此, 经常将 S 盒预先计算并储存于表中, 如图 B.5 所示.

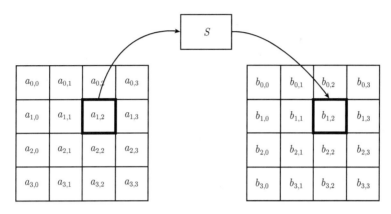

图 B.4 分别作用于每一个状态字节的 SubBytes

$x\backslash y$	0	1	2	3	4	5	6	7	8	9	a	b	c	d	e	f
0	63	7c	77	7b	f2	6b	6f	c5	30	01	67	2b	fe	d7	ab	76
1	ca	82	c9	7d	fa	59	47	f0	ad	d4	a2	af	9c	ar	72	c0
2	b7	fd	93	26	36	3f	f7	cc	34	a5	e5	f1	71	d8	31	15
3	04	c7	23	c3	18	96	05	9a	07	12	80	e2	eb	27	b2	75
4	09	83	2c	1a	1b	6e	5a	a0	52	3b	d6	b3	29	e3	2f	84
5	53	d1	00	ed	20	fc	b1	5b	6a	cb	be	39	4a	4c	58	cf
6	d0	ef	aa	fb	43	4d	33	85	45	f9	02	7f	50	3c	9f	a8
7	51	a3	40	8f	92	9d	38	f5	bc	b6	da	21	10	ff	f3	d2
8	cd	0c	13	ec	5f	97	44	17	c4	a7	7e	3d	64	5d	19	73
9	60	81	4f	dc	22	2a	90	88	46	ee	b8	14	de	5e	0b	db
a	e0	32	3a	0a	49	06	24	5c	c2	d3	ac	62	91	95	e4	79
b	e7	c8	37	6d	8d	d5	4e	a9	6c	56	f4	ea	65	7a	ae	08
c	ba	78	25	2e	1c	a6	b4	c6	e8	dd	74	1f	4b	bd	8b	8a
d	70	3e	b5	66	48	03	f6	0e	61	35	57	69	86	c1	1d	9e
e	e1	f8	98	11	69	d9	8e	94	9b	1e	87	e9	ce	55	28	df
f	8c	a1	89	0d	bf	e6	42	68	41	99	2d	0f	b0	54	bb	16

图 B.5 输入字节形式为 xy 的 S 盒表 (16 进制)

B.1.2.3 行移位变换

字节移位变换也是以字节为单位进行, 称为行变换. 将状态的每一个行按照不同的位移量进行循环移位, 如图 B.6 所示. 在 AES 中, 第一行不移位, 第二行循环

位移一个单位 (字节), 第三行循环位移两个单位, 第四行循环位移三个单位. 位移量的选择基于两个准则, 这两个准则均与扩散性有关. 扩散意味着每一个状态字节将扩散到整个状态. 良好的扩散性要求各行的位移量必须各不相同.

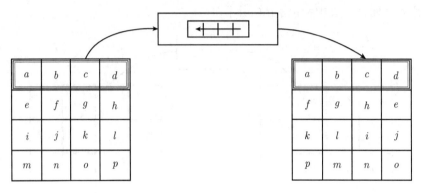

图 B.6　对状态的各行执行 ShiftRows

B.1.2.4　混合列变换

本变换将状态的每一列上的各个元素进行混合, 称为混合列变换. 变换取状态的一列, 并将这一列与一个矩阵执行乘法运算, 如图 B.7 所示. 与字节替换变换相同, 本变换将状态字节作为一个有限域上的元素来考虑, 该有限域包含 256 个元素. 矩阵乘法即将每一个状态字节与多项式 $c(x) = 03 \cdot x^3 + 01 \cdot x^2 + 01 \cdot x + 02$ 相乘, 并以 $x^4 + 1$ 为模. 这个特定的多项式因子 (以及所生成的矩阵) 的选择基于宽轨迹 (wide-trail) 设计策略, 它提供了对线性密码分析和差分密码分析的高抵抗能力.

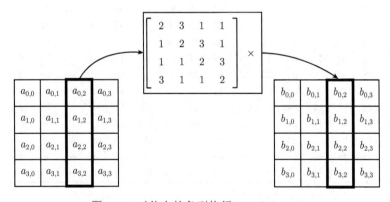

图 B.7　对状态的各列执行 MixColumns

B.1.3　密钥编排

密钥编排通常亦称为密钥扩展, 用于生成各轮密钥. 密钥编排的第一步中, 密钥被扩展, 如图 B.8 所示. 然后, 从扩展密钥中提取出轮密钥. 密钥扩展的计算可以非常高效地实现. SubWord 函数将 SubBytes 函数应用于一个字的 4 个字节. RotWord 函数是一个简单的旋转变换. 与轮常量 Rcon 相加 (按位异或) 的目的是消除对称性. 密钥扩展的结果是 11 个长度分别为 128 比特的扩展密钥. 因此, 对每一轮变换以及最初的 AddRoundKey, 都提供了一个 128 比特的轮密钥.

```
RC[1..10] = ('01','02','04','08','10','20','40','80','1B','36')
Rcon[i]   = (RC[i],'00','00','00')

for(i = 0; i < 4; i++)
{
   W[i] = (key[4*i], key[4*i+1], key[4*i+2], key[4*i+3])
}
for(i = 4; i < 44; i++)
{
   temp = W[i-1]
   if (i mod 4 == 0)
       temp = SubWord(RotWord(temp)) xor Rcon[i/4]
   W[i] = W[i-4] xor temp
}
```

图 B.8 AES 密钥扩展伪代码

B.2 软 件 实 现

在诸如 8051 兼容微控制器之类的 8 位平台上高效地实现 AES 是可能的, 这类微控制器常用于包括智能卡在内的众多设备中. 因此, 它们是研究能量分析攻击的理想平台.

由于本书仅使用了 8051 兼容微控制器, 所以, 从现在起, 将其简称为微控制器. 假定读者对微控制器的工作方式有一定的了解. 因此, 接下来的部分仅简要讨论在 AES 实现中所用到的几个微控制器部件和指令.

B.2.1 微控制器

典型的微控制器都具有不同类型的存储器. 8 位内部地址空间用于访问内部 RAM 的 128 字节和专用寄存器 (SFRs). 微控制器也具有外部存储器, 外部存储器由 RAM 和代码存储器组成, 它们都有 16 位寻址空间. 访问内部存储器通常比访问外部存储器快得多.

B.2.1.1 存储器和寄存器

代码存储器用于储存程序代码, 其容量被限制在 64kB 之内, 具体容量取决于微控制器的类型. 因此, 必须注意程序的大小不能超过这个限制.

内部 RAM 的一部分被分成 4 个寄存器组, 每一组中的寄存器依次称为 R0, R1, · · · , R7. 专用寄存器控制微控制器的特定功能. 例如, 可以通过专用寄存器向微控制器的串行端口发送数据.

寄存器 A 是一个通用寄存器, 用于累加多个指令的结果. 微控制器的大多数指令都使用该寄存器, 如所有算术运算至少从累加器中取一个操作数, 并且使用它储存计算结果.

数据指针 (DPTR) 是一个 16 位寄存器, 可以用于访问外部存储器 (RAM 和代码存储器).

B.2.1.2　寻址方式

一个特定的寻址方式详细描述了存储器的地址编址方式. 存储器有多种寻址方式, 图 B.10 所示的代码使用了其中的两种. 第一种是直接寻址. 直接寻址时, 数值从给定的储存单元直接获得. 例如, 指令 MOV A, 30h 将位于内存地址 30(16 进制) 处的数值移动到寄存器 A 中. 第二种是间接寻址. 间接寻址时, 数值从给定的寄存器地址中获得. 例如, 指令 MOVC A, @A+DPTR 从代码存储器中的特定位置读取一个数值, 通过把寄存器 A 中的数值与 DPTR 中的数值相加来获得特定的内存地址.

B.2.1.3　子程序

通过把代码划分为程序执行期间可以调用的不同子程序, 可以实现代码的结构化. 子程序的调用需要使用 LCALL 指令, 该指令把程序计数器 (PC) 的当前值储存于堆栈中, 并执行子程序中的代码. 子程序执行的最后, 调用 RET 指令, 使程序指针跳转到储存在堆栈中的地址.

B.2.1.4　指令时序

执行不同指令需要占用不同数量的指令周期. 最快的指令能够在一个指令周期内执行, 而最慢的指令则需要占用 4 个指令周期. 一个指令周期需要 12 个时钟周期.

B.2.2　AES 汇编实现

AES 汇编实现对速度进行了优化, 但同时也考虑了内存限制. 由于内存有限, 所以采用了实时计算轮密钥的方法. 因此, 仅仅使用 16 字节的内存来储存当前轮变换的轮密钥. 当前轮密钥需在使用之前, 由前一个轮密钥计算获得. 这导致了交错地进行 AES 各轮变换以及各轮密钥的计算, 如图 B.9 所示. 由于 AddRoundKey, SubBytes 和 ShiftRows 以字节方式进行变换, 故将其集成在一个称为 Round 的子程序中, 如图 B.10 所示. 执行子程序 Round 之后, 执行 MixColumns. 随后, 下一

```
ASM_AES128_Encrypt:
    MOV R5, #0x01
    MOV DPTR, #SBOX

    ; Round 1
    LCALL SET_NEW_INSTRUCTION
    LCALL Round
    LCALL MixColumns
    LCALL CLEAR_NEW_INSTRUCTION
    LCALL NextRoundKey128
    MOV R5, #0x02

    ; Round 2
    LCALL SET_NEW_INSTRUCTION
    LCALL Round
    LCALL MixColumns
    LCALL CLEAR_NEW_INSTRUCTION
    LCALL NextRoundKey128
    MOV R5, #0x04
```

图 B.9   两轮 AES 的汇编代码

```
Round:
    ; First row
    LCALL SET_ROUND_TRIGGER
    MOV A,ASM_input + 0      ; load a0
    XRL A,ASM_key + 0        ; add k0

    MOVC A,@A + DPTR         ; substitute a0
    MOV ASM_input,A          ; store a0
    LCALL CLEAR_ROUND_TRIGGER

    MOV A,ASM_input + 4      ; load a4
    XRL A,ASM_key + 4        ; add k4

    MOVC A,@A + DPTR         ; substitute a4
    MOV ASM_input + 4,A      ; store a4

    MOV A,ASM_input + 8      ; load a8
    XRL A,ASM_key + 8        ; add k8

    MOVC A,@A + DPTR         ; substitute a8
    MOV ASM_input + 8,A      ; store a8

    MOV A,ASM_input + 12     ; load a12
    XRL A,ASM_key + 12       ; add k12

    MOVC A,@A + DPTR         ; substitute a12
    MOV ASM_input + 12,A     ; store a12
```

图 B.10   一轮轮函数变换的示例代码

轮的轮密钥由子程序 NextRoundKey128 计算. 密钥扩展中使用的轮常量储存于 R5 中. SubBytes 操作使用的 S 盒查找表储存在代码存储器中, DPTR 指向这部分代码存储器的起始地址. 为了使性能最优, 把数据 (如 S 盒查找表) 储存在固定的储存单元中, 以便能够通过直接寻址进行访问. 此外, 将循环展开, 以避免耗时的循环控制指令, 并以汇编语言作为编程语言.

为了便于实施能量分析攻击, 调用一个子程序, 该子程序将置位 (或复位) 微控制器上的一个称为 "触发引脚" 的特定引脚, 该引脚用于触发示波器. 名为 SET_NEW_INSTRUCATION 的子程序将微控制器的触发引脚置 1, 表明一轮加密的开始. 名为 CLEAR_NEWINSTRUCTION 的子程序将触发引脚置 0, 表明一轮加密的结束. 子程序 SET_ROUND_TRIGGER 和 CLEAR_ROUND_TRIGGER 用于表明对第一个状态字节执行了 AddRoundKey, SubBytes 和 ShiftRows 操作.

由于本书给出的示例仅仅利用了出现在 MixColumns 操作之前的中间结果, 所以, 将忽略 MixColumns 和密钥扩展的实现细节.

B.3 硬 件 实 现

AES 不仅适合于软件实现, 而且适合于高效的硬件实现. 事实上, 已有大量的出版物介绍了 AES 在不同应用中的各种硬件实现方式. 推荐的实现方式种类繁多, 从 RFID 设备上的超低能耗实现到互联网服务器上的高性能实现, 设计应用非常广泛. 本书示例中使用的 AES ASIC 的特点是采用一个 32 位的加密核. 这种 32 位的架构在具有中等吞吐量需求的应用中非常流行. 我们的 AES ASIC 采用了 0.25μm 的 CMOS 工艺技术, 并且能以最大可至 75MHz 的时钟频率执行 AES-128 加密. 在接下来的内容中, 将简要描述加密核的体系结构以及 S 盒操作的实现方式. S 盒是 AES 硬件实现中最关键的部分.

B.3.1   加密核

图 B.11 给出了 AES ASIC 加密核的原理图. 接下来, 将通过描述该加密核的加密过程来讨论其功能.

- **密钥和数据的加载**   首先, 需要将密钥和明文加载到加密核中, 这项工作通过处理 32 位的数据分组来完成. 因此, 把密钥加载到 "轮密钥生成" 模块需要消耗 4 个时钟周期, 而把明文装载到 "AES 状态" 模块也需要 4 个时钟周期. 注意, 在加载明文的同时, 也将执行 AES 的初始 AddRoundKey 操作.

- **执行一轮标准加密**   将密钥和明文加载到加密核之后, 执行 9 轮标准加密. 在每一轮中, 本质上需要完成两件事情: 执行密钥扩展和更新 AES 状态.

在大多数加密核中, 这两个操作都并行执行. 然而, 在更新 AES 状态之前, 采用的加密核首先进行密钥扩展. 这样使得可以对 AES 状态更新进行单独的分析. 唯一一个与密钥扩展并行执行的操作是 AES 状态的 ShiftRows 操作, 该操作在密钥扩展的第一个时钟周期内完成. 密钥扩展共需要 4 个时钟周期.

执行密钥扩展和 ShiftRows 操作之后, AES 状态就被更新了. 对于 AES ASIC 而言, 这种更新逐列完成. 这意味着在每一个时钟周期内, 需要对 AES 状态的一个 32 比特的列依次执行 SubBytes, MixColumns 和 AddRoundKey 操作. 注意, 为了对 32 比特数据执行 SubBytes 操作, 需要 4 个并行的 S 盒. 这需要花费 4 个时钟周期来更新每一轮的 AES 状态, 因此, AES 的每一轮共需要 8 个时钟周期.

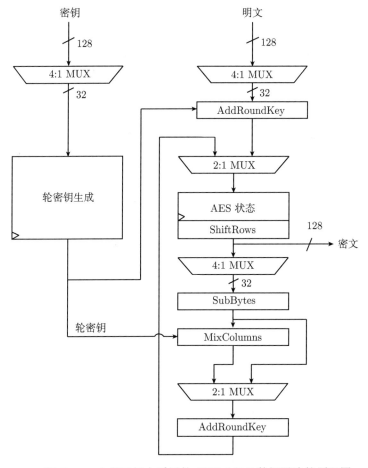

图 B.11　本书示例中采用的 AES ASIC 数据通路的原理图

■ **执行最后一轮加密**   AES 的最后一轮不执行 MixColumns 操作. 在加密核
中, 在最后一个 AddRoundKey 操作之前, 采用一个复用切换开关来绕开
MixColumns 操作, 如 B.11 所示. 其他操作与标准的加密轮完全一样. 最后
一轮之后, 加密算法得到的密文将储存在 "AES 状态" 模块中.

B.3.2   S 盒

SubBytes 操作所需的 S 盒是 AES 硬件实现中最关键的部分. 这是因为与其他
AES 操作相比, S 盒查表操作需要的资源最多. 本质上, 存在三种不同的 AES S 盒
实现方法: 可以使用只读存储器 (ROM), 可以综合为为查找表, 还可以基于复合域
运算. 我们的加密核使用了最后一种方法, 并实现了文献 [WOL02] 中提出的 S 盒.
图 B.12 给出了通过该方法实现的 S 盒的原理图. 如图 B.12 所示, S 盒由算术操作
计算所得. 6.2.2 小节中给出的 DPA 攻击将利用这一事实.

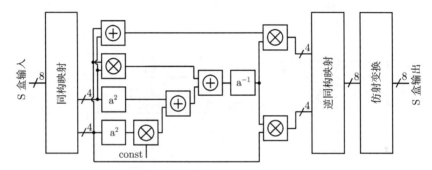

图 B.12   AES 之 S 盒原理 (摘自文献 [WOL02])

作 者 索 引

主 题 索 引